Mikrobiologische Analysen: Richtlinien zur Qualitätssicherung

Lebensmittel- und Wasseruntersuchungen

Mikrobiologische Analysen: Richtlinien zur Qualitätssicherung

Lebensmittel- und Wasseruntersuchungen

N.F. Lightfoot · E. A. Maier (Hrsg.)

Mikrobiologische Analysen: Richtlinien zur Qualitätssicherung

Lebensmittel- und Wasseruntersuchungen

Mit 28 Abbildungen und 20 Tabellen

Springer

N. F. Lightfoot
Public Health Laboratory Service
Newcastle upon Tyne
UK

E.A. Maier
European Commission
DG XII Measurement
and Testing Programme
Brussels, Belgium

Übersetzt von
Ursula Franke
Sarl Nord Expansion, Frankreich

Fachliche Überprüfung durch
A.O. Univ.-Prof. Dr. Regina Sommer
Klinisches Institut für Hygiene und medizinische Mikrobiologie,
Universität Wien, Österreich

Titel der englischen Originalausgabe:
N.F. Lightfoot and E.A. Maier (Editors), Microbiological Analysis of Food and Water (Guidelines for Quality Assurance)
© 1988 Elsevier Science B.V., Sara Burgerhartstraat 25, P.O. Box 211, 1000 AE Amsterdam, The Netherlands

ISBN 978-3-642-62915-0   ISBN 978-3-642-55752-1 (eBook)
DOI 10.1007/978-3-642-55752-1

Bibliografische Information Der Deutschen Bibliothek
Die Deutsche Bibliothek verzeichnet diese Publikation in der Deutschen Nationalbibliografie; detaillierte bibliografische Daten sind im Internet über <http://dnb.ddb.de> abrufbar.

http://www.springer.de

©Springer-Verlag Berlin Heidelberg 2003
Ursprünglich erschienen bei Springer-Verlag Berlin Heidelberg in 2003
Softcover reprint of the hardcover 1st edition 2003

Satz: Büro Stasch (www.stash.com) · Uwe Zimmermann, Bayreuth
Einbandgestaltung: design & Production, Heidelberg
SPIN 10751792   31/3150 - 5 4 3 2 1 0

Vorwort zur deutschen Ausgabe 2002

„Microbiological Analysis of Food and Water. Guidelines for Quality Assurance" wurde 1998 (1. Ausgabe) von Elsevier Science BV in englischer Sprache publiziert. Im Jahr 2001 beschloss die Generaldirektion Forschung (Messung und Prüfung) der Europäischen Kommission, im Zuge des Programms „Begleitende Maßnahmen" des 5. Rahmenprogramms (Kontrakt Nr. G6MA-CT2000-02004) die Übersetzung der englischen Originalausgabe in die fünf europäischen Hauptsprachen finanziell zu unterstützen. Man erwartete von einer Übersetzung der Richtlinien zur Qualitätskontrolle, die speziell die Akkreditierung von Laboratorien und die Verwendung von Referenzmaterialien behandeln, eine verstärkte Verbreitung und einen wichtigen Beitrag für die europäischen Länder, in denen Englisch nicht die übliche Sprache von Labortechnikern, Laborleitern und Studenten in Lebensmittel- und Wasserlaboratorien darstellt.

In Einverständnis mit den Autoren (N. F. Lightfoot and E. A. Maier) und dem Verlag der Originalausgabe (Elsevier Science BV) wurde die Koordination der Übersetzungen und Ausgaben von Herrn T. Simonart, Leiter des R&D, Ass. Direktor, Wasser & Umwelt, Abteilung des Instituts Pasteur in Lille, übernommen.

Übersetzung

Die Übersetzung aus der englischen Originalausgabe wurde von folgenden Übersetzern durchgeführt:

- Ursula Franke, Sarl Nord Expansion, Frankreich (Französisch und Deutsch)
- Martine Groult und Marina Lia, Italien (Italienisch)
- Luis Gonzales und Ana Audicana, Spanien (Spanisch)
- Jose Antonio V. Azevedo, Brasilien (Portugiesisch)

Fachliche Überprüfung

Die Übersetzungen wurden von folgenden mikrobiologischen Experten überprüft und korrigiert:

- Véronique Pierzo und Tristan Simonart, Institut Pasteur de Lille, Frankreich (Französisch)
- Regina Sommer, Klinisches Institut für Hygiene der Universität, Wien, Österreich (Deutsch)
- Lucia Bonadonna, Instituto Superiore di Sanita Governative, Rom, Italien (Italienisch)
- Ana Audicana, Direccion de Salud Publica, Bilbao, Spanien (Spanisch)
- Leonor Falcao, Instituto Nacional de Saude, Lisboa, Portugal (Portugiesisch)

Publikation und Vertrieb

Die Publikation und der Vertrieb wurden folgenden Verlagen übertragen:

- GIB Paris, 9 rue Château d'Eau, 75010 Paris, Frankreich (französische Ausgabe)
- Springer-Verlag, Tiergartenstraße 17, 69121 Heidelberg, Deutschland (deutsche Ausgabe)
- La Goliardica Pavese, Viale Golgi 6, Pavia, Italien (italienische Ausgabe)
- Acribia Editorial, Calle Roye 23, Zaragoza, Spanisch (spanische Ausgabe)
- Gulbenkian, Av. de Berna 45A, Lisboa, Portugal (portugiesische Ausgabe)

Ergänzung

Die übersetzten Ausgaben folgen strikt der englischen Originalausgabe aus dem Jahr 1998. Da die aktuellen Änderungen von untergeordneter Bedeutung sind, wurde beschlossen, diese nicht in die Ausgabe 2002 zu übernehmen. Modifizierungen waren daher nicht erlaubt.

Dennoch muss eine wesentliche Neuerung in diesem Vorwort erwähnt werden, nämlich die Veröffentlichung der *ISO/IEC 17025 „Allgemeine Anforderungen an die Kompetenz von Prüf- und Kalibrierlaboratorien"*, welche sowohl die ISO/CEI Richtlinie 25 als auch den EN 45001 Standard ersetzt. Weiterhin wurde die Liste der nationalen Akkreditierungsstellen aktualisiert (siehe Kapitel 10).

Tristan Simonart   Lille, Januar 2002

Vorwort zur englischen Ausgabe 1998

1986 begann die Europäische Kommission damit, Aktivitäten der Forschung und Entwicklung im Bereich mikrobiologischer Messungen zu unterstützen. Innerhalb des BCR („Community Bureau of Reference", Referenzbüro der Gemeinschaft) und später im Rahmen des M & T Programms („Measurement and Testing Programme", Mess- und Testprogramm) wurden mehrere Projekte zu zahlreichen Aspekten der Lebensmittel- und Wassermikrobiologie in Angriff genommen. Das Hauptziel dieser Projekte war, zufriedenstellende Mittel zur Validierung mikrobiologischer Mess- und Prüfmethoden zu entwickeln. Zwei Projekte – Lebensmittel- und Wassermikrobiologie – beinhalteten die Entwicklung von repräsentativen und stabilen Referenzmaterialien. Daran waren in Form von Ringversuchen mehr als 100 Laboratorien der Europäischen Union beteiligt. Es wurden grundlegende Forschungen zum Verhalten von Mikroorganismen in sprühgetrocknetem Milchpulver durchgeführt. Dazu wurden Messmethoden und Mittel der statistischen Verarbeitung entwickelt, um die Homogenität und Stabilität dieser Referenzmaterialien zu beurteilen. Die Ergebnisse führten zur Erarbeitung von mehreren Referenzmaterialien, die in europaweiten laborübergreifenden Studien verwendet werden. Es wurden mehrere Bakterienstämme in Lebensmitteln (*Salmonella*, *Listeria*, *B. cereus*, *S. aureus*, *C. perfringens*, *E. coli*) und in Wasser *(E. faecium, E. cloacae, E. coli, Salmonella* und *C. perfringens)* untersucht. Für jeden der untersuchten Mikroorganismen wurden diverse Mess- oder Prüfmethoden verglichen, so dass Grundsätze zur Qualitätssicherung (QA) und zur Qualitätskontrolle (QC) entwickelt werden konnten. Die Hauptergebnisse dieser Projekte sind nachstehend angeführt:

- Erstellung und Validierung verschiedener standardmäßiger Betriebsverfahren als grundlegende Bestandteile von mikrobiologischen Prüf- und Messmethoden (wie beispielsweise die Messung des pH-Wertes einer Nährlösung, das Messen der Temperatur in Brutschränken, etc.)

- Entwicklung und Validierung von Arbeitsinstrumenten für eine funktionierende Organisation von laborübergreifenden Untersuchungen (Transport der Proben, Berichte zu Analysen, etc.) sowie die statistische Verarbeitung der Resultate

- Herstellung und Zertifizierung von sechs Referenzmaterialien

Zusätzlich zu diesen beiden Projekten unterstützte die Kommission eine Untersuchung zur Bestimmung der Fäkal-Kontamination von Meerwasser. Da die Stabilität von Mikroorganismen und der Matrix des Wassers bei einer umfassenden Untersuchung in mehreren Labors nicht garantiert werden können (Instabilität während des Transports), fand die Bewertung der Methoden in einem zentralen Laboratorium statt, in dem die Teilnehmer ihre eigenen Methoden an gemeinsamen Meerwasserproben anwandten.

Außderdem wurden vom M & T Programm Forschungprojekte zur Entwicklung und Validierung neuer und schneller mikrobiologischer Messmethoden unterstützt.

Im Rahmen dieser Projekte ergab sich aus Diskussionen die Notwendigkeit, mehrere wichtige Verfahren eigens für Systeme der Qualitätssicherung und -kontrolle in mikrobiologischen Laboratorien zu entwickeln. Viele dieser fehlenden Verfahren kannte man bereits aus anderen Messbereichen, diese waren jedoch noch nicht in der Mikrobiologie eingesetzt worden. Zwar waren einige Grundsätze und Instrumente der Qualitätssicherung und -kontrolle bereits bekannt, jedoch nicht allen Mikrobiologen leicht zugänglich. Kurzum, es erwies sich als notwendig, die im Laufe der Projekte von den beteiligten Laboratorien gewonnenen Erkenntnisse allen mit Prüfungen beauftragten Laboratorien zur Verfügung zu stellen und hierzu komplette Richtlinie auszuarbeiten. Die Bedeutung dieser Richtlinie wurde durch die Einführung von nationalen Akkreditierungssystemen und deren gegenseitige Anerkennung innerhalb der Europäischen Union noch verstärkt, was in der Resolution (90/C1/01 vom 21. Dezember 1989) des Europarates ‚Gesamtkonzept für die Konformitätsbewertung' (global approach to conformity assessment) dargelegt ist.

Den Zulassungsmethoden liegt die europäische Norm EN 45001 zugrunde, in der die von den Laboratorien jeweils zu erfüllenden Anforderungen zusammengestellt sind. Diverse Verfahren (statistische Kontrolle, Einsatz von Referenzmaterialien, Validierung der Methoden, Leistungstest, usw.) werden bisher noch nicht von Mikrobiologen angewandt und müssen noch in eine mikrobiologische Terminologie übertragen oder den besonderen Umständen mikrobiologischer Messungen oder Prüfungen angepasst werden.

Mehrere Teilnehmer an vorangegangenen BCR-Projekten haben die Relevanz der Aufgabe erkannt. Sie entschlossen sich, zusammen mit anderen führender Spezialisten für Qualitätssicherung und -kontrolle im Bereich Mikrobiologie in Europa umfassende Richtlinien zur Einführung und Umsetzung von Qualitätssystemen in mikrobiologischen Labors zu erstellen. Dieses Vorhaben wurde über das M & T Programm von der Kommission unterstützt.

Die Arbeitsgruppe setzte sich aus Lebensmittel- und Wassermikrobiologen verschiedener Untersuchungslabors, Universitäten und der Industrie sowie aus Statistikern und Spezialisten auf dem Gebiet der Qualitätssicherung und -kontrolle in der Chemie zusammen.

Dieses Buch ist das Ergebnis ihrer Arbeit. Es wurde absichtlich in einer einfachen, jedoch präzisen Terminologie abgefasst, um allen Mitarbeitern eines mikrobiologischen Labors zugänglich zu sein. Um das Leseverständnis zu erleichtern, wurden speziellere Themen, insbesondere einige statistische Verfahren, in einem Anhang an das Ende des Buches gesetzt. Alle in den vorliegenden Richtlinien erwähnten Instrumente der Qualitätssicherung und -kontrolle wurden von den Autoren in den eigenen Laboratorien entwickelt und angewandt. Alle Ausführungen, die sich auf Referenzmaterialien oder auf laborübergreifende Untersuchungen beziehen, wurden zum großen Teil Projekten entnommen, die innerhalb der Programme BCR und M & T der Europäischen Kommission durchgeführt wurden.

Die Europäische Kommission und die Herausgeber möchten hiermit den Autoren dieser Richtlinien ihren aufrichtigen Dank für ihre außerordentlichen Bemühungen aussprechen. Dank gebührt ebenfalls den Teilnehmern und Organisatoren vorangegangener mikrobiologischer Projekte der Kommission, die die grundlegenden Informationen und Voraussetzungen schufen, auf denen verschiedene Aspekte und Schlussfolgerungen dieser Richtlinien basieren.

Es ist verständlich, dass angesichts einer solchen Vielzahl von unterschiedlichen Verfahren der Qualitätskontrolle deren Einführung in ein Labor eine kaum zu bewältigende Aufgabe zu sein scheint. Den Autoren ist bewusst, dass es am jeweiligen Laborleiter liegt, je nach Art und Größe des betreffenden Labors angemessene Verfahren auszusuchen. Auch die Akkreditierungsstellen werden nicht die Einführung sämtlicher Maßnahmen erwarten, sondern nur der für das jeweilige Labor geeigneten.

N. F. Lightfoot, Newcastle
E. A. Maier, Brüssel

Verzeichnis der Mitwirkenden

N. F. Lightfoot
Regional Public Health Laboratory
Newcastle upon Tyne, UK

E. A. Maier
European Commission, DG XII Measurement and Testing Programme
Brüssel, Belgien

H. Beckers
Unilever Research Laboratory
Vlaardingen, Niederlande

S. Dahms
Institut für Biometrie der Freien Universität Berlin
Berlin, Deutschland

J. M. Delattre
Institut Pasteur de Lille
Lille, Frankreich

A. Havelaar
National Research Institute of Public Health & Environmental Protection
(RIVM)
Bilthoven, Niederlande

M. Michels
Unilever Research Laboratory
Vlaardingen, Niederlande

S. Niemela
University of Helsinki
Helsinki, Finnland

J. Papadakis
Athens School of Hygiene
Athen, Griechenland

D. Roberts
Food Hygiene Reference Laboratory
Central Public Health Laboratory
London, UK

H. Tillett
Communicable Disease Surveillance Centre
Public Health Laboratory Service Board
London, UK

H. R. Veenendaal
KIWA NV
Nieuwegen, Niederlande

H. Weiss
Institut für Biometrie der Freien Universität Berlin
Berlin, Deutschland

Inhaltsverzeichnis

Kapitel 1

Anwendungsbereich und Zweck

1.1
Einleitung

Tagtäglich werden in zahlreichen Laboratorien Europas Tausende mikrobiologische Analysen von Lebensmitteln und Wasser durchgeführt. Betriebseigene Laboratorien überwachen die mikrobiologische Qualität von Rohstoffen, die Effizienz der Verarbeitungsprozesse, kritische Kontrollpunkte während der Produktion und die Qualität von Endprodukten. Öffentliche Laboratorien überwachen die Qualität von Lebensmitteln und Trinkwasser sowie von Badewässern in natürlichen Oberflächengewässern und Badebecken, um festzustellen, ob sie nationalen und internationalen Richtlinien und Normen entsprechen. Zusätzlich können diese Laboratorien aufgrund von Kundenreklamationen oder bei Verdacht auf eine wasser- oder lebensmittelassoziierte Erkrankung Untersuchungen durchführen. Als internationale Normen für die mikrobiologische Qualität von Wasser und Nahrungsmitteln sind hauptsächlich jene anzusehen, die von der Europäischen Union und von der WHO ausgearbeitet wurden. In diesen Normen sind Grenzwerte für das Vorhandensein von pathogenen oder fakultativ pathogenen Krankheitserregern in Lebensmitteln und Wasser festgelegt, häufiger jedoch für die sogenannten Indikatororganismen oder für die Gesamtanzahl an natürlich vorkommenden, nicht pathogenen Bakterien.

1.2
Auswirkungen von falschen Ergebnissen

Die große Anzahl von mikrobiologischen Analysen zeigt, wie wichtig Qualitätssicherungsprogramme in den Laboratorien sind, die diese Prüfungen durchführen. Falsche Ergebnisse können erhebliche Auswirkungen für die Wirtschaft und das öffentliche Gesundheitswesen haben. Falschpositive Ergebnisse können ein unnötiges Verwerfen von Produktionschargen von Lebensmitteln, ein unnötiges Badeverbot und Schließen von

Badeeinrichtungen oder unnötige Korrekturmaßnahmen bei Trinkwasserversorgungsanlagen, wie z. B. einen großräumigen Abkocherlass für das Trinkwasser, zur Folge haben. Derartige Maßnahmen können hohe Kosten verursachen. Auswirkungen auf die Öffentlichkeit sind unbegründete Besorgnis und Beunruhigung; Auswirkungen auf den Hersteller/Wasserversorger sind eine Schädigung des guten Rufes und der Verlust von Produkten.

Falsch-negative Ergebnisse können die Öffentlichkeit einem direkten Gesundheitsrisiko aussetzen, durch Freigabe von kontaminierten Lebensmittelerzeugnissen oder durch Konsum von unsachgemäß aufbereitetem Wasser oder durch Baden in verunreinigten Gewässern. Zusätzlich ergibt sich durch falsch-negative oder durchgehend zu niedrige Ergebnisse eine unzutreffende Wettbewerbssituation.

Die tatsächliche Auswirkung der Messungen und deren Qualität auf alle wirtschaftliche und soziale Gebiete lässt sich schwer ermessen. Einige Autoren haben versucht, eine zahlenmäßige Abschätzung der Bedeutung von klinischen Analysen in der Industrie oder der klinischen Chemie vorzunehmen (Uriano und Gravatt 1977). Diese Schätzungen können auf mikrobiologische Analysen übertragen werden.

Nach H. S. Hertz (1988) hat die Qualität der Analysen einen Effekt auf das nationale Bruttosozialprodukt in der Höhe von 0,5 bis 8 %. Ca. 10 % der Messungen weisen eine schlechte Qualität auf und müssen wiederholt werden. 1988 veranschlagte Hertz die Kosten dieser Wiederholungsmessungen in den Vereinigten Staaten mit 5 Milliarden Dollar jährlich. G. Tölg (1982) schätzte die Ausgaben für Wiederholungsmessungen im Jahre 1982 in Deutschland auf 12 Milliarden Mark. All diese Zahlen berücksichtigen nicht die wirtschaftlichen und sozialen Auswirkungen falscher Messungen, die sich nur schwer in Budgetzahlen ausdrücken lassen.

1.3
Qualitätssicherung

Zweck der vorliegenden Richtlinien ist es, die Einführung von Qualitätssicherungsprogrammen in allen Laboratorien, die auf dem Gebiet der Lebensmittel-, Wasser- und Umweltmikrobiologie tätig sind, zu erleichtern. Dies kann nur erreicht werden, wenn ein genaues Verständnis des gesamten Prozesses und aller Faktoren, die auf die einzelnen Teilprozesse von Probenentnahme und Messmethoden Einfluss haben, vorhanden ist. Eine Zusammenfassung dieser Prozesse ist in der schematischen Darstellung in Abb. 1.1 dargestellt.

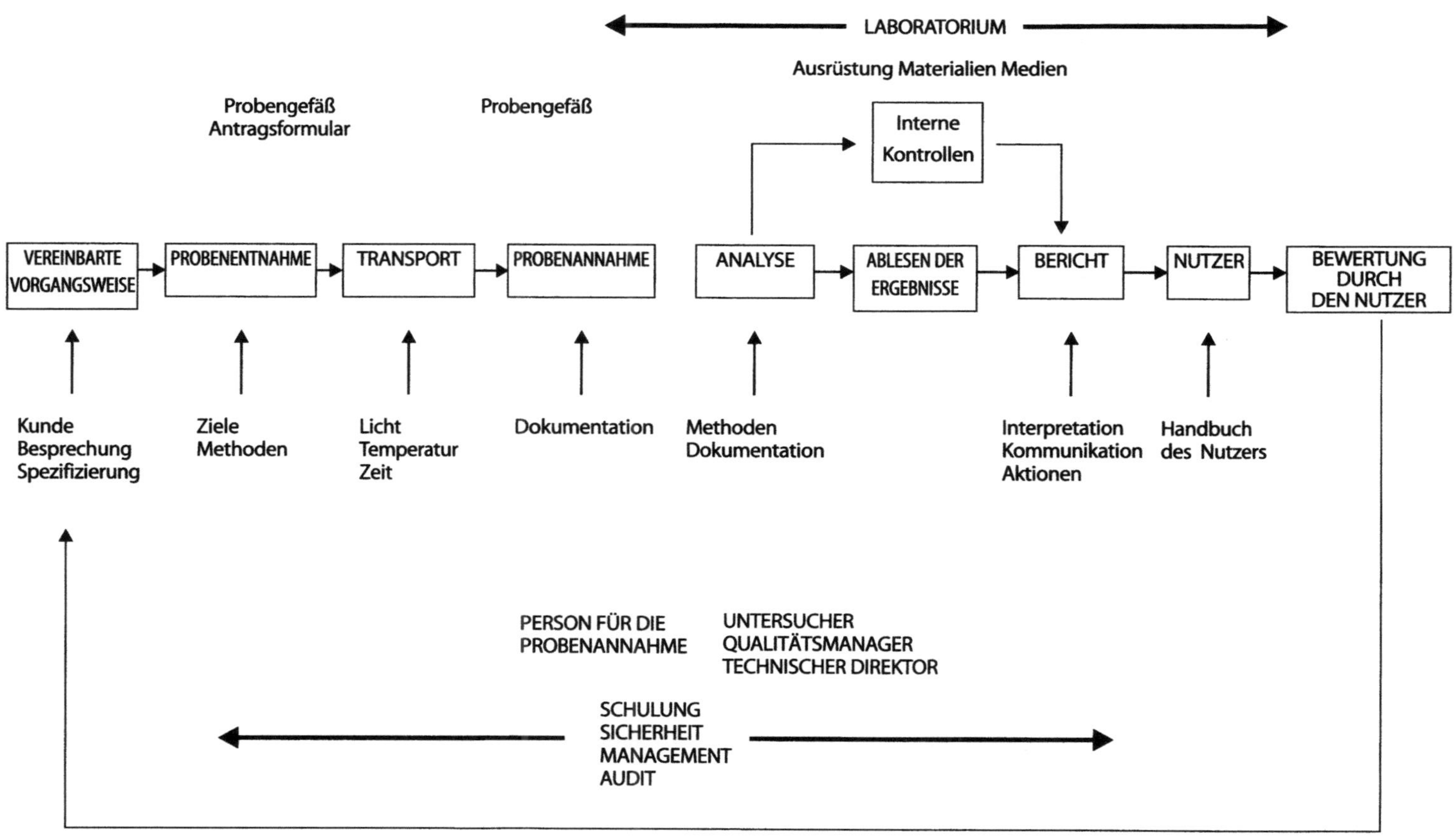

Abb. 1.1. Qualitätssicherungsprogramm – Abläufe, die beachtet werden müssen

Die vorliegenden Richtlinien geben in jedem Kapitel eine detaillierte Beschreibung jeder dieser Schritte, um Laborleitern und Qualitätsmanagern erkennen zu helfen, welche Fehler auftreten können. Dadurch wird es möglich sein, geeignete Maßnahmen zu ergreifen, um diese Fehlerquellen unter Kontrolle zu bekommen und ein Qualitätssicherungsprogramm zu erstellen.

Die Internationale Normenorganisation (ISO) definiert die Qualitätssicherung (QA) als „alle geplanten und systematischen Aktivitäten die erforderlich sind, damit ein ausreichendes Vertrauen gegeben ist, dass ein Produkt, ein Prozess oder eine Dienstleistung den notwendigen Qualitätsanforderungen entsprechen wird". Dies umfasst die Qualitätskontrolle, definiert als „die operativen Techniken und Handlungen, die angewendet werden, um den Forderungen nach Qualität zu entsprechen". Die operativen Techniken, die für eine analytische Methode eingesetzt werden, werden als analytische Qualitätskontrolle (AQC) bezeichnet und beinhalten den Einsatz von Negativkontrollen (Blindproben), Positivkontrollen und Referenzmaterialien (RM), deren Kontaminationsgrad bekannt ist. Externe Qualitätsbewertungssysteme (EQA) stellen einer großen Anzahl von Laboratorien gleiche Proben unbekannten Inhaltes zur Verfügung, sodass ein Leistungsvergleich möglich ist. All diese Maßnahmen zur Verbesserung der Qualität sind in einem frühen Anfangsstadium der Entwicklung und die Qualitätssicherung des Gesamtprozesses beginnt gerade erst. Die vorliegenden Richtlinien bieten jedem Laboratorium die Möglichkeit hinsichtlich der erforderlichen Maßnahmen, die zur Qualitätssicherung notwendig sind, Prioritäten zu setzen und mit deren Umsetzung zu beginnen.

1.4
Arten von Laboratorien

Laboratorien, die solche Untersuchungen durchführen, unterscheiden sich in Größe und Komplexität, je nach Art und Umfang ihrer Aufgabengebiete. Bei einigen davon kann es sich um größere Laboratorien handeln, die innerhalb eines großen Lebensmittelerzeugers oder einem großen Wasserwerk viele Prozess- und Endproduktkontrollen durchführen, andere sind vielleicht kleine Laboratorien mit nur zwei oder drei Mitarbeitern oder solche, die Teil von Chemielaboratorien sind mit nur einem Mitarbeiter. Es mag entmutigend erscheinen, ein Qualitätssicherungsprogramm in einem dieser kleineren Laboratorien einzuführen. Allerdings wird das QA-Programm in größeren Laboratorien umfangreiche Ausmaße annehmen, wohingegen es in kleineren Laboratorien leicht überschaubar ist. Angesichts der Auswirkungen eines fehlerhaften Ergebnisses und der daraus resultierenden in einer solchen Situation erforderlichen Maßnahmen, ist der Nutzen, stets den von einem Laboratorium erzielten Resultaten vertrauen zu können, sicherlich kosteneffizienter, unabhängig von der Größe eines Laboratoriums. Der wichtige Schritt für alle Laboratorien besteht darin, den Messprozess in seiner Gesamtheit zu verstehen, ihn in Stufen zu unterteilen, den Stufen Prioritäten zuzuweisen und unter Zuhilfenahme der vorliegenden Richtlinien die notwendigen Elemente für ein Qualitätssicherungsprogramm zu planen.

1.5
Elemente eines Qualitätssicherungsprogramms

Die Einführung eines Qualitätssicherungsprogramms, wahrscheinlich der wichtigste Teil dieses Buches, ist Gegenstand des Kapitels 2. In diesem Kapitel ist eine Methode zur Unterteilung der verschiedenen Arbeitsprozesse enthalten, um all die Faktoren zu verstehen, die auf die Zuverlässigkeit eines Prozesses Einfluss haben. Weiters ist ein Ratgeber für das Setzen von Prioritäten und für einen Beginn zum Einführen eines solchen Qualitätssicherungsprogramms enthalten. Dokumentationsbeispiele werden angeführt. Kapitel 7 beschreibt die Konzepte im Hinblick auf die in der Lebensmittel- und Wassermikrobiologie verwendeten Methoden. Die Methoden, ihre Zielsetzungen und Grenzen sowie die Definitionen von Genauigkeit, Richtigkeit und Präzision werden dargestellt und erklärt. Mögliche Fehlerquellen werden erläutert. In Kapitel 8 erfolgt die Beschreibung der analytischen Qualitätskontrolle (AQC) mit den Kontrollen auf erster, zweiter und dritter Ebene.

Die Implementierung dieser Kontrollen im Hinblick auf das Laborpersonal und dessen Organisation, die Verantwortlichkeiten und die Betriebsführung wird in Kapitel 3 behandelt. Darüber hinaus werden die allgemeinen Grundsätze für die Gestaltung eines Laboratoriums erklärt und die Wichtigkeit der Sicherheitsaspekte hervorgehoben. In jedem Qualitätssicherungsprogramm ist eine klare Organisationsstruktur, welche die Verantwortlichkeit der Mitarbeiter untereinander und gegenüber der Betriebsleitung regelt, essentiell. Die Anzahl der Mitarbeiter, die entsprechend geschult sein müssen, sodass sie dem Aufgabenbereich des Laboratoriums gewachsen sind, muss ausreichend hoch sein. Darüber hinaus, und dies ist ebenso wichtig, muss das Personal motiviert sein.

Die Qualität der Probenentnahme darf nicht unterschätzt werden. In Kapitel 4 ist der gesamte Ablauf der Probenentnahme in Teilbereiche gegliedert, sodass mögliche ungünstige Einflüsse erkannt und kontrolliert werden können. Es ist wichtig die Gründe und die Zielsetzung einer Probenentnahme zu verstehen, damit zwischen dem Kunden und dem Laboratorium ein Probenentnahmeplan vereinbart werden kann. Wenn die Probenentnahme oder der Probentransport unsachgemäß erfolgen, beeinträchtigt dies die Analyse. In bestimmten Fällen erfolgt die Probenentnahme außerhalb der Kontrolle des Laboratoriums, und Proben mit einer unbekannten Vorgeschichte werden angeliefert. Diese Vorgangsweise ist im Rahmen eines Qualitätssicherungsprogramms nicht wünschenswert, und es sollten Maßnahmen ergriffen werden, die eine Qualitätskontrolle auch im Prozess der Probenentnahme ermöglicht. In vielen Normen sind Temperaturkontrollen während des Transports vorgeschrieben, sodass Temperaturkontrollen bei der Probenentnahme und beim Eintreffen im Laboratorium notwendig sind. Es können auch Einschränkungen im Hinblick auf die Transportzeit bestehen.

Die Zuverlässigkeit der Funktionstüchtigkeit der im mikrobiologischen Laboratorium verwendeten Gerätschaften wird in Kapitel 5 besprochen. Während des gesamten Prozesses werden Geräte verwendet, von der Sterilisation der Materialien und der Herstellung der Nährmedien an bis hin zur Filtration der Proben und der Inkubation der Kulturen, sowie, in einigen Fällen, bis zur Zählung der Kolonien. Bei der Auswertung vieler Ergebnisse spielt der Untersucher eine besonders große Rolle, die auf seiner Kompetenz und Ausbildung beruht. Diese Leistung kann durch die Einflüsse von nicht kontrollierten Gerätschaften zunichte gemacht werden. Die Anforderungen an die Ausrüstung werden angeführt und die erforderlichen Qualitätskontrollen beschrieben.

Kapitel 6 handelt von den verwendeten Materialien, deren Spezifikationen und Prüfungen. Die Beschreibungen darin vermitteln einen wertvollen Überblick über die möglichen negativen Einflüsse, die diese Materialien auf das Untersuchungsergebnis haben können, obwohl diese im Rahmen der Qualitätssicherung oft als unbedeutend betrachtet werden. Sie sollten jedoch im Zusammenhang mit dem Gesamtprozess verstanden werden und einer Kontrolle im Rahmen des Qualitätssicherungsprogramms unterliegen.

Qualitätskontrolle bei chemischen Analysen beruht auf verschiedenen Ebenen auf statistischen Untersuchungen, so z. B. die Bewertung der Kalibration mit Hilfe von einem oder mehreren Standards, verschiedene Arten von Kontrollkarten mit Referenzmaterialien, Doppelbestimmungen und die Verwendung zertifizierter Referenzmaterialien, um die Genauigkeit und Leistungsfähigkeit einer Methode zu bestimmen. Die Anwendung von Statistik in der quantitativen Mikrobiologie steckt noch in den Kinderschuhen. Kapitel 8 gibt einen umfangreichen Überblick über Doppelzählung, Parallelausplattierung, Verdünnungsreihen und Teilproben. Es enthält eine Beschreibung der Verwendung von Referenzmaterialien und Ringversuchen zwischen Laboratorien im Rahmen von externen Qualitätssicherungssystemen (EQA). In den Anhängen zum Kapitel 8 sind Angaben zu statistischen Methoden dargestellt, die für diesen Zweck verwendet werden können, und es sind ausgearbeitete Beispiele angeführt. Es können Kontrollkarten eingesetzt werden, deren Anwendung allerdings derzeit noch in Erprobung ist. Durch deren Verwendung hofft man, das Auftreten von Problemen in der Analytik rechtzeitig erkennen zu können.

Der Erhalt eines Ergebnisses, das korrekt sein sollte, ist noch nicht das Ende der Qualitätssicherung. Die Handhabung der Ergebnisse und das Abfassen von Berichten erfordert ebenso besondere Aufmerksamkeit. Kapitel 9 handelt von den Maßnahmen, die getroffen werden müssen, sobald man ein Resultat erhalten hat, wie dieses registriert und wie darüber ein Bericht abzufassen ist. Oft sind Interpretationen von Ergebnissen erforderlich, die auch zur Festlegung von darauf folgenden Maßnahmen notwendig sind.

1.6
Akkreditierung

Alle Laboratorien, die mikrobiologische Untersuchungen im Rahmen der Einhaltung von Regulationen durchführen, müssen eventuell von der entsprechenden Akkreditierungsbehörde zugelassen werden. Die Anforderungen, die diese Laboratorien erfüllen müssen, sind in der Normenreihe EN 45000 enthalten. Eine Resolution des Rates der Europäischen Union „Eine globale Methode zur Sicherstellung der Konformität" (1990) empfiehlt den Mitgliedsstaaten die Einführung von Akkreditierungssystemen, basierend auf der Normenreihe EN 45000 (EN 45001 für Prüfungen 1989) (Ersetzt durch ISO/IEC 17025, siehe Vorwort zur deutschen Ausgabe 2002). Dieser Beschluss führte zur gegenseitigen Anerkennung der Akkreditierungssysteme innerhalb der Mitgliedsstaaten, um die Umsetzung des Europäischen Binnenmarktes zu unterstützen. Die Beschreibung dieser Normen und die Anschriften der einzelnen nationalen Behörden sind Kapitel 11 zu entnehmen. Der erste Eindruck beim Lesen dieser Dokumente ruft beim Laborpersonal Bestürzung hervor, da diese Aufgabe auf den ersten Blick eine unüberwindbare Hürde darstellt. Sobald jedoch der Entschluss gefasst ist, sich auf die Akkreditierung vorzubereiten, wird die

Aufgabe bald wesentlich einfacher und die Vorbereitungsarbeiten werden zum Hauptnutzen der Akkreditierung. Dem Leser dieser Richtlinien, der ein Qualitätssicherungsprogramm einführt, wird die Akkreditierungsaufgabe wesentlich leichter fallen. Die hier beschriebenen Richtlinien sind jedoch nicht zwingend und stellen nicht in ihrer Gesamtheit die Grundlage für die Akkreditierung dar; sie versuchen den gesamten Prozess zu erklären und es dem Laboratorium zu ermöglichen zu entscheiden, welche Kontrollmaßnahmen für die Art der Arbeit, die es zu tun hat, geeignet sind.

1.7
Nutzen eines Qualitätssicherungsprogramms

Der Schlüssel zu jedem Qualitätssicherungsprogramms ist ein gründliches Verstehen des gesamten Prozesses einer bestimmten Untersuchung, von der Probenentnahme bis zur Erstellung eines Prüfberichtes, sodass geeignete Qualitätskontrollen an den kritischsten Punkten angewendet werden können. Die vorliegenden Richtlinien stellen die Mittel zur Verfügung, um diese Bewertung durchführen zu können. Die Wahl der einzuführenden Qualitätsverfahren obliegt dem Qualitätsmanager in Absprache mit dem Personal des Laboratoriums. Hierbei ist das Setzen von Prioritäten von Bedeutung. Es ist unmöglich, alle Maßnahmen bereits am ersten Tag einzuführen. Zweifellos wird der Prozess aufschlussreich sein und er wird die Mitarbeiter des Laboratoriums motivieren und ihnen verständlich machen, welch wichtige Rolle sie innerhalb der Funktion des Laboratoriums spielen. Dies wird zu einem Vertrauen in die Ergebnisse führen, was sich speziell im Falle von unerwarteten Resultaten als wichtig erweist. Dies wird für das Personal befriedigend sein und wird hoffentlich europaweit zu richtigen Vergleichen führen. Sobald ein Qualitätssicherungsprogramm eingeführt wurde und sein Nutzen offensichtlich wird, werden die anfänglich erforderlichen Anstrengungen vergessen sein.

Literatur

CEN (1989) General criteria for the operation of testing laboratories (European Standard 45001). CEN/CENELEC, Brüssel, Belgien
Council Resolution of 21 December 1989 on a global approach to conformity assessment (90/C 10/01), Official Journal No. C 10/1, 16. Januar 1990
Hertz HS (1988) Are quality and productivity compatible in the analytical laboratory. Anal Chem 60(2):75A–80A
Tölg G (1982) ISAS Dortmund, private communication
Uriano GA, Gravatt CC (1977) The role of reference materials in chemical analysis. CRC critical review. Anal Chem Oktober 1977:361–411

Kapitel 2

Umsetzung von Qualitätssicherungsprogrammen

2.1
Einleitung

Die Einführung eines Qualitätssicherungsprogramms beginnt mit der Nominierung eines Koordinators, dem die Aufgabe zufällt, das Qualitätshandbuch zu erstellen. Der Koordinator leitet das Umsetzungsprogramm und wird im Grunde genommen Qualitätsmanager. Von Beginn an müssen die Beziehungen zwischen dem Koordinator und der Laboratoriumsleitung klar definiert und die Verantwortlichkeiten abgestimmt sein. Der Erfolg des Unterfangens wird zu einem großen Teil davon abhängen, wie sich die Laborleitung hierfür einsetzt, da die Erstellung eines QA-Programmes einen beträchtlichen Zeitaufwand vom Personal erfordert.

Als Erstes ist es erforderlich, den Status quo zu erheben, d. h. eine detaillierte Darstellung der aktuellen Situation des Laboratoriums, unter Zuhilfenahme der einzelnen Kapitel dieses Buches, vorzunehmen.

Als Zweites muss der analytische Aufgabenbereich des Laboratoriums (Zielsetzung) genau definiert und mit der Betriebsleitung abgesprochen werden, um sicherzustellen, dass alle Zielsetzungen richtig verstanden werden.

Sobald ein ausreichendes Verständnis der laufenden Vorgangsweisen und Zielvorgaben vorhanden ist, beginnt die Umsetzung damit sicherzustellen, dass alle Teile eines gut funktionierenden QA-Programms eingesetzt werden und dass mangelhafte oder fehlende Komponenten verbessert und in das QA-System integriert werden.

Die zu berücksichtigenden Komponenten sind nachstehend in logischer Reihenfolge angeführt, wobei jedoch die Abfolge an die individuelle Situation angepasst werden sollte und eine andere Prioritätenreihung festgelegt werden kann.

Die Festlegung eines Zeitplans für die verschiedenen zu erledigenden Aufgaben mit einzuhaltenden Meilensteinen hilft, den Fortschritt des Unterfangens zu kontrollieren. Abhängig von der jeweils vorliegenden Si-

tuation kann die Umsetzung von wenigen Monaten bis zu ein oder zwei
Jahre in Anspruch nehmen.

Es empfiehlt sich, für jede Aufgabe ein kleines Team auszuwählen, das
vom Koordinator instruiert und in den speziellen durchzuführenden Aufgabenbereich eingeführt wird. Hierdurch wird vermieden, dass die neuen
Verfahren von der Geschäftsleitung ausgehen, ohne den Beitrag des erfahrenen Personals, das für das einwandfreie Funktionieren des täglichen
Betriebs verantwortlich ist. Vor Beginn der Aktion muss die Form aller
Dokumente, die zu verfassen sind, vereinbart werden.

2.2
Personal (siehe Kapitel 3)

Ein aktuelles Organisationsschema der Abteilung bildet die Grundlage für
die Organisation des Ablaufes der Qualitätssicherung. Nachdem dieses erstellt oder auf den neuesten Stand gebracht wurde, ist eine komplette Auf-
zählung der Funktionsbeschreibungen für die der Abteilung angehörenden
Personen zu verfassen, um den Verantwortungs- und Kompetenzbereich
für die einzelnen Aufgaben der Abteilung klarzustellen.

Sobald die Aufgaben bekannt sind, ist zu überprüfen, ob die Grundkennt-
nisse der Mitarbeiter der Abteilung für die durchzuführenden Arbeiten
ausreichend sind. Dies führt dazu, den Schulungsbedarf des Personals zu
überprüfen und – da Schulungen Zeit in Anspruch nehmen – am besten
mit dem Trainingsplan frühestmöglich zu beginnen.

Unmittelbar nachdem der Aufgabenbereich der Abteilung festgelegt ist,
kann es sich als notwendig erweisen, die Räumlichkeiten und die Ausstattung des Laboratoriums zu überprüfen, um festzustellen, ob diese die sich
hieraus ergebenden Anforderungen erfüllen.

Ein wichtiger Aspekt ist die Kontrolle der Sicherheitserfordernisse für
die durchzuführenden Arbeiten. Untersuchungen auf Krankheitserreger
erfordern spezielle Bedingungen, um den Gesetzen auf nationaler Ebene
oder der EU Gesetzgebung zu entsprechen. Die Ernennung eines Sicher-
heitsbeauftragten, der für die Überwachung der Sicherheitsaspekte im Laboratorium verantwortlich ist, wird empfohlen.

2.3
Nährmedien (siehe Kapitel 6)

Der nächste Schritt besteht darin, die Qualitätssicherung der hergestellten
Nährmedien zu standardisieren.

Die Zusammensetzung der Nährmedien muss anhand detaillierter Rezepturen dokumentiert werden. Werden Trockennährmedien oder kommerzielle Medienbestandteile verwendet, müssen Herstellername und Artikelnummer in der Rezeptur angegeben werden.

Um die Qualität von Trockennährmedien und Medienbestandteilen zu gewährleisten, führen die Hersteller eigene Qualitätskontrollen durch. Die Ergebnisse dieser Qualitätskontrollen sind in Form von Zertifikaten zusammengefasst. Die Laboratorien sollten sicherstellen, dass die Chargen der Trockennährmedien oder der Nährmedienbestandteile mit den entsprechenden Qualitätszertifikaten geliefert werden, da dies nicht routinemäßig erfolgt. Die Bestellung von größeren Mengen an Nährmedien mit der gleichen Chargennummer hilft den Aufwand der Qualitätskontrolle zu minimieren.

Die Vorgangsweise für die Herstellung der Nährmedien muss genau beschrieben und deren Sterilisation validiert werden. Routinemäßige Qualitätskontrollen der hergestellten Nährmedien werden manchmal als überflüssig betrachtet, sofern die entsprechenden Chargen der Trockennährmedien vor der Freigabe (intern) überprüft wurden und die Herstellung der Medien kontrolliert abläuft. Die vor der Freigabe stattfindende Kontrolle einer Charge kann anhand der ökometrischen Methode (Mossel et al. 1980) oder nach einem anderen zuverlässigen Verfahren der Qualitätskontrolle durchgeführt werden (IUMS 1982). Ein Gleichgewicht zwischen Prozesskontrollen und Endproduktkontrollen ist erforderlich.

Eine routinemäßige Überprüfung des pH-Wertes der hergestellten Medien nach der Sterilisation ist essentiell. Sie kann als solche als ausreichend angesehen werden, vorausgesetzt der Sterilisationsprozess lief kontrolliert ab.

Bei der Herstellung von Nährmedien müssen die Chargennummern der kommerziellen Trockennährmedien und/oder Bestandteile registriert werden, so wie auch das Datum der Herstellung und der pH-Wert nach erfolgter Sterilisation. Die Daten des Sterilisationsprozesses müssen aufbewahrt und für jede sterilisierte Charge hergestellter Nährmedien nachvollziehbar sein.

Schließlich muss für die einzelnen Chargen hergestellter Nährmedien das Mindesthaltbarkeitsdatum vermerkt werden, basierend auf dem Herstellungsdatum und der Haltbarkeitsdauer der einzelnen Nährmedien.

Haltbarkeitsdauer und Lagerungsbedingungen müssen Teil der Dokumentation der Nährmedienherstellung sein.

2.4
Methoden (siehe Kapitel 7)

Alle Methoden müssen in einheitlichem Format als schriftliche Anweisungen und in der Form, wie sie verwendet werden, vorliegen. Wenn nach Standardmethoden gearbeitet wird, ist auf diese Bezug zu nehmen. Da offizielle Standardmethoden dazu neigen, sehr ausführlich zu sein, kann eine verkürzte Beschreibung für die Verwendung am Laborarbeitsplatz verfasst werden. Diese Zusammenfassung gibt die wesentlichen Punkte der Methode in Form eines Funktionsschemas wieder, begleitet von einer kurzen ergänzenden Beschreibung; Beispiele hierfür sind im FAO-Handbuch (Andrews 1992) enthalten.

Die Auswertung und Auszählung der Agarplatten erfordern zusätzliche Aufmerksamkeit. Die von der Abteilung einzuhaltenden Regeln müssen eindeutig festgelegt sein und dort wo Bestätigungstests erforderlich sind, ist die Vorgangsweise zu spezifizieren. Wo Abweichungen von offiziellen Standardmethoden zur Gewohnheit geworden sind (wie fehlende routinemäßige Bestätigung von *Enterobacteriaceae* auf Violettrot-Galle-Glucose-Agarplatten), muss dies klar aus der Dokumentation ersichtlich sein. Um eine kontrollierte Einführung neuer Methoden zu ermöglichen, sind Mindestkriterien für die Verfahrenskenndaten zu bestimmen.

2.5
Ausstattung (siehe Kapitel 5)

Alle Vorschriften für die Kalibration und die Verwendung der Geräte müssen vorhanden sein; jede Kontrolle, die vor dem Einsatz der Geräte im Laboratorium durchzuführen ist, muss angeführt sein.

Die gesamte Ausrüstung muss registriert sein; hierbei ist auch die Häufigkeit der Wartung, woraus sie besteht und wer für deren Durchführung verantwortlich ist, angegeben sein.

Jede schadhafte Apparatur ist als solche mit einem Etikett zu kennzeichnen; die Reparatur ist im entsprechenden Geräteordner einzutragen.

Alle kritischen Geräte, insbesondere solche, die bei nicht ordnungsgemäßer Funktion die Messergebnisse direkt oder indirekt beinflussen können, sind regelmäßig zu kalibrieren. Beispiele hierfür sind Waagen, pH-Meter, Volumen-dosierende Geräte, Thermometer, Brutschränke, Wasserbäder und Kühlschränke. Die Häufigkeit der Kalibrierung ist ebenfalls zu dokumentieren. Die Informationen betreffend die Kalibrierung, Wartung, etc. der Geräte können in Gerätehandbüchern für alle Arten von vorhandenen Geräten aufgezeichnet werden.

2.6
Handhabung der Proben (siehe Kapitel 4)

Die Probenentnahme beginnt mit einer Unterweisung in richtiger Probenentnahme; die Ausarbeitung einer geeigneten Anleitung ist die Grundlage. Darüber hinaus müssen alle Erfordernisse für den Transport und für die Aufarbeitung der Proben definiert und etabliert werden.

Werden Vorschriften zur Probenentnahme niedergeschrieben, kann es nützlich sein, zuerst die aktuelle Vorgangsweise zu überprüfen, um sich zu vergewissern, dass keine unrealistischen Annahmen getroffen werden. Dort, wo sich die Probenentnahme der Kontrolle der Abteilung entzieht, müssen Regeln zum Umgang mit Proben unbekannter Vorgeschichte aufgestellt werden. Es ist vielleicht nicht immer möglich oder notwendig, derartige Proben abzulehnen, die Tatsache muss jedoch im Laborbericht vermerkt sein, um zu vermeiden, dass aus den Analysenergebnissen ungerechtfertigte Schlussfolgerungen gezogen werden.

2.7
Handhabung der Daten (siehe Kapitel 9)

Alle Vorgänge, die das Ablesen, die Aufzeichnung und die Verarbeitung der mikrobiologischen Daten betreffen, müssen festgelegt sein. Die Einführung eines oder mehrerer einheitlicher Datensammelblätter, in die die Rohdaten eingetragen werden, sollte Priorität haben. Sobald ein solches Formblatt vom Untersucher ausgefüllt und unterzeichnet wurde, können die Ergebnisse in eine Computerdatei oder in ein Berichtformular übertragen und dem Kunden übermittelt werden.

Vorzugsweise sollten die Daten nicht nur in Form von Analysenwerten übermittelt werden; sie sollten durch eine Interpretation der Ergebnisse ergänzt werden. Die Person, die zur Interpretation der Daten ermächtigt ist, muss eindeutig bestimmt sein. Eine Interpretation sollte nur von Daten vorgenommen werden, bei denen ausreichende Information zur Vorgangsweise der Probenentnahme und zur untersuchten Probe selbst vorliegt. Andernfalls müssen sich die Schlussfolgerungen auf die analysierte Probe beschränken, ohne sich auf das Material zu erstrecken, aus der die Probe entnommen wurde.

Vor der Interpretation der Probendaten müssen die Ergebnisse aller QA-Kontrollen, die im Zusammenhang mit diesen Proben durchgeführt wurden, berücksichtigt werden. Ein System, das dies garantiert, muss als Teil der Labororganisation eingeführt werden.

Wenn zur Überprüfung der Leistung des Laboratoriums statistische Kontrollen eingesetzt werden, müssen geeignete Mittel zur Verfügung stehen, um solche Prüfungen durchführen und regelmäßig deren aktuellen Stand überprüfen zu können, bis mehr Erfahrungen auf diesem Gebiet vorliegen.

2.8
Qualitätskontrollsysteme (siehe Kapitel 8)

Dort wo Qualitätskontrollsysteme eingeführt werden, sind drei Ebenen (oder Niveaus) zu unterscheiden. Auf der ersten Ebene dient die Überprüfung zur Selbstkontrolle für den Untersucher, der die Analyse ausführt. Sie umfasst unter anderem:

- Qualitätskontrollen der hergestellten Nährmedien

- Kalibrierung der kritischen Geräte

- Verwendung von Kontrollproben (positiv, negativ)

- Verwendung von Referenzproben

Auf der zweiten Ebene müssen die Überprüfungen die Beurteilung der Wiederholbarkeit und Reproduzierbarkeit innerhalb des Laboratoriums ermöglichen. Sie umfassen unter anderem geteilte Proben oder Kulturen mit bekannter Charakteristik.

Die dritte Ebene stellt Kontrollen als Bestandteil eines externen Qualitätssicherungssystems dar. Dieser „Leistungstest" bildet den abschließenden Schritt des Qualitätssicherungsprogramms.

Gegenwärtig sind solche Leistungstests durch das Fehlen geeigneter Referenzproben beeinträchtigt, Weiterentwicklungen sind jedoch im Gange. Referenzproben sind oder werden für den täglichen Leistungstest zur Verfügung stehen.

Laboratorien, die beispielsweise routinemäßig Proben auf das Vorhandensein von Salmonellen untersuchen, können die BCR-Salmonella-Referenzproben (zertifiziert oder nicht-zertifiziert) verwenden und die erhaltenen Ergebnisse über einen Zeitraum bewerten (siehe Kapitel 8).

In dem angeführten Beispiel (Abb. 2.1) wird die korrekte Vorgangsweise anhand von zwei negativen Ergebnissen innerhalb eines Zeitraums von vier Wochen belegt. Die zeitlichen Aufzeichnungen lassen Probleme im Zeitraum Juni und Juli erkennen. Sobald Probleme erkannt sind, muss man deren Ursache auf den Grund gehen. Offensichtlich waren die Probleme im August gelöst.

Ähnliche externe Referenzproben werden in naher Zukunft für andere Mikroorganismen erhältlich sein, nicht nur für presence/absence-Tests, sondern auch für quantitative Bestimmungsmethoden. Nähere Informationen über diese Proben können den SVM-Angaben in Kapitel 8 (Abschnitt 8.2.5) entnommen werden.

Manchmal steht eine Langzeit-stabile Probe in genügender Menge und mit einer ausreichend hohen Kontamination zur Verfügung, um als interne Referenzprobe zu dienen.

Referenzproben ermöglichen eine regelmäßige Kontrolle der Leistung des Laboratoriums und der einzelnen Untersucher. Unter Berücksichtigung der Daten hinsichtlich der Wiederholbarkeit/Reproduzierbarkeit der verschiedenen Arten von Analysen, können Shewhart-Karten oder andere geeignete Systeme entwickelt werden, die eine kontinuierliche Bewertung der Leistungsfähigkeit des Laboratoriums ermöglichen.

Eine zusätzliche Möglichkeit die Leistung zu überprüfen, stellt die Beteiligung an externen Qualitätssicherungssystemen oder an Ringversuchen dar. Die Proben werden von dem Veranstalter vorbereitet und verteilt; die erforderlichen Analysen werden von den Teilnehmern durchgeführt und die Ergebnisse dem Veranstalter mitgeteilt. Er bewertet alle eingelangten Daten und erstellt einen Bericht an die Teilnehmer in Form einer Zusammenfassung.

Wie bereits zuvor erwähnt, ist diese Art von Ringversuch durch den enormen Arbeitsaufwand für die Vorbereitung von zuverlässigen Referenzproben erschwert. Andererseits nehmen die Möglichkeiten zur Beteiligung an solchen Ringversuchen zu, da sie im Zuge der Akkreditierung von Laboratorien empfohlen werden. Aber auch ohne die Absicht einer Akkreditierung des Laboratoriums ist die Beteiligung an Ringversuchen sehr nutzbringend. Sie werden weiterentwickelt und praktikabler werden und für die verschiedenen Typen von Laboratorien geeignet sein. Externe Qualitätssicherungssysteme für Lebensmittel und Wasser existieren gegenwärtig in England, in den nordeuropäischen Ländern und in Frankreich (ausschließlich für Wasser).

Januar

		53	1	2	3	4
Mo			4 □	11 □	18 □	25 □
Di			5 ■	12 □	19 □	26 □
Mi			6 □	13 □	20 □	27 □
Do			7 □	14 □	21 □	28 □
Fr		1	8 □	15 □	22 □	29 □
Sa		2	9	16	23	30
So		3	10	17	24	31

Februar

			5	6	7	8
Mo			1 ■	8 □	15 □	22 □
Di			2 □	9 □	16 □	23 □
Mi			3 ■	10 □	17 □	24 □
Do			4 □	11 □	18 □	25 □
Fr			5 □	12 □	19 □	26 □
Sa			6	13	20	27
So			7	14	21	28

März

		9	10	11	12	13
Mo		1 □	8 □	15 □	22 □	29 ■
Di		2 □	9 □	16 □	23 □	30 □
Mi		3 □	10 □	17 □	24 □	31 □
Do		4 □	11 ■	18 □	25 □	
Fr		5 □	12 □	19 □	26 □	
Sa		6	13	20	27	
So		7	14	21	28	

April

		13	14	15	16	17
Mo			5 □	12	19 □	26 □
Di			6 □	13 □	20 □	27 □
Mi			7 □	14 □	21 ■	28 □
Do		1	8 □	15 □	22 □	29 □
Fr		2 □	9 □	16 □	23 □	30 □
Sa		3	10	17	24	
So		4	11	18	25	

Mai

	17	18	19	20	21	22
Mo		3 □	10 □	17 □	24 □	31
Di		4 □	11 □	18 □	25 □	
Mi		5 ■	12 □	19 □	26 □	
Do		6 □	13 □	20 □	27 □	
Fr		7 □	14 □	21 □	28 □	
Sa	1	8	15	22	29	
So	2	9	16	23	30	

Juni

		22	23	24	25	26
Mo			7 ■	14 ■	21 ■	28 ■
Di		1 □	8 □	15 □	22 □	29 ■
Mi		2 ■	9 □	16 □	23 ■	30 □
Do		3 □	10 □	17 □	24 ■	
Fr		4 □	11 □	18 □	25 □	
Sa		5	12	19	26	
So		6	13	20	27	

Juli

		26	27	28	29	30
Mo			5 ■	12 ■	19 □	26 □
Di			6 □	13 □	20 □	27 ■
Mi			7 □	14 ■	21 □	28 □
Do		1 ■	8 □	15 □	22 □	29 □
Fr		2 □	9 ■	16 □	23 ■	30 □
Sa		3	10	17	24	31
So		4	11	18	25	

August

	30	31	32	33	34	35
Mo		2 □	9 ■	16 □	23 □	30 □
Di		3 □	10 □	17 □	24 □	31 □
Mi		4 □	11 □	18 □	25 □	
Do		5 □	12 □	19 □	26 □	
Fr		6 □	13 □	20 ■	27 □	
Sa		7	14	21	28	
So	1	8	15	22	29	

September

		35	36	37	38	39
Mo			6 □	13 □	20 □	27 □
Di			7 □	14 ■	21 □	28 □
Mi		1 □	8 □	15 □	22 □	29 □
Do		2 □	9 ■	16 □	23 □	30 □
Fr		3 □	10 □	17 □	24 □	
Sa		4	11	18	25	
So		5	12	19	26	

Oktober

		39	40	41	42	43
Mo			4 □	11 □	18 □	25 □
Di			5 ■	12 □	19 □	26 □
Mi			6 □	13 □	20 ■	27 □
Do			7 □	14 □	21 □	28 □
Fr		1 □	8 □	15 □	22 □	29 □
Sa		2	9	16	23	30
So		3	10	17	24	31

November

		44	45	46	47	48
Mo		1 □	8 □	15 □	22 □	29 □
Di		2 □	9 □	16 □	23 □	30 □
Mi		3 □	10 □	17 □	24 ■	
Do		4 □	11 ■	18 □	25 □	
Fr		5 □	12 ■	19 □	26 □	
Sa		6	13	20	27	
So		7	14	21	28	

Dezember

		48	49	50	51	52
Mo			6 □	13 ■	20 □	27 ■
Di			7 □	14 □	21 □	28 □
Mi		1 □	8 □	15 □	22 □	29 □
Do		2 □	9 □	16 □	23 □	30 □
Fr		3 □	10 □	17 □	24 □	31 □
Sa		4	11	18	25	
So		5	12	19	26	

Abb. 2.1. Presence/Absence-Test für Salmonellen – tägliche Ergebnisse unter Verwendung von BCR-Salmonellen Referenzmaterial (Positiv = □; Negativ = ■)

2.9
Nachfolgeüberprüfung

Sobald die genannten Schritte beendet sind, ist alles Material für das Qualitätshandbuch des Laboratoriums vorbereitet. Die gesamte Dokumentation muss im selben Format erstellt sein und ein laborinternes Annahmeverfahren durchlaufen, sodass das Qualitätshandbuch genehmigt und in Verwendung gehen kann.

Dies vollendet die Einführung des QA/QC-Systems; ein erstes internes Audit oder die Validierung kann kurz danach angesetzt werden. Es ist nun erforderlich, eine Vorgangsweise, mit der das Qualitätshandbuch regelmäßig auf den neuesten Stand gebracht wird, zu vereinbaren und zu implementieren.

In diesem Stadium ist das System als solches noch nicht perfekt, und je nach den Zielvorgaben des Laboratoriums müssen die Verfahren und Praktiken alle zwei Jahre überarbeitet und/oder verbessert werden.

Literatur

Andrews W (1992) FAO Manuals of food quality control, 4 (Rev. 1) Microbiological Analysis. Food and Agricultural Organization of the United Nations, Rome

IUMS (International Union of Microbiological Societies) and ICFMH (International Committee on Food Microbiology and Hygiene) (1982) Quality assurance and quality control of microbiological culture media. Corry JEL (Ed), G-I-T Verlag Ernst Giebeler, Darmstadt

Mossel DAA, Rossem F van, Koopmans M, Hendriks M, Verouden M, Eelderink I (1980) A comparison of the classical and so-called ecometric technique for the quality control of solid selective culture media. J Appl Bacteriol 49:405–419

Kapitel 3

Personal, Organisation und Management

3.1
Einleitung

Das Hauptziel eines Laboratoriums zur Untersuchung von Lebensmitteln und Wasser besteht darin, zuverlässige Ergebnisse für die untersuchten Proben zu erhalten. Für die Qualitätssicherung dieser Ergebnisse ist in erster Linie der Leiter des Laboratoriums verantwortlich. Sie umfasst einen weiten Aufgabenbereich, der folgendes einschließt:

- das Festsetzen von kurz- und langfristigen Zielvorgaben

- das Einsetzen von Maßnahmen, um die Qualität der Ergebnisse zu gewährleisten

- die Organisation, Führung und Motivation des Personals

- die Überwachung der technischen Leistung

- die Bewertung von Erfolgen und Misserfolgen beim Personal und bei den Vorgangsweisen

- das Bearbeiten von Beschwerden und Abweichungen; Kundenbetreuung

Das Aufrechterhalten eines Qualitätssystems umfasst alle Bestandteile der Qualitätskontrolle und der Qualitätssicherung. Das „Qualitätssystem" wurde definiert als die Organisation, Struktur, Verantwortlichkeiten, Aktivitäten, Mittel und Vorgänge, die zusammen organisierte Vorgangsweisen und Methoden ergeben, durch die die Organisation befähigt wird, die Qualitätsanforderungen zu erfüllen (Task Force Report 1984). Die erreichte Qualität hängt in hohem Maß von der Ausbildung, der Schulung und der Kompetenz der Personen ab, die mit der Untersuchung der Proben und der Erstellung der Berichte befasst sind. Aus diesem Grunde ist das vorliegende Kapitel auf die grundlegenden Punkte im Bezug auf Labormanagement und Personalführung ausgerichtet, die zur Gewährleistung der qualitativen Leistungsfähigkeit notwendig sind.

3.2
Mitarbeiter

3.2.1
Management

Alle Laboratorien müssen über ein Organisationsschema verfügen, in dem alle Mitarbeiter, ihre Rolle im Rahmen der tagtäglichen Arbeit, die Grundsätze hinsichtlich des Managements und der Verantwortlichkeit und die Beziehungen zu anderen Einheiten oder Laborabteilungen dargestellt sind. Es ist wesentlich, dass jeder Einzelne des gesamten Personals sich des Umfangs und der Einschränkungen seiner Verantwortlichkeiten sowie seines Zuständigkeitsbereichs bewusst ist und weiß, wem er seine Befugnisse übertragen kann. Jeder Mitarbeiter muss über eine genau definierte Arbeitsplatzbeschreibung verfügen, in der diese Abgrenzungen der Verantwortlichkeit und Kompetenz enthalten sind sowie die Befugnis, die auf den verschiedenen, in Kapitel 2 beschriebenen Ebenen durchgeführten Qualitätskontrollen auszuwerten. Detaillierte Angaben zu den Qualifikationen, der Ausbildung und Erfahrung, die für den Arbeitsplatz erforderlich sind, müssen für das Führungspersonal und die technischen Mitarbeiter sowie für allen anderen Mitarbeiter vorhanden sein, bei denen das Fehlen solcher Unterlagen die Qualität der Prüfungen beeinträchtigen könnte. Die Arbeitsplatzbeschreibungen müssen besprochen, vereinbart, dokumentiert und unterschrieben werden.

Das Ausmaß an Arbeit für jeden einzelnen Mitarbeiter muss erhoben werden, um eine Überbelastung zu vermeiden, die zu Fehlern und Unfällen führen könnte. Bei der Annahme von Proben zur Untersuchung sollte man vor Augen haben, dass ausreichend Mitarbeiter zur Ausführung der Arbeit zur Verfügung stehen.

3.2.2
Qualifikationen der Mitarbeiter

Der effektive Betrieb eines Laboratoriums erfordert eine Reihe von verschiedenen Tätigkeiten, für die Mitarbeiter mit unterschiedlicher Qualifikation und Ausbildung benötigt werden. Es ist von Nutzen, die Schritte der Untersuchung von Proben in Prüfgruppen aufzugliedern, sodass das Niveau der Kenntnisse oder der Ausbildung für die Arbeit in diesen Gruppen bestimmt werden kann. Die Ausbildungspläne unterscheiden sich in den einzelnen Ländern und es gibt einige Aufgaben, die zwar ohne eine offizielle laborspezifische Qualifikation, jedoch mit einer entsprechenden Schulung am Arbeitsplatz übernommen werden können.

In einem mikrobiologischen Laboratorium für Lebensmittel und Wasser gibt es im Allgemeinen zwei Kategorien technischer Mitarbeiter: Untersucher (Techniker/Wissenschaftler), die die eigentliche mikrobiologische Untersuchung der Probe durchführen, und Laborhilfspersonal, das nach einer entsprechenden Ausbildung und unter der Beaufsichtigung durch die Untersucher die Nährmedien und Lösungen herstellt, saubere und/oder sterile Glaswaren und Instrumente bereitstellt, die Prüfmengen für die Untersuchung abwiegt und für die allgemeine Hygiene im Laboratorium sorgt (Bereitstellung desinfizierender Lösungen, Entfernen von kontaminierten Reagenzgläsern und Agarplatten, etc.). Die zu dieser Gruppe gehörenden Mitarbeiter müssen von ihrem Vorgesetzten eingewiesen werden und ihre Pflichten müssen eindeutig definiert sein. Um qualitativ gute Ergebnisse zu erzielen, muss dieses nicht-qualifizierte Laborpersonal die ihm anvertrauten Aufgaben, die Bedeutung ihrer Durchführung und die Notwendigkeit unerwartete Beobachtungen einem technisch qualifizierten Mitarbeiter mitzuteilen verstehen.

Im Folgenden ist ein empfohlenes Schema für die Gruppierung von Aufgaben entsprechend der Ausbildung und Schulung des Laborpersonals angeführt:

1. Vorbereitende Arbeiten im Bezug auf die Reinigung und Desinfektion von Gerätschaften und Glaswaren, Herstellung und Verteilung von Nährmedien, Laborhygiene und Probenvorbereitung Laborhilfspersonal: keine offizielle Qualifikation, im Idealfall absolviertes Training im Rahmen eines erweiterten Ausbildungskurses, oder internes Training am Arbeitsplatz. Die Arbeitspflichten von entsprechend ausgebildeten und erfahrenen Mitarbeitern, mit Kenntnis der Sicherheitsmaßnahmen, können auf einfache Arbeiten, eingeschlossen die Handhabung lebender Mikroorganismen, ausgeweitet werden, wie das Beimpfen von Röhrchen und Agarplatten.

2. Routineuntersuchungen gemäß Standardvorschriften: grundlegende technische Qualifikationen oder das Absolvieren einer dementsprechenden Ausbildung; das Auswerten und Aufzeichnen von Ergebnissen durch Auszubildende muss von einem qualifizierten Mitarbeiter überwacht werden.

3. Kompliziertere Analysen, eigenständiges Arbeiten, Überwachen von Auszubildenden: Untersucher mit vollständiger technischer Qualifikation

4. Interpretation von Ergebnissen: Vollständige technische Qualifikation und ein definierter Zeitraum (z. B. drei Jahre) an praktischer Erfahrung in der Untersuchung von Lebensmitteln und Wasser. Da in verschiedenen Ländern die Methoden und Anforderungen an technische Qualifikationen unterschiedlich sind, wird diese Bezeichnung hier in einem weiteren Sinn verwendet. Bei der Qualifikation kann es sich um ein Universitätsdiplom in einem entsprechenden Fach, wie Mikrobiologie, handeln, in Verbindung mit einer nachfolgenden Erfahrung/Ausbildung. Weiters kann die technische Qualifikation durch den Besuch von Tages- oder Blockkursen, durch Vollzeitkurse mit oder ohne industriellem Schwerpunkt an technischen Institutionen erworben werden.

Es ist wichtig, dass vom Laboratorium festgelegt wird, welche Mitarbeiter ausgebildet sind und befugt sind, spezifische Arten von Prüfungen durchzuführen und spezielle Gerätetypen zu betätigen. Eine Aufstellung mit den wichtigsten Informationen bezüglich Fachkenntnis, akademischer und beruflicher Qualifikationen, entsprechender Ausbildung und Erfahrung des gesamten Personals, das mit den mikrobiologischen Analysen befasst ist, muss auf dem jeweils aktuellen Stand gehalten werden. Ausbildung und Fachkenntnis müssen von dem für die tagtägliche Leitung des Laboratoriums verantwortlichen Labormitarbeiter am Ende der Ausbildungszeit überprüft werden.

Um ein Qualitätssystem umzusetzen und aufrechtzuerhalten müssen die spezifischen Anforderungen für die Organisation des Laboratoriums Folgendes beinhalten:

1. Benennung eines Mitarbeiters, der die gesamte Verantwortung für den technischen Betrieb des Laboratoriums trägt und dafür garantiert, dass die Anforderungen des Qualitätssystems erfüllt werden und

2. Benennung eines Mitarbeiters, der im Rahmen der täglichen Arbeit gewährleistet, dass die Anforderungen des Qualitätssystems erfüllt werden und der sowohl zur Betriebsleitung, wo Beschlüsse zur Laborpolitik und zu den Resourcen gefasst werden, als auch zu der mit der technischen Leitung des Laboratoriums betrauten Person direkten Zugang hat.

Zur Organisation des Laboratoriums gehört auch die Benennung von Zeichnungsberechtigten, die dazu befugt sind, die Untersuchungsberichte des Laboratoriums zu unterschreiben und für deren Inhalt die technische Verantwortung übernehmen. Proben dürfen nicht zur Untersuchung angenommen oder Analysen durchgeführt werden, wenn das hierzu benannte Personal nicht verfügbar ist, um die erforderliche Befugnis und Kontrolle bereitzustellen und um eventuell benötigte maßgebliche Entscheidungen zu treffen. Es ist auch eine Arbeitsplan zu erstellen, die bei Abwesenheit von Mitarbeitern die Durchführung anstehender Arbeiten sicherstellt.

3.2.3
Schulung

Die Schulungserfordernisse für die verschiedenen Ebenen von Untersuchungen wurden bereits dargelegt. Es ist wichtig, dass neue Mitarbeiter bei der Aufnahme ihrer Tätigkeit in ihr Aufgabengebiet eingeführt werden. Diese Einführung richtet sich nach der vorangegangener Ausbildung und Erfahrung des einzelnen Mitarbeiters. Sie muss jedoch ausreichende technische Informationen beinhalten, um eine grundlegende Kenntnis der Rolle des Laboratoriums, den Hauptbestandteilen der Arbeitstätigkeit als solche und der Bedeutung des Qualitätssicherungsprogramms zu vermitteln. Dies wird am Besten durch eine persönliche Einführung unter genauer Überwachung durch einen verantwortlichen Mitarbeiter vorgenommen. Eine Schulung am Arbeitsplatz in Zusammenarbeit mit einem Kollegen, der die Arbeit gut kennt, ist wesentlich. Die Ausbildung im Hinblick auf eine bestimmte Tätigkeit oder eine spezielle Methode ist dann beendet, wenn reproduzierbare Ergebnisse regelmäßig erzielt werden. Dies kann durch die Einführung von Kontrollen auf erster und zweiter Ebene überwacht werden, wie in Kapitel 8 beschrieben. Bei den Kontrollen auf erster Ebene handelt es sich um laufende vom Untersucher durchgeführte Selbstkontrollen. Sie müssen bei jeder Analysenserie durchgeführt (Parallelplattierung, Blindproben im Rahmen des Verfahrens, positive und negative Kontrollen, etc.) und vom direkten Vorgesetzten des Untersuchers beaufsichtigt werden. Zur Bewertung des Ausbildungserfolges können Kontrollen auf zweiter Ebene und regelmäßige Kontrollen durch eine vom Untersucher unabhängige Person verwendet werden. Die Hauptmethoden hierfür sind der Einsatz von Proben oder Kulturen mit bekannter Beschaffenheit oder von geteilten Proben (Doppelanalyse) ohne das Wissen des Untersuchers sowie die Untersuchung einer weiteren Teilprobe eines bereits vorher geprüften Produktes/Materials oder die Untersuchung von Standard- oder Referenzproben.

Die Schulung am Arbeitsplatz fördert Fähigkeiten und veranschaulicht betriebsinterne Praktiken. Die Übertragung einer Position mit größerer Verantwortung an einen Mitarbeiter innerhalb der Labororganisation kann eine zusätzliche Ausbildung laborintern oder durch die Absolvierung von Kursen an anerkannten Institutionen erforderlich machen. Welche Methode auch angewandt wird, ein aktuelles Protokoll muss über jeden Ausbildungsschritt und die jeweils erhaltene Qualifikation geführt werden. Die Schulungsberichte müssen eine vollständige Liste der durchgeführten Untersuchungen und Arbeiten enthalten, die abgehakt werden, sobald der Mitarbeiter diese beherrscht. Die Arbeitsplatzbeschreibungen und Verantwortlichkeiten müssen regelmäßig überarbeitet werden, um die Ausbildungsfortschritte und Qualifikationen zu berücksichtigen.

Die Bewertung der Ausbildung und der Fachkenntnis wurde bisher qualitativ vorgenommen. Man verfügt jetzt über Mittel, diese anhand von Wiederholungsuntersuchungen, Paralleluntersuchungen und durch die Verwendung von Kontrollproben oder Referenzmaterial zu bestimmen. Die in Kapitel 8 beschriebenen Tests können zu diesem Zweck eingesetzt werden. Dadurch wird ein Erfolgsniveau festgelegt, das dem Personal Selbstvertrauen gibt. Das Auftragen der Ergebnisse in Kontrolldiagrammen belegt die Fähigkeit des Mitarbeiters, eine Leistung innerhalb von Kontrollgrenzen zu erbringen.

Wo möglich, sollte das Personal turnusmäßig in verschiedenen Abteilungen des Laboratoriums arbeiten, um mit allen dem Stand ihrer Kompetenz und ihrer Ausbildung entsprechenden Verfahren vertraut zu werden. Auf diese Art können abwesende Mitarbeiter vertreten oder unerwarteter Anstieg an Arbeit bewältigt werden.

Innerhalb der Organisation des Laboratoriums ist die Benennung eines Ausbildungsverantwortlichen vorzusehen. Die Teilnahme an wissenschaftlichen Veranstaltungen, Seminaren und Workshops bietet Gelegenheiten, neue Methoden und Techniken kennen zu lernen und kann zur beruflichen Weiterbildung des einzelnen Mitarbeiters gezählt werden. Die kontinuierliche Bewertung der Leistungen des Personals ist ein wesentlicher Bestandteil des Qualitätssicherungssystems, obwohl sie bisher oft vernachlässigt oder nur unzureichend umgesetzt wird. Das Hauptziel besteht darin, die Arbeitsleistungen zu verbessern. Diese Beurteilungen können jedoch auch zur Motivation des Personals dienen und den Führungskräften helfen, hinsichtlich des Bedarfs an Schulung und Entwicklung sowie bei Personalangelegenheiten Entscheidungen zu treffen. Die Bewertung muss zwar kontinuierlich erfolgen, jedoch ist eine formelle Bewertung ein- bis zweimal jährlich wichtig. Die formelle Bewertung kann Leistungsziele, Anforderungen an Qualität und Produktivität, Arbeitssicherheit, Prioritäten der Arbeitstätigkeit, Klassifizierung der Verantwortlichkeiten, persönliche längerfristige Ziele, Hindernisse für gute Leistungsfähigkeit sowie deren Ursachen und Lösungsmöglichkeiten umfassen. Das unmittelbare Ziel besteht darin, ein Programm zu vereinbaren, um den einzelnen Mitarbeitern zu helfen, ihre Leistungsfähigkeit zu verbessern.

3.3
Einrichtungen des Laboratoriums und Umfeld

Zur Gewinnung von Ergebnissen guter Qualität benötigt man eine zumindest angemessene Ausrüstung. Die Eignung eines Laboratoriums, dessen Standort und Konzept sowie die internen und externen Umgebungsbedingungen können die Motivation des Personals, den Betrieb empfindlicher Geräte und letztendlich die Arbeitsleistung und die Effizienz des Qualitätssicherungsprogramms beeinflussen.

Es ist nicht beabsichtigt in diesem Kapitel die Einzelheiten eines mikrobiologischen Laboratoriums zu beschreiben, sondern nur einige Punkte zu erwähnen, die beachtet werden müssen, wenn die Eignung eines Laboratoriums und seines Umfelds für die Erzeugung qualitativer Ergebnisse zu bewerten ist. Die grundlegenden Anforderungen umfassen:

- ausreichend Platz, sodass der Arbeitsplatz rein und geordnet gehalten werden kann

- räumliche Gestaltung im Hinblick auf Effizienz

- ausreichend Platz für Ablagen und Abstellflächen

- Büroarbeitsplatz für Schreibkräfte

- Sanitäre Anlagen für die gesamte Belegschaft

- Lagerraum für Proben, Gerätschaften, Chemikalien und Glaswaren

Die Haupttätigkeiten des Laboratoriums sollten vorzugsweise in separaten Räumen oder in abgegrenzten Teilen des Hauptbereiches des Laboratoriums ablaufen, z. B.:

- Reinigung der Glaswaren und Ausrüstungen

- Sterilisation verwendeter Glaswaren und inkubierter Kulturmedien

- Herstellung und Sterilisation der Nährmedien

- Beimpfen der Nährmedien

- Bebrüten der Kulturen

- Ablesen der Ergebnisse und Subkultivierung von Mikroorganismen

- Bewertung der Ergebnisse und Erstellung von Berichten

Demzufolge sollte ein mikrobiologisches Laboratorium idealerweise aus mehreren getrennten Räumen bestehen, statt als aus nur einem größeren Mehrzweckraum. Wenn dies jedoch nicht gegeben ist und nur ein einziger Raum zur Verfügung steht, muss man den Arbeitsablauf so einrichten, dass „Reinzonen" von „Schmutzzonen" unterschieden werden können. Tätigkeiten, wie das Dekontaminieren von pathogenem Material, die Lagerung von eingetroffenen Proben und Tierhaltung dürfen nicht in einem einzelnen Raum durchgeführt werden.

Bei der Planung eines Laboratoriums ist dem Routinebetrieb und der Organisation des internen Ablaufs Aufmerksamkeit zu schenken, um Arbeitswege auf ein Mindestmaß zu begrenzen und eine effektive Durchführung der Aufgaben zu ermöglichen. Die Unterbringung von Arbeitskleidung ist in einem Nebenraum zum Arbeitsbereich des Laboratoriums vorzusehen. Was die Materialien des Laboratoriums anbelangt, sollte man auf glatte, wasserfeste und pflegeleichte Flächen bedacht sein sowie außerdem auf Arbeitsflächen, die beständig gegen Hitze und Chemikalien sind und keine Risse oder offene Fugen aufweisen, in die Mikroorganismen gelangen und sich vermehren können. Laborarbeitsflächen müssen ausreichend mit Anschlüssen für Gas, Vakuum, Strom, destilliertes Wasser und Wasserhähnen für warmes und kaltes Wasser ausgestattet sein. Laborarbeitsflächen dürfen nicht zur Lagerung von Geräten, Nährmedien und anderen Gegenständen verwendet werden. Der darunter befindliche Platz kann für einen Unterschrank und Schubladen genutzt werden. Stellflächen müssen für die Laborgerätschaften zur Verfügung stehen, aber Geräte, die Vibrationen erzeugen, wie Wasserbäder, müssen von empfindlicheren Geräten wie Waagen und Mikroskopen getrennt aufgestellt werden.

Das Lüftungssystem muss ausreichend leistungsfähig sein, um die von den Geräten abgegebene Wärme abzuführen, darf jedoch nicht Staub aufwirbeln, da hierdurch die Gefahr der Kontamination von Proben und Nährmedien besteht. Mikrobiologische Laboratorien müssen als kontaminierte Umgebung betrachtet werden. Daher muss die Entlüftung so konzipiert sein, dass die Abluft der Laborräume nicht in benachbarte Räume gelangen kann. Ist eine raumlufttechnische Anlage zur Kontrolle des Laborklimas vorhanden (Luftbefeuchter und -entfeuchter, Klimageräte, Kühltürme), so müssen diese regelmäßig gereinigt werden, um eine Verkeimung durch Mikroorganismen zu verhindern, die eine direkte Infektion des Laborpersonals oder eine Kontamination von Gerätschaften und Nährmedien bewirken könnten. Werden Brutschränke mit integrierter Kühlung verwendet, ist es wichtig, dass die Temperaturen im Laboratorium stabil sind (21–23 °C), um eine leistungsfähige Funktion dieser Geräte sicherzustellen. Die Aufrechterhaltung dieser Temperatur ist ebenfalls wesentlich, damit die Stabilität wärmeempfindlicher Nährmedien und Reagenzien gewährleistet ist und der Verlust der Lebensfähigkeit von Stammkulturen vermieden wird.

Die Beleuchtung muss gut sein, darf aber nicht blenden. Das Ablesen einiger Tests erfordert gedämpftes Licht, wohingegen für andere das Tageslicht am besten geeignet ist. Es sollte eine Beleuchtung gewählt werden, die möglichst annähernd dem Tageslicht entspricht. Es kann sich als notwendig erweisen, die Fenster mit einem Sonnenschutz zu versehen, der im Idealfall außen angebracht ist. Ein Sonnenschutz auf der Innenseite ist ebenfalls akzeptabel. Medien, Chemikalien und Reagenzien müssen gegen direkte Sonnenbestrahlung geschützt gelagert werden, da ihre Eigenschaften beeinträchtigt werden könnten. Auch die analytische Arbeit sollte nicht im direkten Sonnenlicht durchgeführt werden, da dies die Endresultate beeinflussen könnte.

3.4
Sicherheit

Um in einem mikrobiologischen Laboratorium ein sicheres Arbeitsumfeld zu schaffen, müssen Bedingungen geschaffen werden, durch die eine Infektion durch pathogene Mikroorganismen verhindert, das Unfallrisiko auf ein Mindestmaß begrenzt und eine Kontamination der Proben vermieden wird. Die Vorschriften für sicheres Arbeiten müssen genau definiert und dokumentiert werden und ein Sicherheitsbeauftragter sollte in der Labororganisation vorgesehen sein. Jedes Laboratorium muss über einen Sicherheitsausschuss verfügen, der aus Vertretern von Personal jeden Dienstgrades zusammengesetzt ist, der regelmäßig Versammlungen abhält, darüber Protokoll führt und entsprechende Handlungen setzt. Die gesetzlichen Anforderungen in Bezug auf Gesundheits- und Arbeitsschutz müssen eingehalten werden. Alle Mitarbeiter müssen über das Verhalten bei Unfällen im Laboratorium informiert sein, d. h. sie müssen wissen, wer zu benachrichtigen ist und wie vorzugehen ist. Die Vorgangsweisen, wie mit Unfällen unterschiedlicher Schwere und Gefahr vorzugehen ist, müssen vorhanden sein. Material, Ausrüstung, Schutzkleidung (Schürzen, Handschuhe, Gesichtsmasken und Brillen) sowie Desinfektionsmittel und neutralisierende Chemikalien müssen griffbereit sein, um die Auswirkungen von ungewolltem Ausfließen von mikrobiologischen oder chemischen Flüssigkeiten in Schranken zu halten.

Neu eingestellte Mitarbeiter müssen bei Dienstantritt in die Sicherheit des Laboratoriums eingewiesen werden und die sicherheitsmäßige Schulung des vorhandenen Personals muss regelmäßig ergänzt werden.

Das Personal muss wissen, dass für bestimmte Gruppen gefährlicher Organismen Sicherheitsbehälter erforderlich sind, es muss über die Vorschriften für deren Benutzung und Nutzungseinschränkungen verfügen. Für jede Sicherheitsstufe, die der Klassifizierung des Biorisikos der spezifischen Gruppe von Krankheitserregern entspricht, müssen schriftliche Methoden vorliegen. Die meisten routinemäßigen mikrobiologischen Untersuchungen von Lebensmitteln und Wasser können unter den Bedingungen der Gefahrengruppe 2 (begrenztes individuelles Risiko, geringes gemeinschaftliches Risiko) durchgeführt werden, außer wenn es bei der Untersuchung um die Isolierung eines Organismus einer Klassifizierung eines höheren Biorisikos geht (beispielsweise der Gefahrengruppe 3, d. h. hohes individuelles Risiko, geringes gemeinschaftliches Risiko).

Sicherheitsüberprüfungen, sowohl interne als auch externe Audits, müssen in festgelegten Zeitabständen, zum Beispiel zweimal jährlich als betriebsinterne und einmal pro Jahr als betriebsexterne Überprüfung stattfinden. Die Wichtigkeit der Einhaltung der Sicherheitsvorschriften muss der ganzen Belegschaft bewusst sein. An erster Stelle stehen persönliche Sicherheit und Schutz. Um zuverlässige Untersuchungsergebnisse zu erhalten, muss jedoch auch der Schutz des Produktes miteinbezogen werden. Jedes Laboratorium muss zum Brandschutz, zur Feuerbekämpfung und zur Evakuierung der Räume im Notfall über schriftliche Pläne verfügen. Die gesamte Belegschaft muss einmal im Jahr zum Verhalten im Brandfall geschult werden. Die sicherheitsmäßige Ausrüstung, inklusive Feuerlöscher und Feuerlöschschläuche müssen regelmäßig überprüft werden, um sicherzustellen, dass sie sich an den dafür vorgesehenen Plätzen befinden und funktionstüchtig sind.

Es müssen Bewertungen hinsichtlich der Benutzung von gefährlichen Chemikalien durchgeführt werden. Dies ist eine gesetzliche Vorschrift.

EU-Mitgliedsstaaten müssen im Einklang mit der Richtlinie zum Arbeitnehmerschutz bezüglich der Exposition von chemischen, physikalischen und biologischen Wirkstoffen am Arbeitsplatz Regelungen erlassen haben (Rat der Europäischen Union 1980: Richtlinie Nr. 80/1107/EWG). Im Rahmen dieser Bestimmungen, müssen für alle Verfahren, in denen der Einsatz von Chemikalien, Reagenzien, Nährmedien oder Mikroorganismen notwendig ist, Bewertungen niedergeschrieben und regelmäßig auf den neuesten Stand gebracht werden. Bei Änderung eines Verfahrens oder bei der Einführung eines neuen Verfahrens sind neue Bewertungen durchzuführen.

Beispiele zu wichtigen Punkten bezüglich der Sicherheit in der Praxis eines Laboratoriums sind:

- Der Zutritt zum Laboratorium darf ausschließlich autorisierten Personen vorbehalten sein.

- Das Tragen von Laborkleidung innerhalb des Laborbereichs ist verpflichtend.

- Das Tragen von Laborkleidung und sonstiger Schutzkleidung außerhalb des Laborbereichs ist nicht erlaubt, insbesondere in öffentlichen Bereichen oder solchen, wo Lebensmittel verzehrt werden.

- Zusätzliche Schutzvorrichtungen für die persönliche Sicherheit (Handschuhe, Schutzbrille, Gesichtsmaske, usw.) sind zu verwenden, wenn dies für spezielle Tätigkeiten erforderlich ist.

- Während der Arbeit sind Fenster und Türen geschlossen zu halten.

- Es darf nicht mit dem Mund, sondern nur mit korrekt verwendeten Pipettierhilfen pipettiert werden.

- Innerhalb des Laborbereichs darf weder gegessen, getrunken noch geraucht werden.

- Die Laborarbeitsflächen sind regelmäßig, d.h. mindestens einmal täglich zu desinfizieren.

- Während der Arbeit mit Mikroorganismen muss darauf geachtet werden, eine Aerosolbildung zu vermeiden.

- Es ist auf eine sichere Desinfektion/Sterilisation von Laborabfällen oder von Glaswaren vor deren Reinigung und Wiederverwendung bzw. deren Entsorgung zu achten. (Wenn die Verbrennung unter der Kontrolle des Laboratoriums erfolgt, kann die Sterilisation entfallen.)

- Kontaminiertes Gut (Kulturen, Medien, Abfälle) muss in abgedichteten, lecksicheren Behältern transportiert werden.

- Im Laborbereich muss starker Luftzug vermieden werden.

- Entsprechende Abzüge, Sicherheitswerkbänke und Laminar-Flow-Werkbänke sind zum Schutz der Produkte und zur Reduktion einer Infektionsgefahr für den Menschen einzusetzen.

- Zum Entsorgen von zerbrochenem Glas, scharfen Gegenständen (Spritzen und dgl.), Lösungsmitteln und sonstigen gefährlichen Abfällen sind separate Behälter vorzusehen.

3.5
Arbeitsmethoden

Jedes Laboratorium muss über Handbücher verfügen, in denen alle Methoden aufgeführt sind, die für die Untersuchung von Lebensmitteln und Wasser zur Anwendung kommen. Diese müssen, wenn vom Vorgesetzten nicht ausdrücklich anders angeordnet, genau und ohne Abweichungen eingehalten werden. Gleichermaßen müssen für die Bedienung der täglich benutzten aber auch der für spezielle Verfahren verwendeten Geräte schriftliche Vorschriften vorliegen, mit den entsprechenden Anweisungen für die Wartung, Reinigung und Instandhaltung sowie den Maßnahmen, die bei Abweichungen vom normalen Betrieb getroffen werden müssen. Alle schriftlichen Dokumente müssen für die betreffenden Mitarbeiter leicht zugänglich sein. Methoden sollen, wenn immer möglich, dem neuesten Stand entsprechen und als Standardmethoden etabliert sein. Wenn andere Methoden eingesetzt werden, müssen diese dem vorgesehenen Zweck entsprechen, klar dokumentiert sein und nach Möglichkeit mit dem Kunden vereinbart sein.

3.6
Kommunikation und Kundenbeziehungen

Innerhalb des Laboratoriums muss zwischen dem Personal auf den jeweiligen Ebenen und zwischen den Ebenen eine gute Kommunikation vorhanden sein. Klare Kommunikationswege vom Direktor/Labormanager direkt zum Personal müssem gegeben sein.

In Laboratorien soll ein gutes Arbeitsverhältnis herrschen sowohl innerhalb der Abteilungen als auch mit anderen Einheiten/Geschäftsbereichen, mit denen zusammengearbeitet wird, mit Lieferanten für Geräte, Reagenzien usw. und insbesondere mit Kunden.

Vorgehensweisen für die Weitergabe von Resultaten müssen definiert werden, wobei die Verantwortung hierfür unmissverständlich festgelegt sein muss. Rasche Kommunikationsmittel (z. B. per Telefon, Telefax, E-mail) sollen verwendet werden, um ungewöhnliche Ergebnisse, wie z. B. die Isolierung eines Krankheitserregers oder eine außergewöhnlich hohe Anzahl eines speziellen Mikroorganismus oder eine Gruppe an Mikroorganismen an den Kunden weiterzugeben. Es ist ebenfalls wichtig zu erkennen, in welchem Stadium Ergebnisse, die auf eine Gefahr für die öffentliche Gesundheit hinweisen können, an die zuständige Behörde weiterzuleiten sind.

Es ist essentiell, dass gute Aufzeichnungen über die Laborergebnisse geführt werden. Alle Beobachtungen, Berechnungen und andere Informationen von praktischer Relevanz im Hinblick auf die durchgeführten Untersuchungen müssen vom betreffenden Mitarbeiter registriert, unterzeichnet oder paraphiert sein. Die aufgezeichneten Informationen müssen ausreichend sein, damit jegliche Fehlerquelle festgestellt und der Test nötigenfalls wiederholt werden kann. Die komplette Rückverfolgbarkeit des Vorgangs der Untersuchung muss gegeben sein, vom Eingang der Probe bis zur Übermittlung der Endergebnisse. Die Prüfunterlagen der Laboruntersuchungen müssen gut geordnet abgelegt werden, geschützt vor Verlust, Beschädigung oder Missbrauch, und für einen Zeitraum von mindestens sechs Jahren aufbewahrt werden.

3.7
Bearbeitung von Reklamationen

In Laboratorien muss die Vorgangweise, wie die von Kunden oder von anderer Seite eingegangenen Reklamationen überprüft werden, genau beschrieben sein und es müssen alle mit den Tätigkeiten des Laboratoriums verbundenen Abweichungen erkannt werden. Berichte zur jeweiligen Reklamation oder Abweichung und zu jeder diesbezüglich getroffenen Maßnahme müssen erstellt werden. Dies ist im Falle eines eventuellen späteren Gerichtsverfahrens von ausschlaggebender Bedeutung. Der Mitarbeiter, der eine Reklamation entgegennimmt oder eine Abweichung feststellt, muss einem Vorgesetzten des technischen Personals Bericht erstatten, der die weitere Bearbeitung übernimmt, je nach Zuständigkeit andere Vorgesetzte einschaltet und Korrekturmaßnahmen in die Wege leitet. Alle zu den Tätigkeiten des Laboratoriums eingegangenen Reklamationen müssen schriftlich beantwortet werden.

Abweichungen, die die Messergebnisse beeinflussen können, sind z. B. Abweichungen der Temperaturen für die Inkubation oder Kühlung von den festgelegten zulässigen Bereichen oder Medien, die nicht den Anforderungen wie beispielsweise dem pH-Wert entsprechen. Die Einbeziehung von Kontrollen mit täglichen Prüfungen ermöglicht es dem Laboratorium, festzustellen, ob diese Abweichungen das Endergebnis beeinflussen. Wenn dies der Fall ist, muss entschieden werden, ob die Untersuchung für ungültig erklärt und der Kunde informiert wird oder ob das Ergebnis als gültig betrachtet werden kann.

Es ist ebenfalls wichtig, die Zufriedenheit des Kunden hinsichtlich der vom Laboratorium erbrachten Dienstleistung zu ermitteln. Dies kann sowohl anhand von schriftlichen Fragebögen (die dazu neigen, ziemlich unpersönlich zu sein) oder durch den Einsatz von Arbeitsgruppen, in denen sich Laborpersonal und Kunden persönlich treffen und Probleme und zukünftige Projekte besprechen können.

Literatur

Anon. (1984) Report of Task Force D at the International Laboratory Accreditation Conference, London. Department of Trade and Industry, nachstehend zitiert von FAO (1991), London, Vereinigtes Königreich

Coucil of the European Communities (1980) Directive No. 80/1107/EEC on the protection of workers from the risk related to exposure to chemical, physical and biological agents at work. Official Journal of the European Communities, 1980, No. L 327, 3.12.1980, p 8

Sonstige Informationsquellen

Garfield FM (1991) Quality assurance principles for analytical laboratories. Association of Official Analytical Chemists, Arlington, VA

Food and Agriculture Organization (1991) Manual of food quality control 12. Quality Assurance in the Food Control Microbiological Laboratory, FAO Food and nutrition paper 14/12, FAO, Rom

Netherlands Draft Standard (1993) Bacteriological examination of water. General principles for quality assurance of bacteriological examination of water. Draft standard NPR 6268, 1993

Nordic Committee on Food Analysis (1989) Handbook for microbiological laboratories. Introduction to Internal Quality Control of Analytical Work, Report No 5, Technical Research Centre of Finland, Espoo, Finnland

World Health Organization (1993) Laboratory biosafety manual, 2nd edn. WHO, Genf

Kapitel 4

Probenentnahme

4.1
Einleitung

Die Qualität des von einem Laboratorium verfassten Endberichts hängt von der Güte der entnommenen und zur Analyse übermittelten Probe ab. Oft erfordert der Auftrag zu einer Untersuchung die Beantwortung spezifischer Fragen, und damit die Analyse einer korrekten Probe mit Hilfe von bestgeeigneten Techniken. Aus diesem Grunde muss die Probenentnahme im Rahmen eines vereinbarten Probenentnahmeplans stattfinden, der mit dem Antragsteller hinsichtlich der gestellten Fragen abgesprochen ist. Danach können Art, Menge und Häufigkeit der Probenentnahme abgestimmt werden.

Innerhalb eines kompletten Qualitätssicherungsprogramms ist es wichtig, den Ablauf der Probenentnahme sorgfältig zu kontrollieren. Maßnahmen, die getroffen werden den analytischen Prozess zu kontrollieren, sind zwecklos, wenn Fehler im Stadium der Probenentnahme aufgetreten sind. Diese können durch fehlerhafte Probenentnahme, Transport und Dokumentation bedingt sein.

Es ist wichtig, dass jeder einzelne Faktor, der den Prozess der Probenentnahme und schlussendlich das Endergebnis beeinträchtigen kann, erkannt und verstanden wird. Auf diese Weise kann die Bedeutung dieser Faktoren bewertet und Maßnahmen zur Kontrolle ergriffen werden. Diese Faktoren sind im Probenentnahmeprozess (Abb. 4.1) veranschaulicht.

Drei Personen sind im Probenentnahmeprozess eingebunden: der Probennehmer, die Person, die die Proben entgegennimmt und der Untersucher. Sie können aber auch in nur einer Person vereinigt sein. Der Probennehmer hat auf den Großteil der Faktoren Einfluss und seiner Schulung und Anleitung muss spezielle Beachtung geschenkt werden. Es sind Protokolle erforderlich, um diese wichtigen Faktoren zu kontrollieren, diese können anhand der in diesem Kapitel gegebenen Informationen erstellt werden. Obwohl Transport und Übernahme der Probe im Laboratorium möglichst

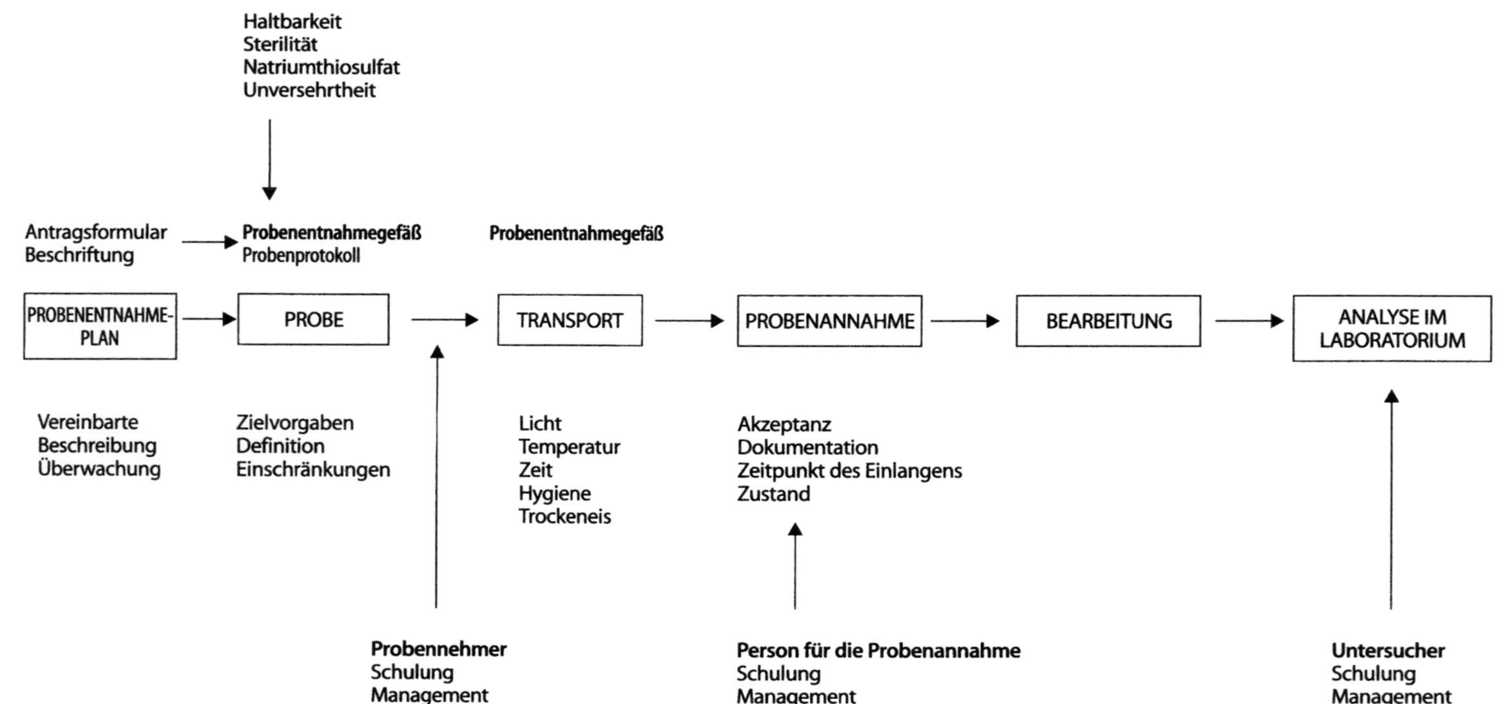

Abb. 4.1. Probenentnahmeprozess

wenig Zeit in Anspruch nehmen und die Probe möglichst rasch an den Untersucher weitergeleitet werden sollte, ist die Sicherstellung der richtigen Dokumentation und der ordnungsgemäßen Probenannahme zu gewährleisten, um hierdurch Verzögerungen zu vermeiden. Die Proben haben dann Aussagekraft in Bezug auf das Lebensmittel oder das Wasser, bei dem die Probenentnahme stattfand. Der Kontrollablauf erlaubt es, dass eine korrekte Interpretation vorgenommen und die erforderlichen Maßnahmen getroffen werden können. Diese Dokumentation der Vorgeschichte der Probe ist im Falle umstrittener Ergebnisse von größter Bedeutung.

4.2
Verteilung der Mikroorganismen in Lebensmitteln und Wasser

Eine Probe stellt einen kleinen Anteil des zu untersuchenden Lebensmittels oder ein sehr kleines Volumen des zu prüfenden Wassers dar. Die Verteilung, die Arten und die Anzahl der Mikroorganismen in dem entnommenen Anteil müssen die gesamte Charge des Lebensmittels oder des Wassersystems widerspiegeln, aus dem er stammt. Diese Annahme trifft nur dann zu, wenn die Konsistenz und die Behandlungstechnik eine homogene Verteilung der Mikroorganismen im Lebensmittel oder innerhalb der Lebensmitteleinheiten ermöglichen; z. B. abgefüllte pasteurisierte Milch nähert sich dieser Verteilung.

Die Verteilung von Mikroorganismen in Lebensmitteln und Wasser ist nicht homogen und wurde als zufallsverteilt oder kontagiös beschrieben. In einer Zufallsverteilung ist jede einzelne Zelle in der Lebensmittel- oder Wassermasse zufällig gelegen. Im Falle einer kontagiösen Verteilung können die Zellen in Klumpen oder Aggregaten in einer räumlich anormalen Verteilung vorhanden sein. Die Erfahrung zeigte, dass die kontagiöse Verteilung diejenige ist, die am häufigsten vorkommt (Shapton und Shapton 1991).

Homogenität ist nicht eine Qualität als solche, kann aber quantifiziert werden; sie hängt von der in einer Materialeinheit enthaltenen Anzahl an Partikeln und von der Größe der Probe ab. Sie wird gewöhnlich der Messunsicherheit zugerechnet, ihr Anteil an der Messunsicherheit der Methode ist in einer homogenen Probe vernachlässigbar. Falls dies nicht zutrifft, kann die Größe der Probe angepasst oder die Anzahl der Parallelproben erhöht werden.

Mehrere Faktoren können die räumliche Verteilung der Organismen beeinflussen, darunter die Flora der Rohmaterialien, die Techniken des

Zerkleinerns, Mischens und Bearbeitens, die Lagerungstemperatur, Kochen und Kühlung. Kontamination während der Manipulation, gefolgt von Lagerung bei Raumtemperatur können die Vermehrung von Organismen hervorrufen, die sich als Mikrokolonien zeigen.

Bei Lebensmitteln mit mehrphasigen Systemen (z. B. Fleisch und Soße), bei denen jede Phase eine unterschiedliche Flora und mikrobielle Verteilung aufweisen kann, ist eine mehrfache Probenentnahme erforderlich, um eine umfassende analytische Aussage zu erhalten. In diesem Fall müssen die Inhaltsstoffe jeder Phase getrennt geprüft werden. Es ist offensichtlich, dass die Art (pathogen oder nicht) und die Verteilung der Organismen in die Daten der Analyse einfließen und das für die Analyse verwendete Probenentnahmeprogramm beeinflussen (Jarvis 1989).

Das Ziel eines Probenentnahmeprogramms ist es, jede Unsicherheit, die aufgrund dieser Verteilungsmuster der Organismen auftreten kann, zu kontrollieren.

4.3
Probenentnahmepläne

Bei der Probenentnahme handelt es sich nicht einfach nur um die Entnahme eines kleinen Anteils von Lebensmitteln oder Wasser zur Untersuchung. Sie zielt darauf ab, Information über die mikrobiologische Eigenschaft eines Lebensmittels oder eines Wassers zu geben, die es auf Basis von vereinbarten Kriterien ermöglicht, eine Lebensmittelcharge, die sich in Herstellung oder am Lager befindet zu akzeptieren oder abzulehnen und das für die Gesundheit oder die Hygiene bestehende Risiko abzuschätzen. Die Zielvorgaben für die Probenentnahme bestimmen die Einzelheiten des Vorgangs, d. h. die Größe der Probe, die Häufigkeit der Probenentnahme sowie den Ort und den Zeitpunkt der Probenentnahme.

Die Notwendigkeit über ein solches Programm zu verfügen, das besagt, wovon, wann und wie oft Proben entnommen und welche Parameter bestimmt werden müssen sowie die Kriterien für die Endbeurteilung haben dazu geführt, Probenentnahmepläne zu erstellen. Probenentnahmepläne für Wasser können in EU-Richtlinien z. B. der Richtlinie über die Qualität von Badewasser (1975) oder der Oberflächenwasser-Richtlinie (1979) beschrieben sein. Bei Trinkwasser basiert die Probenentnahme auf der Größe der versorgten Bevölkerung oder dem von einem Wasserwerk produzierten Wasservolumen. Der Internationale Ausschuss für mikrobiologische Spezifikationen für Lebensmittel (ICMSF 1986) legt fest, dass „ein

Probenentnahmeplan ein Verfahren zur Entnahme einer Probe, der Durchführung von Untersuchungen geeigneter Einheiten und der entsprechenden Beurteilung auf Basis von vereinbarten Kriterien ist". Eine ähnliche Definition, jedoch mehr an die Lebensmittelindustrie angepasst, wird von Messer et al. angeführt (1982). Anhaltspunkte für die Entwicklung von Probenentnahmeplänen sind die Abschätzung eines Gesundheitsrisikos, die Einhaltung der Qualität des Endproduktes, Trend-Analysen, Überwachung von Rohmaterialien, Kontrolle einer Produktionslinie, Umwelthygiene oder der Ausbruch einer Lebensmittelvergiftung.

Die Bewertung der Sicherheit von Lebenssmitteln und von potentiellen Gesundheitsrisikos folgt üblicherweise den Grundsätzen des HACCP (hazard analysis critical control point) Konzeptes (ICMSF 1986; *Codex alimentarius* 1982). Die Strategien eines solchen Probenentnahmeplans basieren auf diesen erkannten kritischen Kontrollpunkten.

Für weitere Einzelheiten, Erörterungen und Beschreibungen von Probenentnahmeplänen, wird auf die Publikationen des ICMSF (1986) und das Handbuch „Compendium of methods" der APHA (Vanderzant und Splittstoesser 1982) verwiesen.

4.4
Lebensmittel

Die Probenentnahme von Lebensmitteln kann aus verschiedenen Gründen vorgenommen werden. Die folgenden Abschnitte enthalten ausführliche Angaben zu den diversen Kategorien an Probenentnahmen.

4.4.1
Kontrolle der Akzeptanz/Zurückweisung

Die Kontrolle der Akzeptanz/Zurückweisung von Lebensmitteln beruht im internationalen Handel auf vereinbarten Anforderungen und Probenentnahmeplänen. Eine ausführliche Beschreibung der Grundsätze und speziellen Anwendungen der Probenentnahme bei Lebensmitteln für mikrobiologische Analysen findet sich im ICMSF (1986). Die Untersuchung von Krankheitserregern wird oft als presence/absence Test in einer definierten Probenmenge vorgenommen. Werden Ergebnisse als Kolonienzahlen auf Platten ausgedrückt, so ist es üblich, bei den Resultaten einen gewissen Spielraum zu lassen, wenn der erhobene Wert die maximal zulässige Anzahl geringfügig überschreitet.

4.4.2
Endproduktkontrolle

Die Endproduktkontrolle kann vom Nahrungsmittelhersteller veranlasst werden, um zu beweisen, dass das Lebensmittel den gesetzlichen oder internen Qualitätsanforderungen entspricht. Zu diesem Zweck werden für die Erstellung der Probenentnahmepläne die relevanten nationalen oder EU-Vorgaben bzw. individuelle spezifische interne Grenzwerte herangezogen, und die Probenentnahmepläne so konzipiert, dass die entsprechenden Anforderungen erfüllt werden. Die Anzahl der Proben variiert üblicherweise von einer bis fünf Proben pro Charge. Einige Länder (darunter z. B. die Niederlande) legen keine genaue Anzahl der zu entnehmenden Proben fest, wohingegen in anderen Ländern (z. B. Frankreich) die Anzahl festgelegt ist und ein ICMSF-ähnlicher Plan, in welchem $n = 5$, angewendet wird (Council Directive 92/46/EEC 1992).

4.4.3
Trendanalyse

Die Trend-Analyse ist eine andere Art, die Probenentnahme und die Untersuchung durchzuführen; die gesammelten Daten werden dazu verwendet, um Änderungen in einem Produkt festzustellen und nicht nur in einer spezifischen Charge. Die Herstellung der meisten Lebensmittelprodukte wird von einem Verfahren begleitet, bei dem angenommen wird, dass mikrobiologische Risiken unter Kontrolle sind und das auf einer zuvor erfolgten HACCP-Studie (hazard analysis critical control point) beruht. Diese HACCP-Studie muss den im *Codex alimentarius* ausführlich beschriebenen sieben Grundsätzen entsprechen, d. h. Einschätzung des Risikos, Identifizierung der kritischen Kontrollpunkte, Festlegung der wesentlichen Grenzwerte, Überwachungsverfahren, Korrekturmaßnahmen, Methoden zur Verifikation und Dokumentation (FAO/WHO *Codex alimentarius* Kommission 1993). Bei dieser Methode werden erkannte mikrobiologische Risiken an spezifischen Punkten des Prozesses nach vereinbarten Verfahren und Produkt/Prozessspezifikationen kontrolliert. Die mikrobiologische Probenentnahme und Untersuchung kann sich somit hauptsächlich auf die Überwachung und Verifikation beschränken. Das sich daraus ergebende Produkt wird als von guter Qualität beurteilt, wenn der Prozess innerhalb der vereinbarten Grenzen ablief. In diesen Fällen kann eine Anzahl von nicht mikrobiologischen Prozessparametern überwacht werden, um den Prozess unter Kontrolle zu halten. Um zu überprüfen, ob das Produkt den jeweiligen Parametern entspricht oder um festzustellen, ob bei der mikrobiologischen Qualität irgendeine Abweichung vorhanden ist, wird im Laufe eines Jahres eine begrenzte Anzahl Proben entnommen.

4.4.4
Amtliche Untersuchung

Eine amtliche Untersuchung wird durchgeführt, wenn eine Kontrollbehörde überprüfen möchte, ob eine Charge eines Lebensmittels oder Lebensmittelinhaltsstoffe den einschlägigen gesetzlichen Bestimmungen entsprechen. Die vom Lebensmittelinspektor durchgeführte Probenentnahme muss die in den gesetzlichen Bestimmungen festgelegten Anforderungen erfüllen. Wird diese Probenentnahme im Betrieb des Lebensmittelherstellers oder in einem Geschäft vorgenommen, wird der Verantwortliche des Betriebes/Geschäftes informiert und es werden Doppelproben entnommen und dem Betriebs- oder Geschäftsbesitzer zur unabhängigen Untersuchung zur Verfügung gestellt. In besonderen Fällen kann eine zusätzliche Probe entnommen werden, die dazu dient, während des Transports Temperaturmessungen durchzuführen.

4.4.5
Untersuchungen im Rahmen von Nachforschungen

Eine zu Nachforschungen bestimmte Probenentnahme kann vom Lebensmittelhersteller durchgeführt werden, wenn die Ursache einer Kontamination eines Produktes durch Krankheitserreger oder Verderbsorganismen festgestellt werden soll. Die Anzahl der Proben und Probenentnahmestellen sind durch die Problemstellung vorgegeben. Bei solchen Untersuchungen kann die Anzahl der Proben auf mehrere hundert ansteigen. Besteht der Verdacht, dass die Kontamination des Rohstoffes die Ursache für das Problem ist, wird sich die Probenentnahme auf die Arten der verwendeten Zutaten konzentrieren. Die Beprobung von Zwischenprodukten in einem Lebensmittelbetrieb kann sich ebenfalls als notwendig erweisen. Untersuchungen können auch auf Proben ausgeweitet werden, die zuvor für eine längere Zeit inkubiert wurden, um die Kontamination zu erhöhen.

4.4.6
Untersuchungen im Rahmen von Erkrankungsfällen

Untersuchungen im Rahmen von Erkrankungsfällen erfordert eine Form der Probenentnahme, die auf bekannte und verdächtige Lebensmittel konzentriert ist, die das Problem verursacht zu haben. Beim Ausbruch von lebensmittel-assoziierten Krankheiten, die durch Salmonellen hervorgerufen wurden, wo eine schlüssige Beweisführung erforderlich ist, dass ein bestimmter Vorfall von einem bestimmten Produkt hervorgerufen wurde, kann es notwendig sein, Tausende Proben zu entnehmen und zu untersuchen. In Fällen, in denen die Ursache eines Vorfalles nicht bekannt ist, macht man häufig Gebrauch von einer Fall-Kontroll-Studie. Hierbei werden die Lebensmittelprodukte, welche die Kranken zu sich nahmen, mit jenen verglichen, die von Nicht-Kranken einer passenden Kontrollgruppe verzehrt wurden. Anhand dieser Untersuchungen ist es möglich zu sagen, welches Produkt höchst wahrscheinlich die Krankheit hervorgerufen hat, sodass sich die Probenentnahme anschließend auf diese Lebensmittel konzentrieren kann.

4.4.7
Umwelt- und Hygiene-Untersuchungen

Bei der Bewertung der Hygiene und der Entnahme von Umweltproben, hängen Größe und Anzahl der Proben meist von der Zielsetzung ab. Wenn die Herkunft eines Verderbsorganismus in einem Lebensmittelherstellungsbetrieb zurückverfolgt werden soll, werden Proben der Lebensmittelzutaten, von Zwischenprodukten und den Produkten selbst entnommen, aber es kann auch von Nutzen sein, Tupferabstriche oder Abschabungen an der Anlage und den Geräten vorzunehmen. Zur Überprüfung des Umfeldes der Lebensmittelherstellung auf das Vorhandensein von kontaminierenden oder pathogenen Mikroorganismen, können kleine Schwämmchen (Tupfer) verwendet werden, oder es können Lebensmittelrückstände oder Staub entnommen werden.

Wird der Hygiene-Status eines Lebensmittelbetriebs untersucht, verwendet man oft Agar-Kontaktplatten (Rodak-Platten, Eintauchagar, Agaroid-Stangen), um von Oberflächen von Installationen Proben zu entnehmen. Vor kurzem wurde die Verwendung von Tests zur Feststellung von Rückständen von Adenosintriphosphat (ATP) vorgeschlagen, als Mittel zur raschen Feststellung der Sauberkeit von Ausrüstungsgegenständen, die durch das Nichtvorhandensein von mikrobiellem oder lebensmittelbezogenem ATP angezeigt wird. In Ermangelung von vereinbarten Vorgangsweisen für die Probenentnahme bei der Überwachung der Umwelt/Hygiene, ist es erforderlich, für spezifische Untersuchungen entsprechende Vorgangsweisen einzuführen.

4.4.8
Transport von Lebensmittelproben

Nach erfolgter Entnahme müssen die Proben hygienisch und, was die Zeit und die Temperatur betrifft, unter strikten Bedingungen transportiert werden, damit ihr mikrobiologischer Zustand erhalten bleibt. Es müssen ihnen Probenbegleitscheine beigepackt sein. Zur Kontrolle des Transports und um eine Beschädigung der Proben zu vermeiden, muss nach einer genau beschriebenen Verfahrensweise vorgegangen werden. Trifft eine tiefgefroren Probe in aufgetautem Zustand ein oder weist eine gekühlte Probe bei ihrem Einlangen Raumtemperatur auf, wird die Auswertung der Ergebnisse schwierig sein, und es ist möglich, dass sie nicht untersucht werden sollte. Ist die Abweichung weniger offensichtlich, obwohl die mikrobiologische Kontamination bedeutend beeinträchtigt ist, kann dies zu einer falschen analytischen Schlussfolgerung führen. Ein Beispiel hierfür ist ein temporäres Tieffrieren (bei Verwendung von Trockeneis) von unsachgemäß gekühlten Proben, wodurch kälteempfindliche, vegetative Zellen von *Clostridium perfringens* eliminiert oder die Kontamination anderer enteropathogener Mikroorganismen reduziert werden kann. Solche Proben können bei korrekter Kühltemperatur eingetroffen sein und durch den Transport unversehrt erscheinen. Aus diesem Grunde müssen die Bedingungen für Verpakkung und Transport genau angegeben werden, um zu gewährleisten, dass der mikrobiologische Zustand der Probe keine wesentliche Änderung erfährt.

In gewissen Situationen können weniger strenge Bedingungen akzeptabel sein. Dies kann der Fall sein bei der presence/absence-Untersuchung auf Verderbsorganismen in Umweltproben oder bei der Probenentnahme von ziemlich stabilen Lebensmitteln, in denen nur eine geringfügige Vermehrung stattfindet. Die Transportbedingungen können dann eine breitere Toleranz für Zeit und Temperatur zulassen.

Zeit und Temperatur

Für die meisten bei Raumtemperatur stabilen oder für gefrorene Lebensmittel können die Bedingungen für den Transport mit denen ihrer Lagerung übereinstimmen. Dies bedeutet für gefrorene Produkte einen Transport bei einer Temperatur von −20 °C und für bei Raumtemperatur beständige Produkte Temperaturen zwischen 20 und 30 °C. Der Transport von verderblichen, frischen oder gekühlten Lebensmittelproben erweist sich als komplizierter.

Werden frische Lebensmittel wie Gemüse bei Raumtemperatur transportiert, hat dies eine Änderung der mikrobiologischen Belastung zur Folge, es sei denn der Transport (d. h. von der Probenentnahme bis zur Analyse) ist sehr kurz, in der Regel zwischen zwei und vier Stunden.

Für alle leicht verderblichen Produkte ist ein Kühltransport vorzuziehen, obwohl auch die Kühlung sehr empfindliche mikrobielle Zellen durch einen Kälteschock beeinträchtigen kann.

Für Proben bereits gekühlter Nahrungsmittel ist selbstverständlich der Kühltransport die empfohlene Vorgangsweise. Die maximale Temperatur während des Transports sollte angegeben sein. Die Analyse ist schnellstmöglich nach Eingang der Probe durchzuführen. Sollte dies jedoch nicht innerhalb von sechs Stunden möglich sein, kann durch Abkühlung auf eine Temperatur von 2 bis 10 °C die Zeitspanne zwischen Entnahme und Analyse der Probe auf bis zu 24 Stunden erhöht werden. Die FAO empfiehlt die Untersuchung innerhalb einer maximalen Frist von 36 Stunden, sofern die Proben auf eine Temperatur von 0–4 °C abgekühlt wurden (Andrews 1992). Für alle gekühlten Produkte sind die Höchstwerte für das Verhältnis von Transportdauer und -temperatur in den Probenentnahmeanweisungen anzugeben. Indikatoren für Zeit und Temperatur oder elektronische Datenlogger können den Proben beim Transport beigepackt werden, um die effektiven Temperaturen während des Transports zu kontrollieren oder zu registrieren.

Hygiene

Die hygienische Beschaffenheit des Probengefäßes, des Kühlmittels, wenn es sich hierbei um Schmelzeis handelt, sowie jene der Außenverpackung müssen kontrolliert werden, um eine Kontamination der Probe von außen zu vermeiden.

Der Probennehmer muss den Zeitpunkt der Probenentnahme und deren Temperatur registrieren, insbesondere wenn es sich um frische, zu kühlende oder um bereits gekühlte Proben handelt. Der Zeitpunkt des Eintreffens zusammen mit der beim Einlangen gemessenen Temperatur werden in einem hierfür angelegten Bericht verzeichnet, wodurch der ordnungsgemäße Verlauf der Transportphase der Probe dokumentiert werden kann.

4.4.9
Zwischenlagerung von Lebensmittelproben

Im Allgemeinen gelten für die Zwischenlagerung die gleichen Grundsätze wie für den Probentransport. Unmittelbar beim Eintreffen der Proben im

Laboratorium ist der allgemeine Zustand zu vermerken, einschließlich der Temperatur des Transportbehälters im Falle eines Kühltransports.

Die Probe sollte möglichst unmittelbar nach dem Einlangen untersucht werden. Muss jedoch die Durchführung der Analyse verschoben werden, ist die Probe so zu lagern, dass sie gegen alle chemischen, physikalischen und mechanischen Faktoren geschützt ist, die eine Änderung der Probe im Bezug auf Vermehrung oder Absterben der Mikroorganismen hervorrufen können.

Diesbezügliche Empfehlungen sind:

- Eine gefrorene Probe bis zur Untersuchung bei −20 °C aufbewahren!

- Proben die nicht leicht verderblich sind, Proben in Konservendosen, Proben, die einen geringen Feuchtigkeitsgehalt aufweisen oder anders haltbar gemachte Proben können bei Raumtemperatur gelagert werden. Temperaturen von über 40 °C sollten vermieden werden. Produkte in Konservendosen sollten gekühlt werden, falls eine Gefahr des „Berstens" besteht.

- Leicht verderbliche, nicht gefrorene Proben sollen bei Temperaturen zwischen 0 und 4 °C, für nicht länger als 36 Stunden – inklusive der Transportzeit – gelagert werden.

- Eine verderbliche Probe sollte im Prinzip nicht tiefgefroren werden. Kann jedoch die Untersuchung nicht innerhalb von 36 Stunden stattfinden, ist das Tieffrieren in Betracht zu ziehen. Man muss sich allerdings bewusst sein, dass eine derartige Behandlung den mikrobiologischen Zustand der Probe beeinflussen kann; diese Tatsache muss daher dokumentiert werden. Das Einfrieren muss rasch vonstatten gehen (innerhalb von 2 Stunden).

- Das Laboratorium muss über ausreichende Lagermöglichkeiten für Tieffrieren, Kühlen und andere Lagermöglichkeiten verfügen, damit die Proben unter geeigneten Bedingungen aufbewahrt werden können.

4.5
Wasser

Es gibt verschiedene Kategorien von Wasser, das zum Erreichen unterschiedlicher Zielsetzungen entnommen wird. Die Zielsetzung muss im Rahmen der Probenentnahmestrategie deutlich dargestellt werden, gut durchdacht und von allen am Verfahren beteiligten Personen verstanden und vereinbart worden sein. In einigen Fällen erfolgt die Probenentnahme nicht unter der Kontrolle des untersuchenden Laboratoriums, sodass es notwendig ist, klare Vorgaben hinsichtlich der einzusetzenden Techniken zu definieren. In solchen Fällen kann sich die Interpretation der Ergebnisse als schwierig erweisen, falls die Vorgeschichte der Probe unbekannt sein sollte. Die Schulung der Probennehmer spielt im Hinblick auf eine qualitativ gute Probenentnahme eine wichtige Rolle. Wenn ein systematisches Probenentnahmeprogramm durchgeführt wird, z. B. um eine Situation zu beschreiben oder eine Tendenz zu erkennen, empfiehlt es sich, zu überprüfen, ob die Intervalle der Probenentnahmen nicht mit einem natürlichen Zyklus zusammenfallen (z. B. den Gezeiten). Soll die Studie hingegen den Zweck befolgen, solche Zyklen und deren Einfluss zu untersuchen, dann sind zu Beginn häufigere Probenentnahmen vorzunehmen.

4.5.1
Untersuchung von Badegewässern

In jedem Überwachungsprogramm ist es das Ziel, Proben zu erhalten, die für den gesamten Wasserkörper repräsentativ sind. Aufgrund fehlender Homogenität und den Auswirkungen von unvorhersehbaren Regenwasserzuflüssen oder unterschiedlicher Einleitungen ist dies mit Schwierigkeiten verbunden. Weitere Komplikationen ergeben sich durch die Effekte der Gezeiten, des Sonnenlichtes und der Temperatur sowie von lokalen Strömungsmustern. Um eine repräsentative Probe zu erhalten, müssen der Auswahl der Probenentnahmestelle, der Einhaltung der exakten Probenentnahmevorgehensweise, der Identifizierung und der Kennzeichnung der Probe sowie dem raschen Transport zu dem Untersuchungslaboratorium größte Aufmerksamkeit geschenkt werden. Diesbezügliche Protokolle müssen vereinbart und niedergeschrieben werden. Man muss sich bewusst sein, dass eine Beprobung, die zur selben Zeit an verschiedenen Stellen desselben Wasserkörpers vorgenommen wird, große Schwankungen der gemessenen Parameter aufweisen kann. Das Hauptziel eines Überwachungsprogramms besteht in der Beobachtung von Tendenzen; eine einzelne Probe kann kein komplettes Bild über den Zustand eines Badegewässers liefern.

Probenentnahmestellen

Die Probenentnahmestelllen müssen so gewählt werden, dass die Exposition der Badenden widergespiegelt wird, wobei zu berücksichtigen ist, dass sich die meisten Kinder in ufernahen Bereichen aufhalten. In diesen Bereichen ist mit beträchtlichen Konzentrationen an Sand und Sedimentpartikeln zu rechnen, sodass die Probenentnahmestellen generell in Wassertiefen zwischen 1,0 und 1,5 m festgelegt sind. Eine Basiserhebung der Wasserqualität in einem Badegewässer liefert eine fundierte Grundlage für die Festlegung der Probenentnahmestellen und der Anzahl der zu entnehmenden Proben. Für die Erstellung eines Überwachungsprogramms eines solchen Gewässers sind vor Ort Erhebungen über Strömungen, Gezeiten, Wassermengen, Arten und Stellen von Abwassereinleitungen und vorherrschende Windrichtungen erforderlich, um die Probenentnahmestellen festzulegen. Eine Basiserhebung der Wasserqualität kann zu einer besseren Auswahl der Probenentnahmestellen beitragen, um spezielle Bereiche einer Abweichung der Wasserqualität aufzuzeigen, und eine endgültige Wahl der Stellen zu treffen, an denen die Probenentnahmen für Badebereiche oder Bereiche für die Zucht von Schalentieren vorzunehmen sind. Die EWG-Richtlinie 76/190 (1976) empfiehlt, Wasserproben 30 cm unter der Wasseroberfläche zu entnehmen, wodurch eine mögliche Störung durch Partikel oder Schwebstoffe verhindert wird. Die Häufigkeit der Probenentnahmen muss im direkten Verhältnis zur Intensität und dem zeitlichen Muster der der Bade- und Freizeitaktivitäten stehen. Die EWG-Richtlinie 76/160 (1976) sieht vor, mindestens alle 15 Tage eine Probe zu entnehmen. Es ist jedoch notwendig eine häufigere Probenentnahmefrequenz vorzusehen, insbesondere wenn die durch die Gezeiten bedingten Strömungen rasche Verderungen der Qualität zur Folge haben. In solchen Fällen ist eine häufigere Probenentnahme besser als eine große Anzahl von Entnahmestellen.

Entnahme von Wasserproben aus Badegewässern

Es ist wichtig sicherzustellen, dass die Proben zum Zeitpunkt der Entnahme oder vor ihrer Untersuchung nicht kontaminiert werden. Die prinzipielle Vorgangsweise der Probenentnahme besteht darin, die Flasche nahe des Flaschenbodens zu halten, diese unter die Wasseroberfläche einzutauchen und den Verschluss zu entfernen, sodass sie sich mit Wasser aus der gewünschten Tiefe füllen kann. Während sich die Flasche mit Wasser füllt, wird sie vorsichtig durch das Wasser vorwärts geschoben, um eine Kontamination durch die Hände des Probennehmers zu vermeiden. Bedient man sich einer Verlängerung, kann die Flasche geöffnet, mit der Oberseite nach unten ins Wasser eingetaucht und so gedreht werden, dass sie sich in gewünschter Tiefe füllt. Erfolgt die Probenentnahme von einem Boot aus, muss die Wasserprobe an der stromaufwärts gerichteten Seite des Bootes entnommen werden, um eine Kontamination zu verhindern. Die Flasche darf nicht zur Gänze gefüllt werden. Es muss ein kleiner Luftraum verbleiben, damit ein ausreichendes Mischen durch Schütteln der Flasche vorgenommen werden kann.

4.5.2
Untersuchung von Trinkwasser

Wasserproben werden an verschiedenen Stellen im Zuge der Wasseraufbereitung untersucht. Die mikrobiologische Beschaffenheit des Rohwassers und jegliche Veränderung der mikrobiellen Belastung liefern wertvolle Informationen für aufbereitungstechnische Entscheidungen. Wasser wird auch beim Verlassen des Wasserwerkes getestet sowie im Verteilungssystem und schließt Proben vom Wasserhahn beim Konsumenten ein.

Probenentnahme von Rohwasser

Diese Wasserproben werden meist an Wasserhähnen der Rohwasserversorgung der Wasseraufbereitungsanlage entnommen. Die Wasserhähne müssen vor der Probenentnahme gereinigt werden (siehe unten). Manche Wasserhähne lässt man geöffnet, sodass ein kontinuierlicher Durchfluss gegeben ist. Es ist dafür zu sorgen, dass weder die Wasserhähne noch die Proben kontaminiert werden. Manche Rohwässer werden vor Eintritt in die Aufbereitungsanlage gechlort und die Restmenge an Desinfektionsmittel muss in der Probenentnahmeflasche neutralisiert werden. In manchen Fällen erfolgt die Chlorung an der Basis des Bohrloches, sodass es schwierig ist, eine repräsentative Probe ohne Chlorung zu erhalten. Sollte die Chlorung unterbrochen werden, kann dies zu einem Gesundheitsrisiko für die Konsumenten der Wasserversorgung führen. Daher darf eine Unterbrechung der Chlorung nicht ohne Vorsorgemaßnahmen zum Schutz der Verbraucher vorgenommen werden.

Für jede Probenentnahmestelle muss im Hinblick auf eine konsistente Qualität ein Protokoll erstellt werden.

Probenentnahme vom Wasserverteilungssystem

Die Häufigkeit von Probenentnahmen ist in nationalen und europäischen Bestimmungen festgelegt. Sie basiert auf der Kosteneffizienz für die Untersuchungen auf einem Niveau, das die Volksgesundheit sicherstellt. Die Proben werden an verschiedenen festgelegten Stellen entnommen: Behälter, Hydranten sowie zufallsverteilt an Zapfhähnen der Konsumenten. Hydranten müssen gereinigt und gespült werden, bevor eine Probe entnommen werden kann. Diese Aufgabe ist nicht einfach und muss nach einer strikten Anweisung erfolgen. Man benötigt hierfür etwa 20 Minuten, um eine qualitativ gute Probe zu erhalten.

Desinfektion der Wasserhähne

Wasserhähne werden leicht durch die Umwelt kontaminiert und ihre inneren Teile können durch das Wachstum von Mikroorganismen in Form von Biofilmen beeinträchtigt sein. Aus diesem Grunde muss die Auslauföffnung des Wasserhahns ausreichend gereinigt werden und das Wasser muss lange genug aus dem Wasserhahn fließen, um die Organismen aus der Armatur zu spülen. Wasserhähne aus Metall oder Keramik können durch Abflammen mit einer Lötlampe desinfiziert werden. Hähne aus anderen Materialien, die nicht hitzebeständig sind, müssen mit 70 % Alkohol, den man verflüchtigen lässt oder mit Hypochloritlösung einer Konzentration von $1\,g\,l^{-1}$ desinfiziert werden. Nach erfolgter Desinfektion muss man das Wasser drei Minuten lang aus dem Wasserhahn fließen lassen, um die in der Armatur vorhandenen Organismen herauszuspülen und um sicherzustellen, dass keine Rückstände des Desinfektionsmittels in die Probenflasche gelangen.

Die Probennehmer müssen geschult und sich der Faktoren bewusst sein, die auf die Qualität der Probe einen Einfluss ausüben können.

4.5.3
Untersuchung von abgefülltem Wasser

Die Regulationen betreffend Mineralwasser und Wasser in Behältnissen (abgefülltes Wasser) verlangen die Kontrolle der mikrobiologischen Qualität des Wasservorkommens einerseits und des Endproduktes innerhalb von 12 Stunden nach der Abfüllung andererseits. Weiters sind Probenentnahmen von Flaschen und Verschlüssen sowie dem Umfeld und an der Abfüllanlage erforderlich. Werden diese Wässer im Zuge der Vertriebskette nach dem 12-Stunden-Grenzwert entnommen, können die Anzahlen kolonienbildender Einheiten beträchtlich variieren. Die Anzahlen kolonienbildender Einheiten in frisch abgefülltem Wasser sind üblicherweise sehr niedrig. Wenn Probenentnahmen von Flaschen durchgeführt werden, ist es wichtig, dass der Verschluss unversehrt ist und das Wasser direkt in die Untersuchungsgefäße eingebracht wird. Bei kohlensäurehaltigem Wasser kann es sich als notwendig erweisen, die Kohlensäure zu entfernen und das Wasser zu neutralisieren. Die Entgasung des Wassers kann mit Hilfe einer Vakuumpumpe und einem Filter vorgenommen werden, während es auf einem Magnetrührer gerührt wird. Die Neutralisation kann mit Natriumhydroxid vorgenommen werden.

4.5.4
Andere Untersuchungen von Wasser

Wasserproben von Schwimmbecken, Hydrotherapiebecken und Thermalbecken sowie Whirl-Pools werden in unterschiedlicher Häufigkeit entnommen, um die mikrobielle Kontamination und die Wirksamkeit von Desinfektionsmaßnahmen zu bewerten. Eine Basiserhebung ist für die Festlegung der Probenentnahmestellen und Häufigkeiten von wichtiger Bedeutung sowie um sonstige Faktoren zu beurteilen, welche die mikrobiologische Qualität beeinflussen können, wie beispielsweise die Zahl der Benutzer.

Restgehalte an Desinfektionsmittel können die Qualität der Ergebnisse erheblich beeinflussen. Diese müssen mit einem für das verwendete Desinfektionsmittel geeigneten Neutralisierungsmittel neutralisiert werden (siehe Kapitel 6, Abschnitt 2.5).

4.6
Probenprotokolle

Es ist wichtig, dass die Probengefäße unmittelbar vor der Entnahme eindeutig gekennzeichnet sind und dass diese Kennzeichnung deutlich und untrennbar von der Probe ist. Die Probenentnahmen müssen nach einem vorher ausgearbeiteten Plan vorgenommen werden und der Probennehmer hat ein Protokoll auszufüllen. Hierin müssen Datum, Uhrzeit, Identität des Probennehmers, Wetterbedingungen und jegliche abnormalen Umstände angegeben sein. Sofern jede Probe nur jeweils mit einer Nummer gekennzeichnet ist, kann anhand des Protokolls die Vorgeschichte jeder Probe zurückverfolgt werden.

4.7
Schulung des Probennehmers

Es ist von Bedeutung, dass der Probennehmer die Zielvorgaben des Probenentnahmeprogramms, die Methoden der Probenentnahme sowie alle Faktoren kennt, die die Qualität der Probe beeinflussen können. Der Probennehmer trägt eine hohe Verantwortung, und es ist unerlässlich, dass er eine sorgfältig gegliederte Schulung erhält. Der Probenentnahmeprozess muss in regelmäßigen Zeitabständen durch den technischen Leiter des Laboratoriums und den Qualitätsmanager überprüft werden.

4.8
Probentransport

Während des Transports muss ein Absterben oder umgekehrt eine übermäßige Vermehrung der Mikroorganismen in der Probe verhindert werden. Um dies zu erreichen, muss die Probe gegen ultraviolettes und sichtbares Licht sowie gegen hohe Temperaturen geschützt werden. Üblicherweise verwendet man hierfür Kühltaschen, die Eispatronen enthalten. In gemäßigten Klimazonen kann es sein, dass die Raumtemperatur die Anzahl der Organismen nicht beeinflusst. Dennoch muss das für den Transport eingesetzte System validiert und dokumentiert sein; dies kann durch die Verwendung von registrierenden Thermoelementen belegt werden.

Die Probe muss so bald wie möglich analysiert werden, wobei die Regulationen einiger Länder zeitliche Begrenzungen vorsehen können.

Es ist wichtig, die Proben unter hygienischen Bedingungen zu transportierten, um Kreuzkontaminationen zu vermeiden. Unreine Proben sollten nicht mit reinen Proben gemeinsam transportiert werden. Der Probennehmer muss wissen, wann er seine Hände zu waschen oder zu spülen hat, um eine Verschmutzung der Außenseiten von sauberen Probenflaschen zu vermeiden.

4.9
Entgegennahme von Proben

Hierbei handelt es sich um den letzten wichtigen Teil des Probenentnahmeprozesses vor der Untersuchung. Es muss ein Protokoll vorhanden sein, das die Namen der Personen enthält, die zur Entgegennahme von Proben befugt sind, und es müssen die Kontrollen angegeben sein, die von ihnen durchzuführen sind. Diese Prüfungen sind typische Kontrollen auf erster Ebene.

- Kontrolle der auf dem Begleitformular angegebenen Probe:

  – Wurde die korrekte Probe entnommen?

  – Wurde das Formular ordnungsgemäß ausgefüllt?

  – Ist der Name des Probennehmers bekannt?

- Zustand der Probe:

  – Wurde die Probe gekühlt?

  – Ist die Kennzeichnung intakt und lesbar?

- Kontrolle der Probenflaschen:

  – Wurde die richtige Probenflasche verwendet?

  – Ist sie ordnungsgemäß verschlossen?

  – Ist der Flaschenverschluss undicht?

  – Ist das Volumen ausreichend?

Die mit der Entgegennahme beauftragte Person muss auf dem Formular die Uhrzeit angeben, zu der die Probe entgegengenommen wurde. Die Uhrzeit des Beginns der Untersuchung ist später vom Labortechniker einzutragen.

4.10
Zusammenfassung

Es ist ersichtlich, dass im Zuge der Probenentnahme zahlreiche Faktoren die erhaltenen Ergebnisse beeinflussen können. Wird den Probenentnahmeprotokollen und der Schulung des Probennehmers genug Beachtung geschenkt, mit einem genauen Verständnis des gesamten Prozesses, werden Proben höchster Qualität im Laboratorium eingehen und aussagekräftige Ergebnisse erhalten werden. In Fällen, in denen das Laboratorium keinen Einfluss auf das Verfahren der Probenentnahme hat, sollten vom Untersucher organisatorische Änderungen verlangt werden und Probenentnahmeprotokolle all jenen zur Verfügung gestellt werden, die die Dienstleistungen des Laboratoriums in Anspruch nehmen wollen.

Literatur

Andrews W (1992) FAO Manual of food quality control, 4 (Rev. 1), Microbiological Analysis. FAO, Rom, Chapter 1, Food sampling, pp 1–8

Council Directive 76/160/EEC of 8 December 1975 concerning the quality of bathing water. Official Journal of the European Communities L 31, 5 February 1976, p 1

Council Directive 79/869/EEC of 9 October 1979 concerning the methods of measurement and frequencies of sampling and analysis of surface water intended for the abstraction of drinking water int the Member States. Official Journal of the European Communities L 271, 29 October 1979, p 44

Council Directive 92/46/EEC of 16 June 1992 laying down the health rules for the production and placing on the market of raw milk, heat-treated milk and milk-based products. Official Journal of the European Communities L268/1, 14 September 1992, pp 1–32

FAO/WHO *Codex alimentarius* Commission (1993) Report of the 26th session of the Codex Committee on food hygiene, Alinorm 93/13A, Appendix II, Guidelines for the application of the hazard analysis critical control point (HACCP) system, pp 26–32

ICMSF (1986) Micro-organisms in Foods, vol II. Sampling for Microbiological Analysis: Principles and Specific Applications, 2nd edn. Blackwell Scientific Publications, Oxford

Jarvis B (1989) Statistical aspects of the microbiological analysis of foods. Elsevier, Amsterdam

Messer JW, Midura TF, Peeler JT (1982) Sampling plans, sample collection, shipment and preparation for analysis. In: Vanderzant C, Splittstoesser DF (eds) Compendium of methods for the microbiological examination of foods, 3rd edn. APHA-USA

Shapton DA. Shapton NF (1991) Principles and practices for the safe processing of foods. Butterwarf et Haynemann Ltd.

Vanderzant C, Splittstoesser DF (Eds) (1982) Compendium of methods for the microbiological examination of foods, 3rd edn. APHA-USA

Kapitel 5

Ausstattung

5.1 Einleitung

Anforderungen zum Erreichen von Laborergebnissen höchster Qualität sind

- gut ausgebildetes und erfahrenes Personal,

- eine gut instand gehaltene Ausstattung, die einwandfrei funktioniert und für alle Arten von Untersuchungen geeignet ist,

- klar dokumentierte Vorgangsweisen,

- eine Probe guter Qualität.

Auch das beste Personal wird nicht in der Lage sein, Ergebnisse guter Qualität zu erbringen, wenn die zur Verfügung stehende Ausstattung nicht geeignet ist oder nicht ordnungsgemäß funktioniert. So wird beispielsweise die Sterilisation von Nährmedien in einem Autoklaven, in dem nicht die richtige Temperatur aufrechterhalten wird, zur Folge haben, dass die Nährmedien nicht steril sind, oder deren hitzeempfindliche Komponenten verändert werden. Ebenso ist eine effiziente Isolierung oder Zählung von Salmonellen und *Escherichia coli* nur dann möglich, wenn Brutschrank oder Wasserbad eine korrekte Einhaltung der Temperatur (beispielsweise 42 °C und 44 °C) innerhalb des zulässigen Schwankungsbereichs ermöglichen.

Es ist offensichtlich, dass Genauigkeit und Präzision der bakteriologischen Ergebnisse nicht nur von der Fachkenntnis des Laborpersonals und den eingesetzten Verfahren, sondern auch von der Verwendung und der Leistung der betreffenden Geräte abhängen.

Daher sollte jedes Qualitätssicherungsprogramm die Überwachung der Leistung der Ausstattung beinhalten und eine geeignete Instandhaltung gewährleisten, mit dem Ziel

- für jedes Prüfverfahren das geeignete Gerät einzusetzen/einzukaufen/ zu validieren und

- das eingesetzte Gerät regelmäßig zu warten und seine Leistung zu kontrollieren, wenn es in Verwendung ist.

In Tabelle 5.1 sind die wichtigsten in einem mikrobiologischen Laboratorium für Lebensmittel und Wasser benötigten Geräte einschließlich der technischen Anforderungen angeführt. Dieses Kapitel behandelt in den einzelnen Abschnitten jeden Teil der Ausstattung. Anschließend an eine Beschreibung der Grundsätze und der Funktion sind Validierungsverfahren für eine einwandfreie Leistung hinsichtlich Kalibrierung, Validierung, Einsatz, Kontrollen, Aufzeichnung, Wartung und Sicherheit, falls zutreffend, angeführt.

5.2
Arten von Sterilisatoren

Die Sterilisation dient dem Zweck, alle lebenden Organismen zu inaktivieren oder zu beseitigen (nicht nur vegetative Zellen und Viren, sondern auch Sporen). Sie kann mittels bekannter Verfahren durchgeführt werden, z. B. feuchte oder trockene Hitze, Filtration, ionisierende Strahlung und mit

Tabelle 5.1. In mikrobiologischen Laboratorien für Lebensmittel und Wasser eingesetzte Geräte

Sterilisationsgeräte	Membranfiltrationsgeräte
Autoklav	Waagen
Medienherstellung	Entsalzungsgeräte
Druckkochtopf	Destillationsgeräte
Heißluftschrank	Kühlgeräte
Filtration	Gefrierschränke
Brutschränke	Anaerobe Brutschränke
Wasserbäder	Homogenisierer
Thermometer	Kolonienzählgeräte
pH-Meter	Mikroskope
	Automatisches ELISA-Gerät

Hilfe bestimmter Chemikalien, wie Ethylenoxid. Die Sterilisation ist abhängig von der Expositionszeit, während der das Sterilisationsgut dem gewählten Verfahren ausgesetzt ist. Das Qualitätssicherungsprogramm sollte ausführlich angeben, welche Kontrollen erforderlich sind, um zu garantieren, dass die Bedingungen bei jedem Vorgang für die richtige Sterilisationsdauer erreicht werden.

In mikrobiologischen Laboratorien für Lebensmittel und Wasser werden für feuchte Hitze gewöhnlich Autoklaven und für trockene Hitze Heißluftschränke verwendet. Die heutzutage zur Verfügung stehenden Autoklaven wurden wesentlich weiterentwickelt und besitzen eine automatische Prozesskontrolle. Mit ionisierender Strahlung oder Ethylenoxid betriebene Sterilisatoren sind aufgrund der ihnen eigenen größeren Toxizität komplexer und werden normalerweise bei Herstellern eingesetzt, die sterile, hitzeempfindliche Produkte erzeugen.

5.2.1
Hitzesterilisation

Hitze wird feucht (Dampf) in Autoklaven oder trocken in Heißluftsterilisatoren eingesetzt. Da feuchte Hitze wirksamer als trockene Hitze ist, nimmt diese Sterilisation weniger Zeit in Anspruch. Zur erfolgreichen Sterilisation sind bei beiden Typen von Sterilisatoren folgende Grundsätze zu berücksichtigen:

- Die Mikroorganismen müssen mit der Hitze in direktem Kontakt sein. Wenn sie von Schichten organischer Substanz umgeben sind oder sich in einer festen Verpackung befinden, dauert es eine Zeit, bis sie von der Hitze erreicht werden.

- Die Organismen werden nicht unmittelbar inaktiviert. Sie müssen der Hitze bei vorgegebener Temperatur eine bestimmte Zeit lang ausgesetzt werden. Die Sterilisationszeit umfasst nur die Zeit, während der das Gut der Sterilisationstemperatur ausgesetzt ist. Das Eindringen der Hitze oder die Zeit, die bis zum Erreichen der Sterilisationstemperatur notwendig ist, sind nicht eingeschlossen.

Es ist erforderlich, den Prozess mittels Standardbeladungen und Thermoelementen zur Aufzeichnung der in den verschiedenen Teilen des Sterilisiergutes erreichten Temperaturen zu validieren.

5.3
Dampfsterilisation

Zur Dampfsterilisation wird ein Dampfsterilisator oder ein Autoklav benötigt. Anwendungen sind:

- Sterilisation von Nährböden und anderer bakteriologischen Gerätschaften wie z. B. Laborgeräte aus Glas, Membranfilter und Filterhalterungen, Mischer, o. ä.

- Sterilisation (Dekontamination) von kontaminiertem Material

Dampfsterilisatoren sind Kammern, die über ein Stellventil mit reinem Dampf versorgt werden, sodass während eines bestimmten Zeitabschnitts ein bestimmter Druck und eine bestimmte Temperatur erzeugt und aufrechterhalten werden können. Es gibt zahlreiche Geräte zur Sterilisation mit Dampf, deren gemeinsame Hauptprobleme bestehen in der Entfernung der Luft, der Überhitzung, der Feuchtigkeit und der Beschädigung des Materials.

Die Entfernung der Luft ist die erste wichtige Phase. Sie hängt vom Typ des Sterilisators ab und wird durch ungleichmäßige Beladung beeinflusst. Je nach Gerätetyp wird eines der folgenden Systeme zur Entfernung der Luft eingesetzt:

- Verdünnung durch Massenstrom

- Schwerkraftverdrängung

- Druckumwälzung

- Hochvakuum

- Druckumwälzung mit Schwerkraftverdrängung

In herkömmlichen senkrechten Autoklaven wird im Behälter eine Wassermenge erhitzt und die Luft durch die Dampfausströmung verdrängt. Der Zeitpunkt, an dem reiner Dampf vorliegt, ist oft nicht leicht zu erkennen. Da das Erhitzen des Wassers und das anschließende Abkühlen einige Zeit dauert, kann das Sterilisationsgut der Hitze längere Zeit ausgesetzt sein und übermäßig feucht werden.

In einem Autoklaven mit getrenntem Dampferzeuger wird die Luft schneller und effizienter abgeführt. Daraus ergibt sich der Vorteil, dass nach erfolgter Sterilisation die Abkühlung der Medien auf unter 100 °C schneller erfolgt, wobei der Druckausgleich durch Pressluft erfolgt. Eventuell anfallendes Kondensat kann bei Bedarf durch Vakuum entfernt werden. Eine Alternative ist der doppelwandige Autoklav, bei dem üblicherweise in einer Vakuumphase die Luft entfernt wird, bevor er mit Dampf beschickt wird, und der manchmal mit einer Druckumwälzung zur wirksameren Abführung der Luft ausgestattet ist.

Die Beladung des Autoklaven kann das Zeit-/Temperatur-Verhältnis für das Sterilisiergut beeinflussen, z. B. bei Flaschen, die mit Nährmedien befüllt sind, bei denen zusätzliche Zeit erforderlich sein kann. Umhüllte Gegenstände müssen lose verpackt sein, um das Eindringen des Dampfes/der Hitze zu ermöglichen. Der Sterilisationsprozess muss daher mittels standardisierten Arten von Beladung validiert werden.

5.3.1
Messung und Aufzeichnung von Temperatur und Druck

Die verschiedenartigen Ausführungen der Autoklaven reichen vom einfachen Druckkochtopf bis zum hochentwickelten Autoklaven mit Mikroprozessor-Steuerung, der verschiedene Zyklen ausführen und für diverse Arten von Sterilisationsgut eingesetzt werden kann. Unabhängig von der Art des Autoklaven hängt seine Leistung von der Messung und der Kontrolle der Temperatur und des Drucks über einen festgelegten Zeitabschnitt ab.

a Zwei voneinander unabhängig funktionierende Systeme zur Messung sollten vorhanden sein, wovon eines zur Steuerung der Temperatur im Autoklav (falls die Temperaturregelung zur Steuerung eingesetzt wird) verwendet wird. Das zweite, in Form eines lose in der Charge angeordneten Thermoelementes, dient der Aufzeichnung der Temperatur. Ideal ist die Kontrolle des Autoklaven über die Temperatur des Sterilisationsgutes.

An einem der beiden Messsysteme muss die im Autoklav herrschende Temperatur während des Prozesses abgelesen werden können. Der Messbereich sollte zwischen 50 °C und 150 °C liegen und die gesamte Messunsicherheit des Messsystems muss geringer als 1 °C sein. Dies muss unter allen Umständen erreicht werden.

Der Fehler des Temperaturreglers sollte weniger als 0,5 °C betragen. Es muss möglich sein, beide Vorrichtungen zur Aufzeichnung der Temperatur so anzuordnen, dass die abgelesenen Werte verglichen werden können. Die Aufzeichnung auf Papier sollte einen Skalenwert von

1 mm °C^{-1} ermöglichen. Zur einfacheren Ablesung ist eine Graduierung in 2 °C für eine bessere Lesbarkeit vorzuziehen.

b Zwei unabhängig voneinander funktionierende Systeme zur Messung des Drucks sollten vorhanden sein, wovon eins zur Steuerung des Drucks (falls dieses System verwendet wird) und das andere zur Aufzeichnung eingesetzt wird. Beide Systeme müssen gegen hohe Temperaturen beständig sein und mindestens der Klasse 1 gemäß DIN entsprechen.

Der Messbereich für den Druck sollte im Bereich von 0 kPa bis mindestens 350 kPa liegen. Die Aufzeichnung auf Papier sollte mindestens einen Skalenwert von 0,25 mm kPa^{-1} ermöglichen.

c Die Abrollgeschwindigkeit des Papiers sollte mindestens 100 mm h^{-1} betragen.

d Die Aufzeichnung der Druck- und Temperaturwerte muss auf dem selben Blatt erfolgen.

5.3.2
Kalibrierung

Eine Abweichung des Messwertes um 1,5 °C oder weniger ist zulässig. Die Einstellung des Gerätes muss von einem für die Kalibrierung akkreditierten Lieferanten durchgeführt werden.

5.3.3
Validierung

Die Validierung sollte als Grundlage der Bewertung der Effizienz und der Reproduzierbarkeit des Sterilisationsprozesses betrachtet werden. Eine primäre Validierung (bei der Inbetriebnahme) wird durchgeführt, wenn die Kombination Produkt-Sterilisator/Prozess zum ersten Mal geprüft wird. Eine neuerliche Validierung ist notwendig, wenn am Sterilisator oder an angeschlossenen Geräten Veränderungen vorgenommen wurden, die den Prozess beeinflussen könnten. Eine neuerliche Validierung kann auch dann notwendig sein, wenn beim Prozess Abweichungen außerhalb der Toleranzwerte festgestellt werden.

Die Validierung kann anhand folgender Maßnahmen durchgeführt werden:

- physikalische Messmethoden, wenn der Verlauf der physikalischen Parameter überprüft wird (technische Validierung)

- mikrobiologische Messmethoden, wenn Produkte mit einer definierten Kontamination verwendet werden (mikrobiologische Validierung)

Folgende Punkte sind für die Validierung von Bedeutung:

- Identifikation des Sterilisators

- Festlegung der Mess- und Kontrollvorrichtungen des Sterilisators

- Ermittlung der Temperaturverteilung in einem beladenem Autoklaven

- Kontrolle der Druckmessung und -aufzeichnung

- Bericht

5.3.4
Anwendung

Für die zuverlässige Sterilisation sind folgende Informationen festzuhalten und in den Verfahrensbeschreibungen anzugeben:

- Für die Sterilisation muss gesättigter Dampf verwendet werden.

- Die gesamte Luft muss aus der Sterilisationskammer und dem Sterilisiergut abgeführt werden. Es ist zu berücksichtigen, dass Luft schwerer als Dampf ist und Luft und Dampf sich nicht leicht miteinander vermischen. Dies beeinflusst das Beladen des Autoklaven und die Auswahl der Stelle, an der die Temperatur gemessen wird.

- Die Verpackung des Sterilisationsgutes muss sterilisiert sein.

- Der Autoklav sollte vorzugsweise mit Gefäßen gleichen Volumens beladen werden.

- Die Volumen der Gefäße sollten sich um nicht mehr als den Faktor zwei unterscheiden. Wird der Autoklav zur Dekontamination verwendet, ist eine größere Differenz zulässig.

- Der Verlauf der Temperaturveränderung muss in mindestens einem Gefäß kontrolliert werden.

- Bei Flaschen unterschiedlichen Volumens muss der Verlauf der Temperatur in der Mitte des Flaschen mit dem größten Volumen gemessen werden.

- Wird der Autoklav mit Dampf beaufschlagt, muss zuerst der Druck reduziert werden, der Dampf muss sich abkühlen können.

- Das Dampfzufuhrrohr muss mit Wasserabscheidern ausgestattet sein.

- Die korrekte Sterilisationstemperatur muss aufrechterhalten werden. Diese Temperatur muss durch kontinuierliche Messung im Behälter und in der Beladung erfolgen.

- Der Autoklav darf nie bei zu hohem Druck geöffnet werden. Dies würde ein Aufschäumen, ein Überkochen und ein Verlangsamen des Erhitzens der Medien zur Folge haben. Wegen des Austretens von Dampf muss der Autoklav vorsichtig geöffnet werden.

- Man muss das Sterilisiergut abkühlen lassen, und zum Herausnehmen hitzebeständige Schutzhandschuhe und eine Gesichtsmaske verwenden.

5.3.5
Kontrollen

Die primäre Kontrolle beim Betrieb des Autoklaven besteht darin, die Aufzeichnung der Temperatur- und Druckwerte des jeweiligen Prozesszyklus zu überprüfen, um sich zu vergewissern, dass die ordnungsgemäßen physikalischen Bedingungen für die Sterilisation eingehalten wurden.

Der Betrieb des Autoklaven kann auch anhand von Sporen-Teststreifen kontrolliert werden. Diese Teststreifen enthalten ziemlich hitzebeständige Sporen von *Bacillus stearothermophilus*, die nach der Sterilisation bei der Inkubation kein mehr Wachstum aufweisen dürfen.

Temperaturempfindliche Autoklaven-Teststreifen sind hilfreich zur Unterscheidung zwischen sterilisiertem und nicht sterilisiertem Gut. Diese Streifen zeigen zwar an, dass das Sterilisationsgut die Temperatur erreicht hat, geben jedoch keine Auskunft darüber, wie lange diese Temperatur aufrechterhalten wurde. Sie sind keine Kontrolle für die Sterilisation.

5.3.6
Aufzeichnungen

Jeder Sterilisationsprozess ist schriftlich zu dokumentieren, wobei folgende Informationen festzuhalten sind:

- Datum, Uhrzeit und Seriennummer, falls vorhanden

- Aufzeichnung der Messungen während des Prozesses

- Sollwert des Dampfdrucks und registrierter Druck

- Temperaturkurve und erreichte Temperatur

- Die Dauer des gesamten Sterilisationsprozesses sowie die der eigentlichen Sterilisation

- Paraphe des Prüfers

Diese Aufzeichnungen sind wichtige Kontrollen für jede behandelte Charge.

5.3.7
Wartung

Die Wartung ist für die einwandfreie Funktion von Autoklaven von ausschlaggebender Bedeutung. Geplante vorbeugende Wartungsarbeiten können von einem ordnungsgemäß geschulten Techniker mittels eines dokumentierten Programms durchgeführt werden. In regelmäßigen Zeitabständen stattfindende Wartungsarbeiten einschließlich der Kontrollen der Validierung, sind von einem anerkannten Lieferanten durchzuführen und sind normalerweise Bestandteil eines Wartungsvertrages. Je nach Autoklaventyp, sind folgende Dinge zu beachten:

- Dampfventile, Wasser, Kühlmittel und Druckluft

- Dampffilter

- Türdichtung

- Luftfilter

- Sterilisationskammer

- Dampfverteiler

- Aufzeichnungsgerät

- Vakuum-Dichtheitsüberprüfung

- Manteldruck

- Druck in der Sterilisationskammer

- Sterilisationstemperatur der Kammer und des separaten Sensors

- allgemeine Punkte wie Undichtheiten und ungewöhnliche Geräusche

5.3.8
Sicherheit

Genaue Anweisungen für den einwandfreien und sicheren Betrieb müssen vorhanden und gut ersichtlich angebracht sein.

Um zu vermeiden, dass Dampf in den Laborbereich eindringt, ist das Dampfableitungsrohr mit einem Kondensator zu versehen. Wenn kein Kondensator angebracht ist, kann der Dampf direkt aus dem Dampfableitungsrohr abgeleitet werden. In diesem Fall muss das Ableitungsrohr aus hitzebeständigem Material gefertigt sein.

5.3.9
Dekontamination

Der Autoklav darf nie in einer Beladung sowohl zur Sterilisation von Nährmedien als auch zur Dekontamination von bakteriologischen Abfällen benutzt werden. Um eine zur Dekontamination ausreichende Temperatur zu erhalten, ist vorzugsweise ein Autoklav mit Vakuum-Vorrichtung einzusetzen. Dann ist jedoch ein Filter im Dampfablassrohr einzubauen, um die Verteilung von Aerosol im Laborbereich zu verhindern.

5.4
Gerät zur Medienherstellung

Ein Nachteil von Autoklaven mit Heizelementen besteht in der langen Zeit, die zum Aufheizen und Abkühlen notwendig ist. Dies kann dazu führen, dass die Qualität des Nährmediums beeinträchtigt und durch Zerstörung der Bestandteile sogar wachstumshemmende Substanzen zu erzeugt werden. Diese Zeit kann durch den Einsatz eines Autoklaven mit Druckluftkühlung reduziert werden, diese sind jedoch sehr kostspielig. Die Prozesszeit kann verkürzt werden, indem man auf ein Gerät zur Medienherstellung zurückgreift, das folgende Vorteile bietet:

- Das Nährmedium wird unter kontinuierlichem Mischen und Heizen aufgelöst

- Die Sterilisation findet unmittelbar danach statt

- Die Verteilung des Nährmediums kann automatisiert werden

- Die komplette Aufzeichnung der Herstellung stellt eine einwandfreie Kontrolle des Prozesses sicher

Die Nachteile sind:

- Der pH-Wert ist schwer zu kontrollieren, diese Kontrolle kann erst anschließend erfolgen

- Es gibt eine Mindestmenge für die Menge des herzustellenden Mediums, normalerweise 1 Liter

- Es kann jeweils nur ein Medientyp hergestellt werden

5.4.1
Anforderungen und Kalibrierung

Ein Gerät zur Medienherstellung ist im Prinzip ein Autoklav, das Gerät muss daher den Anforderungen von Abschnitt 5.3 entsprechen. Die Kalibrierung ist gemäß den Angaben von Abschnitt 5.3.2 durchzuführen, was jedoch aufgrund der kompakten Bauweise der Geräte nicht immer vollständig möglich ist.

Die Hauptanforderungen sind:

- empfindliche und präzise Regelung, beispielsweise über einen Mikroprozessor, mit einstellbarer Dauer und Temperatur

- Aufzeichnung und Kontrolle der Temperatur

- Temperaturbereich des Sterilisationszyklus von 70 °C bis mindestens 121 °C, mit einer Genauigkeit von 1 °C

- Temperaturbereich von 35 bis 80 °C für die Verteilung des Mediums

- System für kontinuierliches Rühren der Medien während der Herstellung

- keine Möglichkeit der Kontamination durch das Wasser, das den Medienbehälter umgibt

- eingebauter bakteriendichter Filter zur Beschickung mit steriler Luft während der Kühlung

- Möglichkeit für die Verteilung des sterilen Mediums unter den richtigen Bedingungen

5.4.2
Kalibrierung

Eine Abweichung des Messwertes von 1,5 °C oder weniger ist zulässig. Die Einstellung des Gerätes muss von für die Kalibrierung akkreditierten Lieferanten durchgeführt werden.

5.4.3
Validierung

Die Validierung sollte gemäß Abschnitt 5.3.3 erfolgen, wobei diese Beschreibung wahrscheinlich für ein Gerät zur Medienherstellung zu ausführlich ist. Die anwendbaren Punkte müssen jedoch beachtet werden.

5.4.4
Anwendung

In einem Gerät zur Medienherstellung läuft der gesamte Prozess im Geräteinneren ab. Man fügt dem Wasser im Kessel die korrekte Menge an Nährmediensubstanzen zu, die anschließend durch kontinuierliches Mischen und Erhitzen aufgelöst werden. Die anschließende Sterilisation stellt eine standardisierte Vorgangsweise sicher. Nach der Herstellung ist das Plattengießen zu überprüfen, um eine gleichmäßige Oberfläche zu gewährleisten.

5.4.5
Kontrollen

Der Prozess wird anhand der Aufzeichnung von Zeit und Temperatur kontrolliert.

5.4.6
Aufzeichnungen

Die meisten Geräte sind mit einem Aufzeichnungssystem mit integriertem Drucker bestückt. Im Prinzip sind die gleichen Punkte wie in Abschnitt 5.3.6 sicherzustellen.

5.4.7
Wartung

Die Wartung stimmt mit der Beschreibung in Abschnitt 5.3.7 überein, wobei dem Wasser im Kühlmantel zusätzliche Beachtung geschenkt werden muss (als mögliche Ursache für Kontamination). Da unterschiedliche Arten von Medien in dem Gerätekessel hergestellt werden, ist dieser nach jedem Einsatz sorgfältig zu reinigen. Es wird empfohlen, mit dem Lieferanten des Gerätes einen Wartungsvertrag abzuschließen.

5.4.8
Sicherheit

Geräte dieser Art verfügen normalerweise über Betriebsanleitungen des Herstellers, sowohl für den Autoklaventeil als auch zur Sicherstellung der Sterilität des Mediums.

5.5
Druckkochtopf

Sind keine geeigneten Autoklaven vorhanden, kann zur Sterilisation ein Druckkochtopf benutzt werden. Dieses Gerät ist im allgemeinen mit einem Ventil und Anweisungen für den Betrieb bei 110 °C oder 121 °C ausgestattet. Es ist jedoch erforderlich, den Druck (Temperatur) mit einem Präzisionsmanometer mit entsprechender Graduierung (siehe Abschnitt 5.2) zu regulieren.

5.5.1
Kalibrierung

Die Manometer- oder Temperaturanzeige müssen auf Richtigkeit der angezeigten Werte überprüft werden. Eine Abweichung vom abgelesenen Wert von bis zu 1,5 °C ist zulässig.

5.5.2
Validierung

Die primäre Validierung ist wichtig, eine in regelmäßigen Zeitabständen stattfindende Validierung ist zu empfehlen. Physikalische Messgeräte (Manometer, Thermoelement, Thermometer) sind mit kalibrierten Instrumenten zu vergleichen.

5.5.3
Anwendung

Der Druckkochtopf kann zur schnellen Sterilisation von kleineren Medienvolumina eingesetzt werden, wobei folgendes zu beachten ist:

- Sicherstellen, dass die Luft vollständig entfernt ist

- das Sterilisationsgut sobald wie möglich entfernen, um zu starkes Feuchtwerden zu vermeiden

- nur mit Gefäßen gleichen Volumens beschicken

- Sicherstellen, dass während der Dauer der Sterilisation die Schwankungen der Temperatur minimal sind

- Sicherstellen, dass im Druckkochtopf ausreichend Wasser für den kompletten Sterilisationszyklus vorhanden ist

- Sicherstellen, dass der Dampf aus dem Laborbereich während der Sterilisation abgeführt wird

Dieser Gerätetyp hat den Nachteil, dass eine relativ längere Aufheizzeit für einen Sterilisationszyklus benötigt wird als bei Geräten mit getrenntem Dampferzeuger.

5.5.4
Kontrollen

Die Effektivität jedes Betriebszyklus ist anhand von biologischen Indikatoren, z. B. *Bacillus stearothermophilus* zu überprüfen.

5.5.5
Aufzeichnungen

Aufzeichnungen über jeden Prozesszyklus einschließlich der Beladung, der Dauer der Luftentfernung, den erreichten Druck und die Sterilisationdauer sind zu führen.

5.5.6
Wartung

Eine regelmäßige Wartung muss Folgendes beinhalten:

1. Reinigung des Innenraums, um Ablagerungen von Wasserinhaltsstoffen oder Medien zu entfernen (es wird empfohlen, deionisiertes oder destilliertes Wasser zu benützen)

2. Überprüfung des Ventils und der Anschlüsse des Manometers und des Thermometers am Verschlussdeckel

3. Undichtheiten und ungewöhnliche Geräusche

5.5.7
Sicherheit

Den Anschlüssen und Sicherheitseinrichtungen des Verschlussdeckels ist regelmäßig besondere Beachtung zu schenken.

5.5.8
Allgemeines

Gut überwachte Sterilisationsverfahren haben definierte Bedingungen für Temperatur/Expositionszeit, Aufheiz-/Abkühlzeiten, die nicht länger sind als unbedingt notwendig, sowie eine Mindesthäufigkeit für die Kontrolle der Nährmedien. Aus Gründen der Qualitätssicherung und Sicherheit darf die Sterilisation nur von speziell geschulten und erfahrenen Personen durchgeführt werden. Jeder Sterilisationszyklus ist in einem speziellen Buch festzuhalten und von der verantwortlichen Person abzuzeichnen. Die Sterilisationsgüter sind mit jeweiligen Prozessnummern und -daten zu kennzeichnen und während der Lagerung ordnungsgemäß zu schützen.

5.6
Heißluftsterilisator (trockene Sterilisation)

Für die Trockensterilisation ist 1 bis 2 Stunden lang eine hohe Temperatur (170 bis 180 °C) erforderlich. Die Heißluft wird in einer luftdichten Kammer (einem Ofen) durch Konvektion, Wärmeleitung und Strahlung umgewälzt. Um in einer Charge die geforderte Temperatur von 175 °C zu erreichen, kann es bei einem Heißluftgerät notwendig sein, die Temperatur auf einen höheren Wert einzustellen (z. B. auf 180 °C).

Hitzebeständige Materialien oder solche, die das Eindringen von Dampf nicht erlauben, z. B. Öl oder Pulver, können mittels Heißluftprozess sterilisiert werden.

5.6.1
Anforderungen

Die Heizkapazität des Sterilisators muss einen Temperaturanstieg bis zu 180 °C ermöglichen, damit in allen Teilen der Charge eine Temperatur von 175 °C erzielt werden kann. Ein Ventilator sorgt für die ordnungsgemäße Hitzeverteilung innerhalb des mit Trockenluft betriebenen Sterilisators. Ein Zeitgeber mit Alarmsignal ist eine Möglichkeit zur Einstellung der jeweiligen Sterilisationsdauer von mindestens einer Stunde, ohne Einrechnung der Aufheizzeit. Es kann ebenfalls eine eingebaute Temperaturregelung gemäß den Anweisungen des Herstellers verwendet werden. Es ist jedoch besser, den Sterilisationsprozess anhand eines geeigneten Sensors innerhalb des größten Gebindes in der Kammer zu überwachen und zu registrieren.

5.6.2
Kalibrierung

Der Hersteller liefert die Ausrüstung mit bestimmten Anforderungen, die nicht immer den Bedürfnissen des Betreibers entsprechen. Deshalb muss der Betreiber das Gerät validieren, bevor er es in seinem Laboratorium einsetzt. Entspricht das Gerät nicht den Anforderungen des Betreibers, ist es vom Hersteller dem Bedarf anzupassen. Die Kalibrierung kann hausintern mit Hilfe von handelsüblichen, zur Kalibrierung vorgesehenen Thermoelementen oder Thermistoren vorgenommen werden.

5.6.3 Anwendung

Für die zuverlässige Sterilisation sind folgende Punkte zu berücksichtigen und in den Verfahrensvorschriften anzugeben:

- Bei gleichbleibender Temperatur sterben Mikroorganismen in Luft mit einer niedrigeren Feuchtigkeit langsamer ab als bei hoher Feuchtigkeit. Wird eine gleich lange Sterilisationszeit gewünscht, muss die Temperatur in einem Heißluftsterilisator im Vergleich zu einem Dampfsterilisator höher sein

- Die thermische Leitfähigkeit der Luft ist wesentlich geringer als die des Dampfes, sodass generell eine längere Sterilisationszeit benötigt wird

- Die gleichmäßige Verteilung der Heißluft über die Charge ist wichtig. Ein eingebauter Ventilator unterstützt die Heißluftverteilung

- Die Verpackung von verpacktem Sterilisationsgut muss hitzebeständig sein. Spezielles Sterilisationspapier und laminierte Beutel sind ausreichend. Kunststoff (wie beispielsweise Flaschenverschlüsse) ist nicht allgemein gegen die Temperaturen der Heißluftsterilisation beständig

- die Anordnung des Sterilisationsgutes im Sterilisator

- die relativ lange Aufheizzeit

- Sicherstellen, dass die Charge erst nach dem Abkühlen des Sterilisators entnommen wird oder dass hitzebeständige Schutzhandschuhe verwendet werden

5.6.4
Kontrollen

Kontrollen am Heißluftsterilisator während des Sterilisationsprozesses sind nicht so einfach wie beim Dampfsterilisator, da es zu diesem Zweck kein handelsübliches biologisches Produkt gibt. Hitzeempfindliche Teststreifen, deren Farbe sich bei 165 bis 170 °C nach 45 Minuten verändern, sind jedoch im Handel erhältlich. Diese Streifen können in eine Referenzflasche eingebracht werden, um zu überprüfen, ob die gewünschte Temperatur erreicht ist.

5.6.5
Aufzeichnungen

Die Aufzeichnungen des Prozesses der Heißluftsterilisation kann, falls vorhanden, über einen Schreiber erfolgen, oder mittels eines Thermoelementes zur Registrierung von Temperatur und Zeit. Das sterilisierte Gut muss mit einer Kennzeichnung versehen werden, auf dem Datum und Chargennummer angegeben sind. Die Aufzeichnungen sind zu paraphieren.

5.6.6
Wartung

Die Wartung beschränkt sich auf die Reinigung des Gerätes innen und außen.

5.6.7
Sicherheit

Folgende Sicherheitsmaßnahmen sind von allen Benutzern zu beachten:

- die Tür vorsichtig öffnen, falls der Sterilisator noch heiß ist

- das Sterilisationsgut vor dem Herausnehmen abkühlen lassen oder Schutzhandschuhe zum Entnehmen des Gutes verwenden. Das Sterilisationsgut sollte gekennzeichnet sein mit: „Dieses Material kann heiß sein"

- keinesfalls dicht verschlossene Gefäße in den Heißluftsterilisator einbringen, da Explosionsgefahr besteht

5.7
Sterilfiltration

Bei der Sterilfiltration werden die in einem flüssigen Medium vorhandenen Bakterien mittels eines Filters mit einer Porenweite von 0,2 μm bis 0,22 μm entfernt. Diese Filter sind unter den Namen Bakterienfilter und Ultrafilter bekannt, und sie sind in zahlreichen Ausführungen als gebrauchsfertige Filter im Handel erhältlich. Diese Technik wird eingesetzt bei

- Flüssigkeiten, die nicht gegen hohe Temperaturen beständig sind, weil sie eine chemische Veränderung erfahren oder unwirksam werden könnten

- Medienbestandteilen, die während der Sterilisation mit anderen Substanzen unerwünschte Reaktionen ergeben

Das zu sterilisierende flüssige Medium wird mit Hilfe eines geeigneten sterilen Membranfilters mittels Vakuums filtriert. Eine Filtration unter

Druck ist ebenfalls möglich. Der Einsatz von auf Injektionsspritzen angebrachten Filtern ist eine einfache und allgemein verwendete Art der Druckfiltration.

5.7.1
Anforderungen

Die Anforderungen an die Filter und die Filtrationsgeräte sind den Handbüchern der Hersteller zu entnehmen. Es sollte geprüft werden, ob sie den laborinternen Anforderungen und jenen, die für die jeweilige Anwendung notwendig sind, entsprechen. Porenweite, Material, Durchmesser und Form des Filters sind zu berücksichtigen. Zur Filtration kleinerer Mengen sind gebrauchsfertige Einwegfilter ausreichend, die z. B. für den Einsatz mit Injektionsspritzen geeignet sind.

5.7.2
Anwendung

Vom Hersteller sterilisierte Einwegfilter werden zusammen mit Einwegspritzen zur Sterilisation kleinerer Volumina verwendet. Größere Filtrationsapparaturen müssen steril sein, was mittels Dampfsterilisation erreicht werden kann. Außerdem muss es möglich sein, das Vakuum in der Saugflasche über einen im Vakkuumschlauch angeordneten bakteriendichten Filters zu entspannen. Komplette sterile Garnituren sind ebenfalls erhältlich.

Filter und Vakuumflasche sollten getrennt in laminierten Beuteln oder in Sterilisationspapier verpackt werden. Die Sterilisation der kompletten Apparatur mit bereits montiertem Filter ist vorzuziehen.

5.7.3
Kontrollen

Die Funktion des Filters kann kontrolliert werden, indem man die Sterilität des Filtrats durch Bestimmung der Kolonienzahl (Plattenguss- oder Oberflächen-Spatelverfahren) prüft. Kontrollen der Saug- oder Druckvorrichtung sind von dem jewiligen System abhängig. Bei Vakuumpumpen sind Kontrolle und Einstellung des Vakuums wichtig, da ein zu hohes Vakuum den Filter beschädigen könnte. Eventuell eingesetzte Druckluft muss rein und steril sein. Die Effektivität des verwendeten Vorfilters muss überprüft werden und ist regelmäßig auszutauschen.

5.7.4
Aufzeichnungen

Die Sterilität des Filtrats muss in regelmäßigen Zeitabständen überprüft und dokumentiert werden. Auf dem Behälter des Filtrats ist das Datum der Sterilisation anzugeben.

5.7.5
Wartung

Die Vakuum- oder Druckluftanlage ist regelmäßig zu warten. Bedingt durch die große Anzahl der angebotenen Anlagen und Systeme können dazu keine allgemeinen Richtlinien angegeben werden. Die Anweisungen des Herstellers sind zu befolgen.

5.7.6
Sicherheit

Zusätzlich zu den Sicherheitsbestimmungen für Vakuum- und Druckluftanlagen sind Sicherheitsmaßnahmen am Arbeitsplatz gegen Implosion und Explosion des Saugapparates zu treffen.

5.8
Membranfiltrationsapparatur

Die Membranfiltration ist eine Technik, bei der ein bekanntes, abgemessenes Volumen einer Flüssigkeit, im allgemeinen Wasser, mittels Vakuum durch eine Membran mit entsprechend kleiner Porenweite filtriert wird, um alle in der Probe enthaltenen Mikroorganismen abzutrennen.

5.8.1
Anforderungen

Das Gerät besteht aus einem Verteiler, an den ein oder mehrere leicht entfernbare Filtertrichter und über einen Silikonschlauch eine Vorrichtung für Vakuumerzeugung angeschlossen ist. Die poröse Membranhalterung muss der Membran genügend Halt geben, damit diese nicht beschädigt wird.

5.8.2
Kalibrierung

Das Volumen der Filtertrichter sollte regelmäßig kalibriert werden, da die Markierungen nicht immer einem exakten Volumen entsprechen. Die Kalibrierung erfolgt durch Einbringen eines genau gemessenen oder gewogenen Volumens in den Filtertrichter und Korrektur der Markierungen, falls erforderlich.

5.8.3
Anwendung

Bei der Benutzung können Probleme durch Kreuzkontamination zwischen den Proben und durch Kontamination des ganzen Gerätes auftreten. Eine Kreuzkontamination während des Filtrierens wird verhindert, indem die Filtertrichter mit lose sitzenden Deckeln versehen werden und indem eine Desinfektion oder Sterilisation des entfernbaren Filtertrichters und Deckels nach jeder Analyse durchgeführt wird. Die Desinfektion kann z. B. durch vollständiges Eintauchen in kochendes Wasser während einer Minute vorgenommen werden. Bei Verdacht auf Kontamination können die Verteiler durch Durchleiten von kochendem Wasser desinfiziert werden, wobei Vorsichtsmaßnahmen im Bezug auf Verbrühungen zu treffen sind. Die Apparatur ist nach jedem Gebrauch vollkommen zu entleeren.

5.8.4
Kontrollen

Anhand von Blindproben kann eine Kontamination der Apparatur oder eine fehlerhafte Desinfektion festgestellt werden. Diese Proben sind zu Beginn, in der Mitte und am Ende jeder Serie von Teilproben zu filtrieren (siehe Kapitel 8). Für zusätzliche Kontrollen können Filtrationen durch verschiedene Teile der Apparatur durchgeführt werden.

5.8.5
Aufzeichnungen

Die Identität der Kontrollproben ist sorgfältig zu dokumentieren, damit im Falle eines Fehlers sofort gehandelt werden kann.

5.8.6
Sicherheit

Die Erzeugung eines Vakuums beinhaltet ein Risiko der Implosion des verwendeten Gefäßes, es ist daher ein ein dehnbares Kunststoffgitter zum Zusammenhalt von gebrochenem Glas anzubringen. Um das Eindringen von Wasser in die Vakuumpumpe zu verhindern, ist in der Leitung ein „Vakuumschutz" zwischenzuschalten. Der Auffangbehälter muss regelmäßig entleert werden.

5.9
Brutschränke

Brutschränke sind mit Heiz- und/oder Kühlelementen ausgestattete Behälter, in denen die geforderte Temperatur innerhalb der Toleranzgrenzen für die jeweilige Methode aufrechterhalten werden.

Unter Temperatur*abweichung* versteht man den Temperaturunterschied, der zu jeder Zeit zwischen zwei Punkten im Brutschrank herrscht.

Unter Temperatur*schwankung* versteht man eine kurzzeitige Temperaturveränderung während des Betriebs an irgendeiner Stelle im Brutschrank.

5.9.1
Anforderungen

Faktoren, die die Leistung von Brutschränken beeinträchtigen, sind:

- *Heizelement:*
  Mit einem leistungsstarken Heizelement wird die Temperatur zwar schnell erreicht, jedoch mit größeren Temperaturschwankungen. Bei einem leistungsschwachen Heizelement hingegen wird die Temperatur langsam erreicht, dafür aber mit geringfügigen Schwankungen.

- *Thermostat:*
  Um nur kleine Temperaturschwankungen zu erreichen, muss ein Thermostat eine hohe Empfindlichkeit und einen niedrigen Differentialwert (beispielsweise 0,01 °C ±0,1) aufweisen.

  a In zwangsbelüfteten Brutschränken geht das Aufheizen und Abkühlen rasch und mit geringen Temperaturschwankungen von statten.

b Die insgesamt auftretenden Temperaturschwankungen hängen von den Eigenschaften des Thermostaten, der Leistung und Anordnung des Heizelements sowie davon ab, ob eine Zwangsbelüftung vorhanden ist oder nicht, sowie von den Abmessungen des Brutschranks.

c Die von Lieferanten angegebenen Temperaturschwankungen/-abweichungen von Brutschränken gelten im Allgemeinen für den Bereich von 5 °C über der Raumtemperatur. Daraus ergibt sich, dass bei der Inkubation bei Raumtemperatur oder darunter ein mit einem Kühlsystem ausgestatteter Brutschrank eingesetzt werden muss.

d Zur Kontrolle der Temperaturschwankungen wird empfohlen, die Temperatur mit einem Temperaturaufzeichnungsgerät zu dokumentieren, das eventuell mit einem Alarm ausgestattet ist, der ausgelöst wird, wenn eine Abweichung von einem festgelegten Bereich auftritt.

e Zur Vorinkubation bei niedrigerer Temperatur können Brutschränke eingesetzt werden, die zur Steuerung der Temperatur mit einer Zeitschaltuhr mit mindestens zwei Stufen ausgestattet sind. Das Erreichen der Endtemperatur der Inkubation erforderliche Zeit sollte möglichst weniger als zwei Stunden betragen.

5.9.2
Kalibrierung

Bei herkömmlichen Brutschränken im Temperaturbereich von 22 bis 42 °C dürfen Temperaturschwankungen und -abweichungen nicht mehr als ±0,5 °C betragen. Bei Brutschränken mit einer Temperatur von 44 °C dürfen Temperaturschwankungen insgesamt nicht mehr als ±0,25 °C betragen.

5.9.3
Validierung

Vor der Inbetriebnahme eines Brutschranks muss feststehen, dass die geforderten Toleranzwerte der Temperatur an mehreren Stellen im Brutschrank eingehalten werden. Zur Temperaturkontrolle werden kalibrierte Thermometer, die in 50-ml-Glaskolben, in denen 25 ml Glycerin enthalten sind, eingetaucht werden, eingesetzt. Bei kleinen Brutschränken sollte an drei Stellen gemessen (in der Mitte, oben und unten) werden, bei großen Brutschränken mit z. B. mehr als 300 l Fassungsvermögen sollte die Messung an sechs verschiedenen Stellen mittels in Glycerin eingetauchten Temperaturfühlern erfolgen. Die Validierung ist mit der gemäß Handbuch maximal zulässigen Beladung zu wiederholen. Außerdem muss die Validierung regelmäßig wiederholt werden, vor allem nach Reparaturen, oder falls der Brutschrank an einem anderen Platz oder in einer anderen Umgebung aufgestellt wurde, sowie im Falle größerer Temperaturänderungen im Laboratorium. Die Kontrollthermometer/Temperaturfühler sind ebenfalls regelmäßig zu kalibrieren.

5.9.4
Anwendung

Kulturmedien in Teströhrchen, Flaschen, Petrischalen, Plastikbeuteln oder Anaerobier-Töpfen werden bei festgelegten Temperaturen bebrütet. Korrektes Beladen des Brutschranks ist sehr wichtig. So sollten beispielsweise nicht mehr als vier bis fünf Petrischalen übereinander gestapelt werden und es könnte sein, dass größere Anaerobier-Töpfe oder Flaschen nicht innerhalb der gewünschten Zeit die richtige Temperatur erreichen. Mit einem Ventilator ausgestattete Brutschränke ermöglichen schnelleres Aufheizen und neigen weniger zu Temperaturvariationen. Sie weisen jedoch zwei Nachteile auf: eventuell höheres Austrocknen der Medien und größeres Risiko für Kreuzkontamination. Die Vorteile wiegen jedoch in der Regel die Nachteile auf, die durch den Einsatz von Petrischalen ohne Belüftungsnocken und durch Verwendung von Plastikbeuteln zum Schutz für die Platten o. ä. vermieden werden können.

5.9.5
Kontrollen

Die Bebrütungstemperatur ist ein entscheidender Kennwert für die Bestimmung von Bakterienstämmen. Aus diesem Grund ist ihre korrekte Einhaltung von ausschlaggebender Bedeutung. Die im Brutschrank herrschende Temperatur ist jeden Morgen nach Beendigung der Inkubation während der Nacht zu überprüfen und festzuhalten. Zu anderen Zeitpunkten gemessene Temperaturen können durch das Öffnen der Tür oder das Beladen des Brutschranks beeinträchtigt sein. Die Temperatur wird mit Thermometern gemessen, die in den benutzten Etagen bis zur korrekten Tiefe in Wasser/Glycerin eingetaucht sind.

Der Einsatz von an einen zentralen Computer angeschlossenen Sensoren (falls dies in wirtschaftlicher Hinsicht seitens des Laboratoriums möglich ist) ermöglicht die kontinuierliche Aufzeichnung der Temperaturen mehrerer Brutschränke und der darin auf den oberen und unteren Etagen herrschenden Temperaturunterschiede.

5.9.6
Wartung

Brutschränke sind regelmäßig zu warten. Reinigung und Entfernen von Medienrückständen müssen regelmäßig durchgeführt werden und in den Aufzeichnungen des Inkubators festgehalten werden.

5.9.7
Brutschränke mit doppeltem Heizmantel

Der Mantel ist mit destilliertem oder deionisiertem Wasser gefüllt, das von Heizelementen, deren Leistung generell gering ist, bis zur gewünschten Temperatur aufgeheizt wird, die ihrerseits von einem Thermostaten aufrechterhalten wird. Der Heizmantel beheizt das Innere des Brutschranks von allen Seiten, sodass bei diesen Brutschränken nur geringe Variationen/Schwankungen der Temperatur auftreten.

5.9.8
Anforderungen, Kalibrierung, Validierung

Siehe Abschnitte 5.9.1, 5.9.2, 5.9.3, 5.9.4 und 5.9.5.

5.9.9
Wartung

Es ist sicherzustellen, dass der Brutschrank immer entsprechend der Füllstandsanzeige mit Wasser gefüllt ist, und dass bei Bedarf Wasser nachgefüllt wird.

5.10
Wasserbäder

Wasserbäder werden zum Bebrüten und schnellen Vorwärmen von Medien eingesetzt, die bei der gewählten Temperatur in einen Brutschrank eingebracht werden sollen und/oder dazu, Agar-Medien aufzuschmelzen oder in flüssigem Zustand zu halten.

5.10.1
Anforderungen

Wasserbäder, die zur Bebrütung oder zum Vorwärmen von Medien auf kritische Temperaturen, üblicherweise über 37 °C, benutzt werden, müssen Temperaturschwankungen in äußerst engen Grenzen halten können. Die Temperatursteuerung hängt von der Empfindlichkeit und dem Differentialwert des Thermostaten, der Leistung des Heizelements und der Effizienz des Wasserumwälzsystems ab. Um Verdampfungen zu vermeiden und die Temperaturüberwachung zu vereinfachen wird empfohlen, eine Abdeckung zu benutzen. Bei Wasserbädern, die dazu verwendet werden, Agar-Medien zu verflüssigen oder sie in flüssigem Zustand zu erhalten, sind größere Temperaturschwankungen zulässig.

5.10.2
Kalibrierung

Bei Wasserbädern zur Bebrütung sind Temperaturschwankungen von nicht mehr als ±0,5 °C im Bereich von 22 bis 42 °C und von nicht mehr als ±0,25 °C bei 44 °C zulässig. Bei Wasserbädern für aufgeschmolzene Agarmedien sind Temperaturschwankungen von ±1 °C zulässig.

5.10.3
Validierung

Jedes neue Wasserbad muss vor und während des Gebrauchs validiert werden. Diese Validierung muss außerdem nach Reparaturen, oder falls das Gerät an einem anderen Ort oder in einer anderen Umgebung aufgestellt wird, wiederholt werden.

5.10.4
Anwendung

Wasserbäder mit leistungsfähiger Temperatursteuerung (±0,1 °C) werden zum Bebrüten von Nährmedien eingesetzt, oder um diese auf eine bestimmte Temperatur vorzuwärmen, um sie anschließend bei dieser Temperatur in einen Brutschrank einzubringen. Andere Wasserbäder (±1 °C) dienen zum Aufschmelzen und/oder der Erhaltung des flüssigen Zustands von Agarmedien.

Im Vergleich mit Brutschränken bieten sie einige Vorteile, nämlich geringe Abweichungen und Schwankungen der Temperatur, vor allem solche, die mit Wasserumwälzung ausgestattet sind. Petrischalen, die in Wasserbädern inkubiert werden, müssen jedoch in sicheren und wasserdichten Behältern oder Töpfen untergebracht werden. Das Auftreten von möglichen Kreuzkontaminationen muss verhindert werden. Die – verglichen mit Brutschränken – engen Raumverhältnisse begrenzen den Einsatz von Wasserbädern.

5.10.5
Kontrollen

In Wasserbädern müssen der aktuelle Temperaturwert und allfällige Schwankungen anhand von kalibrierten Thermometern mit geeigneter Skala (Graduierung 0,1 °C) überprüft werden. Temperaturabweichungen zwischen verschiedenen Stellen innerhalb des gleichen Wasserbads sind zu überprüfen.

5.10.6
Aufzeichnungen

Bei allen Wasserbädern sind Temperaturaufzeichnungen vorzunehmen.

5.10.7
Wartung

Für jedes Wasserbad ist ein Wartungsplan zu erstellen, die Wartungen sind aufzuzeichnen. Glas, Ablagerungen und Medienrückstände sind regelmäßig zu entfernen. Zur Reinigung wird das Wasserbad eine Stunde lang auf 80 °C aufgeheizt, und das Wasser nach dem Abkühlen über den Ablauf entleert. Das Wasserbad wird mit 0,3%iger Citronensäure oder 0,1%iger Sorbinsäure gereinigt, die Rückstände entfernt, danach wieder mit destilliertem Wasser befüllt und auf die Arbeitstemperatur eingestellt. .

5.11
Mikrowellenofen

Mikrowellenöfen werden zum Verflüssigen verfestigter Nährmedien eingesetzt. Es wird darauf hingewiesen, dass optimale Werte für Strahlungsintensität, Dauer und Menge des Nährmediums nur empirisch festgelegt werden können. Der Hauptnachteil der Mikrowellenöfen liegt darin, dass es im Ofen immer Kaltstellen gibt, wodurch es zu lokaler Überhitzung oder unzulänglicher Erhitzung und somit zu Unterschieden in der Qualität der Medien kommen. Es kann leicht passieren, dass das Agar-Medium zu stark gekocht wird, und dass dicht verschlossene Flaschen explodieren. Es wird empfohlen, die Qualität der im Mikrowellenofen verflüssigten Medien mit jener zu vergleichen, die mittels herkömmlicher Techniken erzielt wird. Ein Mikrowellenofen sollte nicht tagtäglich, sondern nur ausnahmsweise benutzt werden, wobei mögliche Probleme voll und ganz zu berücksichtigen sind.

5.12
Thermometer

Thermometer und Thermoelemente werden in der Mikrobiologie zum Messen und zur Aufzeichnung der Temperatur benutzt. Flüssigkeitsthermometer aus Glas können sehr genau sein, d. h. in der Größenordnung von 0,02 °C. Bei herkömmlichen Thermometern beträgt die maximale Abweichung ±1 °C. Präzisions- oder Referenzthermometer mit Zertifikaten sind bei Herstellern zu hohen Preisen erhältlich. Alternativ kann man Thermometer mit der gewünschten Graduierung (zum Beispiel 1 °C, 0,1 °C oder 0,02 °C) in Mess- und Eichämtern kalibrieren lassen oder dies laborintern durch sorgfältigen Vergleich mit Referenzthermometern selbst durchführen. Dazu werden bei drei Temperaturen je drei Ablesungen bei sowie ober- und unterhalb der Betriebstemperatur vorgenommen. Jegliche fixe Temperaturabweichung zwischen Test- und Referenzthermometer ist für alle später mit dem erstgenannten Thermometer durchgeführten Messungen als Korrekturfaktor anzuwenden. Thermometer müssen alle fünf Jahre oder öfter neu kalibriert werden, falls Kontrollen am Referenzpunkt eine erhebliche Veränderung erkennen lassen (zum Beispiel >0,1 °C). Hinsichtlich der Anforderungen an Thermometer wird auf die ISO-Normen verwiesen. (NEN-ISO 386, NEN-ISO 654 und NEN-21770 oder NAMAS-N1S7-June 1991).

5.13
pH-Meter

Die Leistung der Medien wird durch den pH-Wert beeinflusst. Die Bestimmung des pH-Wertes ist ein wichtiger Qualitätsaspekt bei der Herstellung von Medien und der Qualitätskontrolle. Der pH-Wert kann in flüssigen Medien oder Reagenzien und/oder in festen Agarmedien gemessen werden.

5.13.1
Anforderungen

Das pH-Meter sollte vorzugsweise mit einem Temperaturkompensationssystem und zwei Regelvorrichtungen ausgestattet sein. Die Ableseskala sollte eine Abstufung von 0,01 pH-Einheiten aufweisen und die Reproduzierbarkeit sollte 0,01 pH-Einheiten betragen. Die Elektroden müssen für die Messung des pH-Wertes bei Temperaturen von 0 °C bis 80 °C geeignet sein. Zur Messung des pH-Wertes im festen Agar-Medium kann eine Kombinationselektrode mit Flachkopf eingesetzt werden.

5.13.2
Kalibrierung

Das pH-Meter ist anhand von frisch zubereiteten Pufferlösungen mindestens einmal täglich zu kalibrieren. Dazu sind zwei Pufferlösungen mit unterschiedlichem pH-Wert (normalerweise 4,0 und 7,0) zu verwenden. Die Temperaturmessung erfolgt mit einem Quecksilberthermometer einer Gradeinteilung von 0,1 °C und einer maximalen Abweichung von 0,1 °C. Die Anweisungen für die Justierung des Gerätes vor jedem Gebrauch sind zu befolgen. Die Justierung von pH-Metern ist von der Umgebungstemperatur und der Temperatur der zu prüfenden Substanzen abhängig.

5.13.3
Kontrollen

Elektroden unterliegen einer Alterung, insbesondere wenn feste Medien verwendet werden. Man erkennt dies bei der Kalibrierung am langsamen Ansprechen. Das pH-Endsignal muss mindestens innerhalb von einer Minute mit einer Ansprechstabilität von 0,03 pH-Einheiten und einer Empfindlichkeit von mehr als 95 % erkennbar sein. Die Empfindlichkeit der Elektroden kann durch Messung der Potentialdifferenz zwischen den pH-Werten von 4,00 und 7,00 überprüft werden. Die Differenz sollte 172 mV bis 171 mV betragen. Bei einer Differenz von weniger als 171 mV und mehr als 150 mV müssen die Elektroden regeneriert werden. Sollte die Differenz unter 150 mV liegen, sind die Elektroden auszutauschen. Wenn die Elektroden nicht einwandfrei funktionieren, sollte die vom Hersteller mitgelieferte Problemlösungsliste herangezogen werden.

5.13.4
Anwendung

pH-Meter können für flüssige Medien, Reagenzien oder feste Agar-Medien eingesetzt werden. Eine Probe des flüssigen Mediums wird in ein Becherglas überführt, vorzugsweise nach Rühren auf einem Magnetrührer. Die Temperatur wird abgelesen und das pH-Meter auf die gemessene Temperatur eingestellt. Die Elektrode muss bis zur Stabilisierung des Signals in das flüssige Medium eingetaucht bleiben.

Das erstarrte Agar-Medium von einer Petrischale wird in Stücke geschnitten, und in ein Teströhrchen übergeführt, das bis zur Hälfte gefüllt wird. Etwa 3 ml destilliertes Wasser werden hinzugefügt und der pH-Wert frühestens nach fünf Minuten gemessen. Wichtig ist es, die Elektrode nach Gebrauch sorgfältig zu reinigen, z. B. durch Spülen mit Wasser mit einer Temperatur von 80 °C um den Agar zu entfernen, es sei denn, vom Hersteller wird ein anderes Verfahren empfohlen.

5.13.5
Wartung

Eine korrekte Wartung des Gerätes ist wichtig. Glaselektroden sollten mindestens einmal wöchentlich oder öfter, gereinigt werden. Dazu kann eine handelsübliche Pepsinlösung verwendet werden. Zum Entfernen von Fettspuren können Elektroden mit Aceton gespült werden, längeres Eintauchen in Aceton jedoch könnte ein Austrocknen der Membran bewirken, was eine Equilibrierung in Wasser erfordert. Zur Aufbewahrung und Wartung sind die Anweisungen des Herstellers zu befolgen. Alle Wartung und Reinigung betreffenden Vorgänge sind in ein Verzeichnis einzutragen und abzuzeichnen.

5.14
Waagen

Es gibt verschiedene Waagentypen mit unterschiedlichen Wägekapazitäten. Zahlreiche Laborwaagen sind mit zwei Waagschalen und drei Waageschneiden ausgestattet. Zwei der Waageschneiden tragen die Waagschalen.

Waagen mit nur einer Waagschale sind entweder herkömmliche Analysenwaagen oder elektronische Waagen.

Unabhängig vom Typ funktionieren Waagen am besten, wenn sie sauber und in vibrations- und staubfreier Umgebung, ohne rasche Veränderungen der Umgebungsbedingungen betrieben werden. Jedes Kippen des Geräts muss unbedingt vermieden werden.

5.14.1
Kalibrierung

Die Überprüfung der Genauigkeit elektronischer Waagen erfolgt täglich mittels kalibrierter Gewichte. Die Null- und Taraeinstellung ist nach Be- und Entladen der Waage zu überprüfen. Die Wiederholbarkeit wird anhand von 10 Wiederholungswägungen mit mindestens je vier Gewichten innerhalb des Arbeitsbereiches (bei Viertel-, Halb-, Dreiviertel- und Volllast) geprüft. Die Justierung der Null- und Taraeinstellung ist nach Angaben des Herstellers vorzunehmen. Gewichte können von akkreditierten Laboratorien oder Instituten kalibriert werden. Auch bei Waagen mit zwei Waagschalen sind Nulleinstellung und die Verwendung kalibrierter Gewichte wichtig. Die Genauigkeit sollte 1 % oder besser ein. Bestimmte Hersteller sind für das Nachkalibrieren ihrer Geräte akkreditiert und können diese Leistung in ihrem Wartungsvertrag vorsehen.

Die Häufigkeit der Kalibrierung hängt vom Typ der Waage, der geforderten Genauigkeit und den Spezifikationen des Herstellers ab. Eine komplette Kalibrierung wird einmal jährlich empfohlen.

5.14.2
Kontrollen

Kontrollen der Nulleinstellung und Taraeinstellung (falls vorhanden) müssen täglich oder vor jedem Gebrauch durchgeführt werden. Bei elektronischen Waagen wird empfohlen, auf eventuelle Funktionsstörungen und Fehler zu prüfen, die von elektrischen Störungen verursacht werden könnten.

5.14.3
Wartung

Waagen müssen immer sauber sein. Gewichte sollten regelmäßig gereinigt und gegen Staub und Schmutz geschützt aufbewahrt werden. Der Reinigungsprozess sollte regelmäßig erfolgen, in einem Verzeichnis festgehalten und paraphiert werden.

5.15
Entsalzungsgeräte und Destillationsapparaturen

Das zur Herstellung der Nährmedien benutzte Wasser muss frei von Schwermetallen (insbesondere Kupfer) und anderen Substanzen sein, die auf das Bakterienwachstum einen Einfluss haben könnten. Dazu werden Destillation, Deionisation und Umkehrosmose oder eine Kombination dieser Reinigungsverfahren eingesetzt (Fossum 1982). Die elektrische Leitfähigkeit des mit einem Entsalzungsgerät oder einer Destillationsapparatur frisch erzeugtem Wassers muss regelmäßig überprüft werden, beispielsweise einmal pro Woche. Eine effiziente Anlage sollte Wasser mit einer elektrischen Leitfähigkeit von weniger als $2\text{--}4\,\mu\text{S}\,\text{cm}^{-1}$ liefern. Werden höhere Werte gemessen, müssen z. B. die Ionentauscherharze regeneriert oder ausgewechselt werden. Das Vorhandensein von Zersetzungsprodukten von Ionenaustauscherharzen im Ablauf ist problematisch.

Eine Kolonienzahl bei 22 °C Bebrütungstemperatur im Wasser von $1\,000\,\text{ml}^{-1}$ oder mehr ist inakzeptabel. Die Vermehrung von Mikroorganismen (Kontamination) in gelagertem destillierten/deionisierten Wasser kann durch regelmäßiges Reinigen des Behälters oder durch eine Lagerung des aufbereiteten Wassers bei 80 °C vermieden werden. Die Destillationsapparatur muss regelmäßig gereinigt werden, insbesondere sobald Ablagerungen festgestellt wurden, das gleiche gilt für Lagerbehälter. Alle Maßnahmen bezüglich der Reinigung, des Austausches und der Wartung sind in einem speziellen Verzeichnis aufzuzeichnen und zu paraphieren.

5.16
Kühllagerung

Kühlschränke oder -räume werden für zwei Hauptzwecke verwendet:

- zur Lagerung von Proben und Reagenzien

- zur Lagerung hergestellter Medien oder ihrer verderblichen Zusatzstoffe und Bestandteile

Die Anforderungen für die jeweilige Kategorie der Lagereinrichtungen hängen von der Art des einzulagernden Materials ab. Zur Lagerung von Proben oder Reagenzien ist eine Temperatur von 0 bis 4 °C mit Temperaturschwankungen von ±1 °C zulässig. Zur Lagerung von Medien oder für

Kühlräume ist eine Temperatur 4 bis 6 °C mit Temperaturschwankungen von ±2 °C zulässig.

In Kühlräumen trägt ein effizientes Luftumwälzungssystem zur kontinuierlichen und gleichmäßigen Aufrechterhaltung der Kühltemperatur des Kühlguts bei. Bei längerer Lagerung besteht für Medien die Gefahr des Austrocknens.

Die Genauigkeit der Temperatur sollte mit Thermometern, elektronischen Thermometern oder mit Vorrichtungen zur kontinuierlichen Aufzeichnung der Temperatur überprüft werden. Alle diese Instrumente müssen regelmäßig mit Präzisionsthermometern kalibriert werden. Insbesondere in Kühlräumen sind auch eventuelle Temperaturabweichungen zwischen verschiedenen Stellen zu überprüfen. Die Temperatur des Kühlschranks/Kühlraums ist täglich in einem hierfür vorgesehenen Verzeichnis oder über das Temperaturaufzeichnungssystem festzuhalten.

Die Sauberkeit ist durch Entfernen von Medien- oder Flüssigkeitsresten und, je nach Kühlschranktyp, durch regelmäßiges Abtauen sicherzustellen. Reinigen mit einer Natriumbicarbonat-Lösung trägt dazu bei, Kühlschränke frei von Pilzen zu halten.

Die Temperatur in Gefrierschränken bei –20 °C und möglicherweise –40 °C oder –70 °C oder bei Eisatz von flüssigem Stickstoff muss täglich überprüft werden. Temperaturen sollten in einem speziellen Verzeichnis festgehalten werden. Für den Fall, dass Temperaturschwankungen festgelegte Grenzwerte überschreiten, sollten ein Alarmsystem und ein Notfallplan vorhanden sein.

Medien, Reagenzien, Proben und biologische Substanzen müssen grundsätzlich in getrennten, beschrifteten Kühlbereichen gelagert werden.

5.17
Anaerobe Inkubation

Anaerobe Inkubation kann in speziell hierfür vorgesehenen Anaerobier-Töpfen oder, bei größeren Anzahlen von Platten behandelt werden, in einer Anaerobierkammer durchgeführt werden. In Anaerobier-Töpfen wird die anaerobe Atmosphäre durch das Hinzufügen von Wasserstoff und einem Platin-Katalysator erzeugt, wodurch der Sauerstoff mit dem gasförmigen Gemisch aus Wasserstoff, Kohlenstoffdioxid und Stickstoff reagiert, und Wasser entsteht. Wasserstoff kann alternativ durch Zusatz von Wasser zu einem Gaserzeugerbeutel erzeugt werden. Danach wird der Topf zum Erreichen der richtigen Temperatur in einem Brutschrank untergebracht.

Anaerobierkammern sind große Sicherheitswerkbänke, die dem Bediener kontinuierliches Arbeiten ermöglichen.

5.17.1
Kontrollen

Die anaerobe Atmosphäre kann anhand des Wachstums eines obligaten Anaerobiers, z. B. *Bacteroides melaninogenicus*, sowie des Nichtwachsens des obligaten Aerobiers, *Pseudomonas aeruginosa* überprüft werden. Subkulturen dieser Organismen sollten jedes Mal bei der Verwendung von Anaerobier-Töpfen, bei Anaerobierkammern einmal pro Tag, mitgeführt werden. Methylenblau-Teststreifen, die unter anaeroben Bedingungen farblos werden, können ebenfalls verwendet werden.

5.18
Kolonienzählgeräte

Darunter versteht man ein Gerät zur Zählung der Kolonien auf Platten, das aus einem transparenten Bildschirm mit Beleuchtung besteht, und mit einer breiten, aber ziemlich schwachen Vergrößerungslinse ausgestattet ist. Ein elektrischer oder manueller Zähler dient der Aufzeichnung der Kolonienzahl, die normalerweise durch Markierung der Kolonien (auf den Petrischalen) erfolgt, um ein doppeltes Zählen derselben Kolonien zu vermeiden.

Die Genauigkeit von automatischen Kolonienzählgeräten muss häufig überprüft werden. Es können hierfür Petrischalen mit in Kunststoff eingebetteten Partikeln verwendet werden, wobei die Größe der Partikel jener der im Agar zu zählenden Kolonien entsprechen sollte. Mehrere Platten mit unterschiedlicher Anzahl sollten verwendet werden.

5.19
Mikroskope

Herkömmliche Lichtmikroskope sind mit drei Objektivlinsen (5×/10×, 40× und 90/100×) und zwei Okularen (5×, 10×) ausgestattet. Für besondere mikrobiologische Prüfungen werden zahlreiche andere Mikroskoptypen eingesetzt. Diese sind mit spezielle Beleuchtungen ausgestattet, wie z. B. Phasenkontrast, Ultraviolett oder Epifluoreszenz. Die Einstellung des Gesichtsfelds kann mit eigens kalibrierten Objektträgern vorgenommen werden, die zur Zählung/Schätzung von Mikroorganismen auf Objektträgern bestimmt sind. Bei der Fluoreszenzmikroskopie ist es wichtig, die

Bestrahlungsstärke der ultravioletten Beleuchtung zu kontrollieren. Bei Mikroskopen aller Art ist Reinigen nach jedem Gebrauch und regelmäßige Wartung eine Aufgabe, für die benannte Mitarbeiter verantwortlich sind. Wartungsmaßnahmen sind in einem speziellen Verzeichnis festzuhalten und zu paraphieren.

5.20 ELISA-Plattenlese- und Plattenwaschgeräte

Das ELISA-Verfahren wird immer öfter zum halbautomatischen Nachweis von *Salmonella* und *Listeria* in Lebensmitteln eingesetzt. Markierte Antikörper werden benutzt, um Zielorganismen in der Probe zu detektieren. Die Prüfung erfolgt in Reihen auf Mikrotiterplatten mit 96 Vertiefungen, mit anschließendem Waschen und Ablesen durch automatisierte Geräte.

5.20.1 Anforderungen

Die Einstellung von Plattenlese- und Plattenwaschgeräten ist bei der Inbetriebnahme vom Hersteller vorzunehmen, alle Ausrüstungsteile erfordern eine 12-monatige Überprüfung und Wartung.

5.20.2 Kontrollen

Die täglichen Kontrollen umfassen eine Sichtkontrolle jeder Platte vor dem Einbringen in das Lesegerät auf Spritzer oder Rückstände in den Vertiefungen und auf leere Vertiefungen. Dadurch wird sichergestellt, dass Artefakte erkannt werden, sodass sie das vom Plattenlesegerät erhaltene Ergebnis nicht beeinflussen.

Jede Analysenserie muss interne Kontrollen und Blindproben beinhalten.

Das Plattenwaschgerät muss täglich kontrolliert werden. Dies schließt eine Sichtkontrolle ein, um sicherzustellen, dass jeder Kanal Waschmaterial ausbringt.

5.20.3 Sicherheit

Eine Vorgangsweise für die Desinfektion dieser Geräte muss festgelegt werden. Ein Schutz für das Vakuumsystem des Plattenwaschgerätes ist erforderlich.

5.21
Auflistung der Geräte und technische Anforderungen

- Horizontale oder vertikale Autoklaven. Einstellgenauigkeit des Drucks 0,05 bar. Temperaturschwankung bei 115 °C und 121 °C: ±1 °C

- Heißluftsterilisatoren, die eine Temperatur von 180 °C erreichen und die diese Temperatur eine Stunde lang halten können

- Brutschränke:

  - 25 °C bis 50 °C mit Thermostatsteuerung, mit oder ohne Belüftung, Präzision ±0,5 °C
  - 44 °C mit oder ohne Belüftung, Präzision ±0,25 °C

- Wasserbäder:

  - 20 °C bis 70 °C, Präzision 1 °C
  - 44 °C, mit Wasserzirkulation, Präzision ±0,25 °C

- kalibrierte Quecksilberthermometer oder Flüssigkeitsthermometer:

  - Graduierung 0,1 °C, maximale Abweichung 0,1 °C
  - Graduierung 1 °C

- Temperatur- Aufzeichnung-System, Sensoren, Computer und Registriervorrichtung

- Anaerobier-Topf oder -Kammer (Werkbank)

- Entsalzungsgerät/Destillationsapparatur, elektrische Leitfähigkeit des Wassers $<2\ \mu S\ cm^{-1}$ ($<3\ \mu S\ cm^{-1}$)

- Leitfähigkeitsmessgerät, Graduierungeinteilung $1\ \mu S\ cm^{-1}$ oder besser $0,5\ \mu S\ cm^{-1}$

- Waagen:

  - Analysenwaagen/elektronische Waagen, Wägepräzision 1 mg
  - Analysenwaagen/elektronische Waagen, Wägepräzision 1 g

- pH-Messer: Graduierung 0,1 pH-Einheiten. Temperaturkompensation

- Homogenisatoren:

  - Mixer >8 000 c/m oder mit verstellbarer Drehzahl
  - Stomacher mit geeigneter Volumenskapazität

- manuelles Kolonienzählgerät, automatisches Kolonienzählgerät nach Kalibrierung

- volumetrischer Dispenser für Medien oder optional automatisierte Medienherstellung Plattengießer, automatischer Verdünner

- Kühl- und Gefrierschränke. Thermostatgesteuerte Kühlschränke von 0 bis 6 °C oder Kühlräume (±1 °C). Gefrierschränke –20 °C, optional –40 °C, –70 °C oder mit flüssigem Stickstoff

- Membranfiltrationsapparatur für Membranen von 47 mm Durchmesser, abflammbar oder beständig gegen kochendes Wasser, Apparaturen zur Sterilifiltration von Medien

- Sicherheitswerkbänke, Laminar Flow

- Mikroskop mit mindestens drei Objektivlinsen. Gesichtsfeldkalibration (optional)

- ELISA (Plattenwasch- und -ablesegerät). Kalibrierung bei der Inbetriebnahme

Kapitel 6

Materialien

6.1
Einleitung

Wesentliche Bestandteile der Ausstattung wurden bereits in Kapitel 5 behandelt. Es gibt jedoch zahlreiche kleinere Gegenstände und Materialien, die in mikrobiologischen Laboratorien für Lebensmittel und Wasser eingesetzt werden (Tabelle 6.1). Sie dürfen nicht als selbstverständlich angesehen werden; die Anforderungen an sie sind wichtig und mangelnde Kontrolle kann zu nicht erkannten, fehlerhaften Ergebnissen führen. Dieses Kapitel behandelt diese kleineren Ausstattungsgegenstände und Materialien sowie eventuelle Auswirkungen nicht ausreichender Qualitätskontrolle, und schlägt Maßnahmen, die in ein Qualitätssicherungsprogramm aufzunehmen sind, vor. Es wird wahrscheinlich nicht möglich sein, in allen Laboratorien all diese Verfahren in einem Schritt einzuführen. Laboratorien sollten sich zunächst auf Endproduktkontrollen sowie auf interne Qualitätskontrollen stützen, und auf diese Empfehlungen zurückgreifen, falls sich

Tabelle 6.1. Materialien, die in mikrobiologischen Laboratorien für Lebensmittel und Wasser eingesetzt werden

Probenbehälter	Membranfiltration
Wasser	Membranen
Lebensmittel	Schwämmchen
Glaswaren	Deionisiertes/destilliertes Wasser
Pipetten	Chemikalien
Petrischalen	Nährmedien
Metallgegenstände	Referenzkulturen
Verdünnungsröhrchen	

eine Überprüfung als notwendig erweist. Diese Maßnahmen Bestandteil sind dann in das Qualitätssicherungsprogramm aufzunehmen.

Es gibt zahlreiche Kontrollverfahren. Richtlinien für alle in Tabelle 6.1 aufgelisteten Materialien sind angeführt. Man kann oft vom Hersteller Unterlagen hinsichtlich der Anforderungen von Materialien anfordern, sodass sich die Kontrollen auf ein Mindestmaß beschränken können. Bei der Kontrolle von bakteriologischen Nährmedien, die für den Untersuchungsprozess besonders wichtig sind, halten sich Prozesskontrollen und Endproduktkontrollen die Waage. Es ist von Labor zu Labor unterschiedlich, welche Messungen durchgeführt werden und ob eine neuerliche Probenentnahme durchgeführt wird.

6.2
Probenflaschen und -behälter

Probenflaschen werden für den Transport von der Probenentnahmestelle bis zu dem Ort, an dem die Analyse durchgeführt wird, verwendet. Sie müssen für diesen Zweck geeignet sein, sodass die untersuchte Probe für die entnommene Probe und die vorhandenen Mikroorganismen repräsentativ ist. Aus diesem Grunde müssen Probenflaschen und -behälter steril, nicht toxisch und aus einem geeigneten Material gefertigt sein.

6.2.1
Anforderungen an Probenflaschen

Untersuchung von Wasser

Das Fassungsvermögen der Probenflasche muss für die geforderten Prüfungen und alle weiteren erforderlichen Untersuchungen ausreichend sein:

coliforme Bakterien	100 ml
fäkalcoliforme Bakterien / *E. coli*	100 ml
Fäkal-Streptokokken /-Enterokokken	100 ml
sulfitreduzierende *Clostridien*	20 ml
Anzahl kolonienbildender Einheiten	4 ml
Staphylokokken	100 ml
Pseudomonas aeruginosa	100 ml

Zum einwandfreien Durchmischen vor der Analyse muss in der Flasche ein Luftraum vorhanden sein, daher reichen für die meisten Analysen

500-ml-Flaschen aus. In einigen Fällen genügt auch ein kleineres Volumen. So benötigt man beispielsweise für eine einfache Überwachung von Badebereichen zur Messung von *E. coli* + Enterokokken nach dem Mikrotiterplatten-Verfahren nur etwa 10 ml. Bei Abwässern können sogar kleinere Mengen für Verdünnungsreihen ausreichend sein. Der Einsatz von Flaschen der gleichen Art bringt Vorteile, da dies die Vorratshaltung und die Reinigung vereinfacht und man Irrtümer hinsichtlich des richtigen Flaschenvolumens vermeidet.

In anderen Fällen reichen 500-ml-Flaschen nicht aus, da größere Volumina erforderlich sind. Bei Mineralwasser, abgefülltem Wasser, Wasser für Hämodialyse, steriles Wasser in Krankenhäusern oder Wasser in Fabriken der Elektronikindustrie sowie bei Proben zur Untersuchung auf spezielle Krankheitserreger ist ein Probenvolumen von 1 000 ml notwendig. Für die Untersuchung von Viren oder *Legionella* in noch größeren Volumen sind 5- oder 10-Liter-Behälter notwendig.

Zum Nachweis von Amöben oder *Giardia*, wo bis zu 100 Liter untersucht werden, wird üblicherweise eine Aufkonzentrierung vor Ort mit einem Kartuschenfilter vorgenommen, der anschließend ins Laboratorium transportiert wird.

Untersuchung von Lebensmitteln

Lebensmittelproben werden oft in deren Originalverpackungen entnommen. Die Beprobung von nicht verpackten Lebensmitteln oder aus Verpackungen, die zur Übermittlung an das Laboratorium zu groß sind, können Flaschen (für flüssige Proben) oder Plastikbeutel (für feste Proben) verwendet werden. Müssen Lebensmittel für eine Suspension der Bakterien homogenisiert werden, sind Plastikbeutel besonders gut geeignet.

Alternativ können Standardbehälter wie Kunststoff- oder Glasbecher verwendet werden, die Probenmengen von 200 g aufnehmen können.

6.2.2
Glas- oder Plastikflaschen

Weithalsige Probenflaschen vereinfachen die Probenentnahme und vermeiden Kontaminationen von außen. Es können Flaschen aus Borosilikatglas mit geringem Alkaligehalt oder aus einer anderen nicht-korrosiven Glasart sowie aus nachstehend angeführten Kunststoffmaterialien eingesetzt werden:

- Polypropylen (PP): halbstarr, transparent, autoklavierbar

- Polyethylen hoher Dichte (PE): halbstarr, transparent

- Polyethylen (Hochdruck) niedriger Dichte (PE): halbstarr, transparent

- Polystyrol: starr, zerbrechlich, transparent

- Polycarbonat: starr, zerbrechlich, transparent

6.2.3
Verschlüsse

Als Verschlüsse werden Glasschliff- oder Plastikstopfen für Glasflaschen, Schraubverschlüsse aus Kunststoff oder Metall für alle Flaschenarten oder an der Flasche oder dem Becher befestigte Pressverschlüsse eingesetzt. Glasschliffstopfen sind von der Flasche getrennt oder mit einem zwischen Flasche und Stopfen eingefügtem Blatt Papier zu autoklavieren, um ein Festsitzen des Verschlusses zu vermeiden. Durch Metallverschlüsse, insbesondere solche aus Aluminium, kann möglicherweise beim Autoklavieren Toxizität entstehen. Sie sollten daher mit einer hitzebeständigen und dichten Auskleidung versehen sein. Bakelit und andere Materialien können ebenfalls bei der Hitzesterilisation toxische Nebenprodukte erzeugen oder Änderungen des pH-Werts bewirken. Bestimmte Baumwollarten, die zur Anfertigung von Stopfen für Glasbehälter verwendet werden, können toxisch werden, wenn sie zu lange bei zu hohen Temperaturen erhitzt werden. An Flaschen oder Bechern befestigte Pressdeckel bieten insofern mehrere Vorteile, als sie ebenso dicht sind wie Schraubverschlüsse und die Deckel in geöffneter Stellung bleiben können, was das Befüllen und Pipettieren vereinfacht. Da der geöffnete Deckel an der Flasche befestigt ist, können Verwechselungen von Flaschen und Verschlüssen vermieden werden, und zusätzlich ist der Deckel gegen Kontamination geschützt.

6.2.4
Plastikbeutel

Es sind Plastikbeutel erhältlich, die Thiosulfat zur Neutralisierung von Chlorrestgehalten in desinfiziertem Wasser enthalten. Die Verwendung von Plastikbeuteln zur Probenentnahme von Wasser erfordert eine gewisse Erfahrung. Normalerweise werden starre oder halbstarre Flaschen bevorzugt. Plastikbeutel sind zur Entnahme von Lebensmittelproben geeignet.

6.2.5
Neutralisation von Desinfektionsmitteln

Die Bewertung der mikrobiologischen Qualität von Wasser, das mit einem Oxidationsmittel (Chlor, Chloramin, Brom oder Ozon) desinfiziert wurde, erfordert, dass die Wirkung des Oxidationsmittels unmittelbar bei der Probenentnahme gestoppt wird. Dazu wird in der Regel der Probenflasche ein Reduktionsmittel, wie z. B. Natriumthiosulfat zugesetzt. Es wurde berichtet, dass *Legionella* gegen Natrium empfindlich ist und Kaliumthiosulfat vorzuziehen ist. Es konnten jedoch bei den zur Neutralisation von üblichen Chlorkonzentrationen verwendeten Konzentrationen keine negativen Wirkungen des Natriums festgestellt werden.

Thiosulfat wird nicht beim Autoklavieren aber möglicherweise bei anderen Behandlungen zerstört. In diesem Fall muss es nach der Sterilisation der Flaschen in Form einer sterilfiltrierten Lösung unter sterilen Bedingungen zugesetzt werden. Alternativ kann es im Überschuss zugesetzt werden, um nach der Sterilisation eine Restmenge von etwa 18 mg Thiosulfat je Liter zu erhalten. Die zur Neutralisation von 1 mg Chlor notwendige theoretische Konzentration an Natriumthiosulfat beträgt 7,1 mg. Daher sollte in Flaschen mit einem Volumen von 100 ml 0,1 ml einer Natriumthiosulfat-Lösung mit einer Konzentration von 1,8 % G/V zugesetzt werden.

Andere Produkte, wie zum Beispiel Chelatbildner, wurden zum Schutz der Bakterien gegen die toxische Wirkung von Schwermetallen wie Kupfer oder Zink empfohlen. Ethylendiamintetraessigsäure (EDTA) oder Nitrilotriacetat (NTA) ($Na_3C_6H_6NO_6$) können als sterilfiltrierte Lösung in einer Endkonzentration von etwa 50 mg pro Liter verwendet werden, jedoch nur, wenn unbedingt notwendig.

Falls die Neutralisierungslösungen in kleinen Mengen (0,5 ml) hinzugefügt werden, besteht die Gefahr, dass sie nach der Sterilisation verdunsten und entlang der Flaschenwände einen ringförmigen Niederschlag bilden. Wird die Flasche vor der Probenentnahme gespült, geht das Neutralisationsmittels verloren. Um zu überprüfen, dass dies nicht der Fall ist, oder um sicherzustellen, dass bei den Flaschen keine Verwechslung erfolgt (zum Beispiel Verschlüsse der Bakteriologie- auf der Chemieflasche und umgekehrt), kann das Laboratorium in der Thiosulfatlösung einen Tracer, z. B. Lithiumchlorid verwenden.

6.2.6
Sterilisation von Flaschen

Die Außenfläche der Flasche ist immer in Gefahr durch Staub im Lagerraum, die Hände des Labortechnikers, den Kontakt mit Außenbehältern oder mit anderen Flaschen, die bereits in verschiedene Wasserarten eingetaucht wurden, kontaminiert zu werden. Kontaminierte Flaschen können die Qualität des Wassers, falls die Probenentnahme durch Eintauchen ins Wasser durchgeführt wird, beeinträchtigen. Aus diesem Grunde ist es sinnvoll, einige Flaschen innen und außen zu sterilisieren und sie durch Beutel zu schützen. Dies erfordert eine Sterilisation mit Gammastrahlen oder Ethylenoxid. Der Beutel wird unmittelbar vor der Probenentnahme geöffnet, und kann auch zum Halten der Flasche wie ein Handschuh benutzt werden, wenn man Flasche auf einer Halterung oder einer anderen sterilisierbaren Vorrichtung befestigt. Dadurch erreicht man maximale aseptische Verhältnisse.

Sterilisation der Flaschen durch Autoklavieren

Autoklavieren (15 Minuten bei 121 °C) bei feuchter Hitze ist zwar geeignet, setzt jedoch einen losen Verschluss voraus, damit beim Ansteigen der Temperatur die gesamte Luft durch den Dampf ersetzt werden kann, und um ein Zerplatzen von Plastikflaschen beim Abkühlen zu vermeiden. Schraubverschlüsse müssen nach der Sterilisation fest verschlossen werden.

Sterilisation der Flaschen im Heißluftschrank

Zwei Stunden langes Erhitzen im Heißluftschrank bei einer Temperatur von 180 °C ist für leere Glasbehälter geeignet. Um das Festsitzen beim Abkühlen zu vermeiden, ist zwischen dem Glasschliffstopfen und dem Flaschenhals ein Papierstreifen oder ein Stück Bindfaden einzufügen.

Sterilisation der Flaschen mit Ethylenoxid

Polyethylen-Flaschen können mit Ethylenoxidgas sterilisiert werden. Angesichts der Toxizität muss dieses Verfahren jedoch in speziellen Einrichtungen vorgenommen werden, und es muss ausreichend Zeit zur Desorption des Ethylenoxids eingerechnet werden. Deshalb wird dieses Verfahren nicht routinemäßig in Laboratorien angewandt.

Gammastrahlen

Bestrahlungen mit Gammastrahlen aus einer ^{60}Co, ^{137}Cs Quelle oder Betastrahlen ausreichender Energie (1 bis 2×10^5 Gy) sind sehr wirksame Sterilisationstechniken, die in speziellen Einrichtungen vorgenommen werden. Es verbleibt keine antibakterielle Aktivität, jedoch kann das Material selbst nach wiederholter Bestrahlung durch Polymerisation verändert werden.

6.2.7
Qualitätskontrolle von Probenflaschen

Sterilität

Das Laboratorium muss die Sterilität von Probenflaschen sicherstellen, egal ob selbst hergestellt oder steril gekauft, ob aus Glas oder aus Kunststoff. Eine Überprüfung der Sterilität ist Voraussetzung für die Akzeptanz einer Lieferung. Jede Charge muss auf Sterilität überprüft werden, üblicherweise eine Flasche pro hundert Flaschen. Diese Überprüfung wird an Flaschen nach Kennzeichnung, Zugabe des Neutralisationsmittels, und vorangegangener Lagerung vorgenommen.

Eingesetzt wird die „Flaschenrollmethode", bei der 20 ml bis 50 ml aufgeschmolzener Nähragar (Plate-Count-Agar) in die zu prüfende Flasche gefüllt, und durch Rotation der Flasche unter Abkühlen (bei Bedarf mit Wasser) über die Flaschenwände verteilt werden. Nach 5-tägigem Bebrüten bei 20 bis 22 °C darf kein Kolonienwachstum festgestellt werden.

Die Sterilität der Probenflaschen kann auch durch Einfüllen von 20 ml bis 50 ml Thioglycolat-Nährlösung überprüft werden. Die Flasche wird zum Befeuchten der Flaschenwände gedreht und fünf Tage bei einer Temperatur von 30 °C bebrütet.

Kann die Sterilität der Flaschen durch Prozesskontrollen sichergestellt werden, sind Endproduktkontrollen nicht notwendig.

Prüfung auf das Vorhandensein von Neutralisiationsmitteln

Das Vorhandensein von Thiosulfat kann mittels eines iodometrischen Verfahrens überprüft werden:

$$I_2 + 2S_2O_3^{2-} \rightarrow 2I^- + S_4O_6^{2-}$$

Man fügt der Flasche 10 ml destilliertes Wasser hinzu und titriert mit einer 0,1 N Iodlösung. Zur Bestimmung des Endpunktes wird Stärke oder Thiophen eingesetzt.

Prüfung auf Resttoxizität in Probenflaschen

In Probenbehältern vorhandene Resttoxizität kann vom Waschprozess der Glasbehälter, der Freisetzung von Bestandteilen und Additiven aus Plastikflaschen sowie vom Sterilisationsprozess herrühren. Werden laborintern behandelte Flaschen verwendet, kann die Prüfung auf Resttoxizität zusammen mit den anderen Glaswaren und genauso oft durchgeführt werden. Bei Einwegbehältern, insbesondere aus Kunststoffen, muss jede neue Charge geprüft werden.

Kulturen von *Enterobacter aerogenes* werden in flüssigen Medien vorbereitet. Ein Medium wird mit reinem, abgekochten Referenzwasser und das andere mit abgekochtem Wasser, das vorher 24 Stunden lang mit dem zu prüfenden Behälter in Kontakt war, hergestellt. Eine Differenz zwischen der Anzahl Kolonien in der Prüfkultur und in der Kontrollkultur nach 24 Stunden von mehr als 15 % bis 20 % stellt einen Beweis für die Toxizität dar.

Eine ausführliche Vorgangsweise wurde von Geldreich und Clark beschrieben (1965).

6.3
Glaswaren für Laboratorien

6.3.1
Anforderungen

„Laborglaswaren" bestehen heutzutage aus Glas- oder Kunststoff. Glasbehälter können hergestellt sein aus

- ungehärtetem Glas (Kalknatronglas)

- Borosilikatglas

- hitzebeständigem Borosilikatglas (Pyrex®, Duran®, o. ä.)

Borosilikatglas ist vorzuziehen. Behälter aus ungehärtetem Glas sollten nicht eingesetzt werden, da sie Alkali freisetzen und den pH-Wert der Medien verändern. Manche sind mit einem Polyphosphatfilm versehen und können für bestimmte Anwendungen jedoch nur einmal eingesetzt werden. Sie können nicht wiederverwendet werden, da die Schutzschicht beim

Autoklavieren zerstört wird. Glasgeräte zur Volumenmessung müssen der Klasse A entsprechen und wiederholten Sterilisationsprozessen ohne wesentliche Veränderung des Volumens standhalten. Einwegpipetten aus Glas dürfen nicht wiederverwendet werden. Alle Glasgeräte sind in sauberem Zustand, frei von Nährmedienresten zu halten. Behälter aus rissigem Metall, gebrochenem oder rissigem Glas oder mattem oder zerkratztem Kunststoff sind auszuscheiden.

Kunststoffe sind ausschließlich zum einmaligen Gebrauch vorgesehen und müssen danach entsorgt werden.

6.3.2
Reinigung

Glaswaren für mikrobiologische Analysen dürfen nicht mit solchen für chemische Analysen vermischt werden und nie mit Kaliumdichromat-Schwefelsäure behandelt werden. Ob per Hand oder mittels Geschirrspüler, muss das Reinigungsverfahren aus einem Waschgang mit Reinigungsmittel bei etwa 70 °C, einem Spülgang mit sauberem (weichen) Wasser, einem Endspülgang mit destilliertem oder deionisiertem Wasser und einem Trockengang bestehen. Die gewaschenen Glaswaren müssen glänzend sauber und frei von Acidität, Alkalinität und toxischen Rückständen sein. Kontaminierte Kulturgefäße müssen vor dem Waschen autoklaviert werden. Neue Glaswaren müssen vor dem Gebrauch über Nacht in destilliertem Wasser eingeweicht werden. Wenn der pH-Wert nicht neutral ist, ist das Einweichen zu wiederholen.

6.3.3
Qualitätskontrolle

Überprüfungen des pH-Wertes, der Sterilität und der Resttoxizität analog zu den Vorgängen bei Probenflaschen können erforderlich sein.

6.4
Pipetten

6.4.1
Glaspipetten und Einwegpipetten aus Kunststoff

Pipetten für bakteriologische Analysen sind Auslaufpipetten, d. h. das Nennvolumen ist zwischen Graduierung und Spitze enthalten. Ist die Spitze gebrochen, ist die Pipette zu verwerfen. Diese Pipetten sind mit einem Stopfen versehen, um bei der Verwendung von Pipettierhilfen Kreuzkontaminationen zu vermeiden.

6.4.2
Automatische Pipetten und Spitzen

Automatische Pipetten mit konischen Kunststoffspitzen, bei denen die Flüssigkeit durch einen Kolben angesaugt wird, ermöglichen die Dosierung von fixen oder einstellbaren Volumina. Einige Pipetten können mit mehreren Spitzen (bis zu acht Stück) versehen werden. Die Spitzen sind so auszuwählen, dass sie sich dicht auf die Pipettiervorrichtung aufsetzen lassen und ihre Form das Pipettieren in enghalsige Teströhrchen ermöglicht. Um eine Kontamination des Kolbens zu verhindern, kann es notwendig sein, gestopfte Spitzen zu verwenden.

6.4.3
Genauigkeit

Die Spitzen automatischer Pipetten haben keine Graduierung, und die Genauigkeit des abgegebenen Volumens hängt bei Pipetten mit festem Volumen nur vom Pipettentyp und bei Pipetten mit verstellbarem Volumen nur von der Kolbeneinstellung ab. Deshalb ist die Genauigkeit dieser Art von Pipetten regelmäßig zu überprüfen. Die Überprüfung erfolgt durch Auswiegen des abgegebenen Volumens oder eines mehrfachen Volumens mit einer kalibrierten Präzisionswaage unter Verwendung von Wasser mit einer Temperatur von 20 °C.

6.4.4
Sterilisation

Einwegpipetten aus Kunststoff sind in der Regel einzeln oder zu 10 oder 25 Stück in sterilisierten Plastikbeuteln verpackt erhältlich. Nach jeder Entnahme einer Pipette muss der Plastikbeutel erneut verschlossen werden. Glaspipetten werden generell in Glas-, Aluminium- oder Stahlbehältern im Autoklaven oder im Heißluftschrank sterilisiert. Ein Schwamm am Boden des Behälters schützt die Spitzen gegen Bruch. Automatische Pipetten, die mit Einwegspitzen ausgestattet sind, müssen regelmäßig oder wenn die Flüssigkeit mit der Pipette in Berührung gekommen ist, gereinigt werden, z. B. mit einem in 70%igem Alkohol getränktem Baumwolltupfer.

6.4.5
Qualitätskontrolle

Die Genauigkeit der Pipetten ist gemäß Abschnitt 6.4.3 zu überprüfen. Die Sterilität der Pipetten kann durch Pipettieren von sterilem Wasser mit dem man Petrischalen mit aufgeschmolzenem Agar beimpft, überprüft werden. Nach dem Erstarren des Nähmediums wird fünf Tage bei 30 °C bebrütet. Es dürfen keine Kolonien auftreten. Alternativ kann eine Thioglykolat-Nährlösung beimpft und fünf Tage bei 30 °C bebrütet werden. Es darf kein Keimwachstum auftreten.

6.5
Petrischalen

6.5.1
Fassungsvermögen und Anforderungen

Petrischalen haben normalerweise einen Durchmesser von 90 mm oder 100 mm, manche Laboratorien verwenden auch Petrischalen kleinerer Durchmesser zur Inkubation von Membranfiltern (Durchmesser von ca. 55 mm). Die Deckel der Petrischalen sind meist mit drei oder vier Anschlägen zur Belüftung ausgestattet.

6.5.2
Sterilisation und Qualitätskontrolle

Es gilt die gleiche Vorgangsweise wie bei Probenflaschen.

6.6
Metallgegenstände

6.6.1
Impfösen, -nadeln

Impfösen und -nadeln werden im allgemeinen aus Chromnickeldraht hergestellt. Sind sie oxidiert, sind sie mit Schmirgelleinen zu reinigen. Platinösen oxidieren nicht so schnell wie Ösen aus Chromnickeldraht, und sie kühlen schnell ab.

6.6.2
Pinzetten und Spatel

Pinzetten und Spatel müssen aus korrosionsfestem Metall gefertigt sein. Die zur Handhabung von Filtermembranen verwendeten Pinzetten müssen glatte Enden haben, um die empfindlichen Cellulosemembranen nicht zu beschädigen.

6.7
Teströhrchen und Verschlüsse

6.7.1
Verdünnungsröhrchen (-flaschen)

Die mikrobiologische Untersuchung von kontaminierten Lebensmitteln und Wasser erfordert Verdünnungen, im Allgemeinen im Verhältnis von 1:10. Dazu wird 1 ml der Probe in ein Verdünnungsröhrchen eingebracht, das 9 ml steriles Wasser oder Verdünnungslösung enthält. Manchmal werden größere Volumina (zum Beispiel 90 oder 99 ml) in Verdünnungsflaschen eingesetzt.

Verdünnungsröhrchen oder -flaschen werden im Allgemeinen im Voraus hergestellt, es müssen daher exakte Volumen vorgelegt werden, die darüber hinaus während der Lagerung stabil bleiben müssen. Es muss möglich sein, den Inhalt der Verdünnungsröhrchen und -flaschen kräftig zu durchmischen, sodass Schraubverschlüsse vorzuziehen sind.

Zusätzlich zu den bei Glaswaren üblichen Qualitätskontrollen der Sterilität, Neutralität und Nicht-Toxizität (siehe oben) ist das Volumen des Verdünnungsmittels zu überprüfen. Dies geschieht entweder bei allen Chargen nach dem Autoklavieren, oder vorzugsweise in regelmäßigen Zeitabständen (beispielsweise einmal monatlich) an jenen, die sich im Gebrauch befinden, um die Auswirkungen der Lagerung zu bewerten. Eine Volumenabweichung von 2 % ist ein Vorwarnwert, eine 5%ige Abweichung führt zum Ausscheiden der Charge. Die Messung des Volumens dient zur Überprüfung der verteilten Mengen.

6.7.2
Kulturröhrchen und sonstige Glasröhrchen, Verschlüsse und Stopfen

Im Gegensatz zu Verdünnungsröhrchen können Kulturröhrchen für eine kurze Lagerzeit mit Watte oder losen Plastik- oder mit Kunststoff ausgekleideten Verschlüssen versehen werden. Kappen verschließen die Öffnung und den oberen Teil der Röhrchen. Dies ist nicht der Fall bei Röhrchen mit Verschlüssen aus Baumwolle (oder Papier), die beim Öffnen abgeflammt werden müssen. Feuchte Baumwolle, ebenso wie Papier, bildet keine Schranke gegen bakterielle Kontamination. Hinsichtlich der Qualitätskontrolle gilt dasselbe wie bei anderen Gegenständen aus Glas.

6.8
Membranfilter

6.8.1
Physikalische, chemische und biologische Anforderungen

Membranfilter sind ein wichtiger Bestandteil bakteriologischer Analysen und es musste festgestellt werden, dass es nicht nur zwischen den verschiedenen Produkten, sondern auch zwischen Chargen ein- und desselben Herstellers Unterschiede gibt.

Zur Anzucht von Bakterien eingesetzte Membranfilter werden aus vernetzten Celluloseestern hergestellt (Acetat oder ein Gemisch aus Nitrat und Acetat). Die Porenweite entspricht 0,45 µm.

Es ist nicht notwendig, Membranfilter mit einer Porenweite von 0,22 µm zu verwenden, wie sie für die Sterilfiltration von Flüssigkeiten eingesetzt werden, da ihre Durchflussrate geringer ist und sie nur einen vernachlässigbaren Anteil an Minizellen zurückhalten, die ein 0,45-µm-Membranfilter passieren würden. Neuerdings können anstelle der Membranfilter aus Cellulose befeuchtbare, autoklavierbare Membranfilter aus Polyethersulfon eingesetzt werden.

Membranfilter aus Polycarbonat sind dünne ebene Folien mit gut kalibrierten zylindrischen Löchern. Sie werden für mikroskopische Untersuchungen mittels Epifluoreszenzmikroskop und zum Aufkonzentrieren bestimmter Bakterien (beispielsweise *Legionella*) vor ihrer Resuspension und Anzucht in oder auf einem Selektivagar verwendet. Ihre Durchflussrate ist sehr niedrig und die Diffusion von Nährstoffen von einem Nähragar zu einer Kolonie durch solche Membranfilter ist nicht für die Kolonienzahl-Bestimmung auf Agar oder Schwämmchen geeignet.

Zur Aufkonzentrierung von *Legionella* vor dem Ausspateln auf Agar können anstelle von Membranfiltern aus Polycarbonat Membranfilter aus Nylon verwendet werden. Der Standarddurchmesser von Membranfiltern beträgt 47 mm. Sie sind einzeln oder zu 10 oder 25 Stück in Papierbeuteln verpackt erhältlich. Manche müssen im Autoklaven sterilisiert werden, andere werden bereits steril geliefert.

Membranfilter dürfen die Anzahl der zu zählenden Kolonien, verglichen mit anderen Beimpfungsmethoden, wie zum Beispiel das Einbringen in Nähragar oder das Verteilen auf Agar, nicht wesentlich verändern. Dies erfordert, dass Membranfilter alle mikrobiellen Zellen (oder Sporen) zurückhalten, dass sie keine Toxizität aufweisen und Nährstoffen, selektiven Reagenzien und Wasser ermöglichen, zu den wachsenden Kolonien zu gelangen.

Die routinemäßige Qualitätskontrolle der Membranfilter sollte eine Überprüfung der Sterilität und der Wiederfindung beinhalten. Sollten bei dieser Prüfung Probleme auftreten, sind Rückhaltung und Toxizität zu überprüfen. Membranfilter dürfen nur einmal verwendet werden.

6.8.2
Qualitätskontrolle der Sterilität von Membranfiltern

Alle im Laboratorium eingesetzten neuen Chargen müssen auf Sterilität überprüft werden, indem man einige Membranfilter ($\log_{10}n$) auf nicht selektiven Nähragar auflegt und drei Wochen lang bei 30 °C bebrütet. Diese Überprüfung wird durch Blindproben ergänzt, die mindestens einmal täglich durchzuführen und zu wiederholen sind, wenn Kolonienwachstum auftritt.

6.8.3
Prüfmethoden

Zur generellen Prüfung der Wiederfindung von Mikroorganismen sind pro Charge $\log_{10}n$ Membranfilter zu prüfen. Die Prüfung ist mit einer größeren Anzahl von Membranfiltern zu wiederholen, falls die mit Referenz- oder Standardmaterialien erhaltenen Ergebnisse inakzeptabel sind. Diese generelle Prüfung umfasst Rückhaltung, Befeuchtbarkeit, Nicht-Toxizität und in gewissem Maße auch die Sterilität. ISO 7704-1985 enthält eine ausführliche Anleitung.

Das Prinzip besteht darin, mindestens fünf Wiederholungsproben (Wasser oder verdünnte Keimsuspensionen) parallel mittels Membranfiltration und dem Oberflächenspatel oder Plattengussverfahren zu beimpfen. Für manche selektive Medien, die für spezifische Mikroorganismen verwendet werden, wurde die Nährmedienzusammensetzung auf Membranfilter abgestimmt. Sie weicht von der Zusammensetzung von jener für Oberflächenspatelverfahren oder für die Plattengussmethode ab. Das Referenzverfahren für die Prüfung ist daher sorgfältig auszuwählen und alle im Laboratorium eingesetzten Medien sind entsprechend zu prüfen. Bei einem nicht selektivem Medium darf die Kolonienzahl nicht zu einem Verlust von mehr als 20 % führen. Detaillierte Angaben zur Vorbereitung der Probe sind in Appendix B beschrieben.

Alternativ können Referenzmaterialien zur Prüfung der Akzeptanz einer neuen Charge von Filtern und Schwämmchen eingesetzt werden. Detaillierte Angaben sind in Abschnitt 8.3.3 beschrieben. Ein Berechnungsbeispiel ist in Appendix A angeführt.

Bei Problemen mit Membranfiltern kann es notwendig sein, weitere Prüfungen durchzuführen, wie beispielsweise die Rückhaltung, und spezifische gesamt-extrahierbare Stoffe.

6.8.4
Rückhaltung

Eine verdünnte Kultur mit etwa 10^3 Zellen/100 ml eines kleinen Bakteriums (0,2–0,3 μm), *Serratia marcescens*, wird durch den zu prüfenden Membranfilter filtriert. Das Filtrat wird einer Nährlösung zugesetzt und 48 Stunden lang bei 30 °C bebrütet. Es sind fünf Wiederholungen, zusammen mit fünf Blindproben, bei denen anstelle der *Serratia*-Suspension destilliertes Wasser verwendet wird, durchzuführen. Für ein zufriedenstellendes Resultat müssen alle Nährlösungen steril bleiben.

6.8.5
Gesamt-extrahierbare Stoffe

Fünf Membranfilter werden eine Stunde lang bei 70 °C getrocknet, danach im Exsikkator abgekühlt und einzeln mit einer 0,1-mg-Präzisionswaage gewogen. Danach werden sie 30 Minuten in kochendem destillierten Wasser extrahiert, erneut wie oben beschrieben getrocknet, abgekühlt und gewogen. Der Gehalt an gesamt-extrahierbaren Stoffen darf von einer Charge zur anderen keine Variation aufweisen und muss mit den Angaben auf der Verpackung übereinstimmen.

6.8.6
Spezifisch-extrahierbare Stoffe

Zehn Membranfilter werden bei Raumtemperatur in 100 ml destilliertem Wasser 24 Stunden lang gewässert. Die Eluate können anschließend auf den gesamten organischen Kohlenstoff, NH_3-Stickstoff, Leitfähigkeit, Ionen und Metalle analysiert werden.

6.9
Schwämmchen

6.9.1
Physikalische, chemische und biologische Anforderungen

Anstelle einer Agarschicht zur Versorgung des Membranfilters bei der Bebrütung, kann ein absorbierendes Papierschwämmchen (Nährkartonscheibe) verwendet werden. Das Schwämmchen absorbiert die flüssige Nährlösung und darf in dieses Medium keine extrahierbaren Stoffe oder toxischen Stoffe einbringen.

6.9.2
Prüfmethoden

Absorptionsvermögen

Verschiedene Produkte können ein unterschiedliches Absorptionsvermögen aufweisen und es ist wichtig, die richtige Menge an Kulturmedium zu verwenden. Diese Menge muss vor dem Ersteinsatz und bei jeder Änderung überprüft werden.

Toxische Rückstände

Zehn Schwämmchen werden 24 Stunden bei 30 °C in destilliertem Wasser gewässert, danach werden der pH-Wert des Eluates sowie bestimmte Kontaminanten oder toxische Stoffe bestimmt.

6.10
Deionisiertes/destilliertes Wasser

Wasser ist einer der kritischsten Faktoren bei der Herstellung mikrobiologischer Medien und Reagenzien.

6.10.1
Apparatur

Zur Herstellung von Medien kann Wasser eingesetzt werden, das durch eine Umkehrosmosevorrichtung erzeugt wurde. Bei korrekter Bedienung erzeugt dieses Gerät eine bessere Wasserqualität als eine Destillationsapparatur. Es muss mit einem ein- oder zweistufigen Ionenaustauscher ausgestattet sein und, falls es zur Erhaltung der Austauschkapazität erforderlich ist, insbesondere bei hartem Wasser, mit einer Umkehrosmoseeinheit. Diese muss durch einen Aktivkohlefilter gegen Chlor geschützt sein. Manchmal wird eine 0,4-µm-Membran hinzugefügt. Die elektrische Leitfähigkeit ist täglich oder kontinuierlich online zu messen. Ionenaustauscher müssen ersetzt oder regeneriert werden, sobald die elektrische Leitfähigkeit einen festgelegten Wert von beispielsweise 1 oder 0,1 µS cm^{-1} überschreitet.

Destilliertes Wasser kann in einer Apparatur aus Quarz, Pyrex® oder aus Edelstahl erzeugt werden. Alle Anschlüsse sollten aus demselben Material oder aus einem hochwertigen Kunststoff bestehen, wie zum Beispiel PTFE, PVDF, Polypropylen und Polyethylen, jedoch nicht aus PVC. In Gegenden mit hartem Wasser wird empfohlen, ein Deionat aus einem gut gewarteten Ionenaustauscher zur Speisung der Destillationsapparatur zu verwenden.

6.10.2
Anforderungen

Die elektrische Leitfähigkeit sollte unter folgenden Werten liegen:

Deionisationsapparatur mit oder ohne Umkehrosmose	>0,5 µS cm^{-1}
Zweifache Destillation, Gerät aus Pyrex® oder Edelstahl	>0,5 µS cm^{-1}
Zweifache Destillation, Gerät aus Quarz	>0,3 µS cm^{-1}
Einfache Destillation, Gerät aus Pyrex®	1 bis 3 µS cm^{-1}

Diese Werte sind mit einem Leitfähigkeitsmessgerät mit einer Messzelle ($K < 1$ cm^{-1}) unmittelbar nach der Wassererzeugung zu messen, da ein Kontakt mit Luft und Absorption von Kohlendioxid innerhalb von 15 Minuten eine Erhöhung von 0,5 bis 5 µS cm^{-1} zur Folge hat.

Bei der Umkehrosmose kann sich im Falle mangelhafter Wartung die elektrische Leitfähigkeit ändern. Einfach destilliertes Wasser ist ebenfalls gegen Fehler anfällig; es kann durch Inhaltsstoffe des Leitungswassers, wie Ammonium, Chlor, Chloramine und Fluoride, kontaminiert werden.

Deionisiertes und destilliertes Wasser ist in Behältern hochwertiger Qualität oder in Tanks aus glasfaserverstärktem Epoxidharz – geschützt gegen Staub, Labordämpfe (NH_2, HCl) und Reinigungslösungen (NH_3) – zu lagern.

6.10.3
Regelmäßige Kontrollen der Wasserqualität

	Einheit	Häufigkeit	Maximal zulässiger Wert
Elektrische Leitfähigkeit	$\mu S\,cm^{-1}$	täglich	$2\,\mu S\,cm^{-1}$
Gesamtchlor (inklusive Chloramine)	$mg\,l^{-1}$	[a]	nicht nachweisbar (zumindest <0,02)
TOC (gesamter organischer Kohlenstoff)	$mg\,l^{-1}$	monatlich	<0,5
vermehrungsfähige Bakterien (20 °C, 72 Stunden)	ml^{-1}	monatlich	($<10^3$, $<10^4$, wenn gelagert)
Ammonium	$mg\,l^{-1}$	[a]	nicht nachweisbar (zumindest <0,05)

[a] Die Häufigkeit der Kontrollen ist den lokalen Bedingungen gemäß der Rohwasserqualität anzupassen. Aus dem gleichen Grunde können auch zusätzliche Parameter erforderlich sein (Fluorid).

6.10.4
Prüfung der biologischen Eignung von Wasser

Prinzip: In einem flüssigem Medium werden Kulturen von *Enterobacter aerogenes* angelegt. Ein Medium wird mit dem zu prüfenden Wasser hergestellt, ein zweites mit destilliertem Referenzwasser hoher Qualität (zum Beispiel Wasser zum pharmazeutischen Gebrauch/für Injektionen, gemäß Codex).

Eine Abweichung von mehr als 15% bis 20% zwischen der Kolonienzahl nach 24 Stunden in der Prüfkultur und der Kontrollkultur ist ein Zeichen für Toxizität (siehe ISO 9998-1991, Anhang B).

Diese Prüfung sollte bei der Inbetriebnahme der Apparatur und bei jeder vorgenommenen Änderung erfolgen. Weitere Prüfungen können auch im Rahmen der Untersuchung eines bei der Qualitätskontrolle aufgetauchten Problems notwendig werden.

6.11
Kulturmedien und Reagenzien

6.11.1
Sichtkontrolle und Aufzeichnungen

Bei der Anlieferung sind alle Pakete dehydrierter oder gebrauchsfertiger Medien oder Reagenzien zu überprüfen und zu registrieren. Die Kontrolle besteht darin, allfällige Anomalien, Undichtkeiten und Verklumpungen festzustellen. Die Aufzeichnung umfasst: Angabe des Herstellers, Produktname, Eingangsdatum, Menge, Chargennummer und Haltbarkeitsdatum. Eingangs-, Öffnungs- und Haltbarkeitsdatum sind auf der Flasche festzuhalten.

6.11.2
Lagerung

Dehydrierte Kulturmedien sind gemäß den Anweisungen des Herstellers zu lagern. Werden keine Angaben gemacht, erfolgt die Lagerung bei Raumtemperatur an einem trockenen und dunklen Ort.

Gebrauchsfertige Medien (Nährlösungen und Agars) sollten bei etwa +4 °C oder +6 °C im Kühlschrank aufbewahrt werden, mit Ausnahme von Teströhrchen und Flaschen mit dichtem (Schraub-)Verschluss, die bei Raumtemperatur an einem trockenen und dunklen Ort gelagert werden können. Bestimmte Reagenzien, wie Oxidase-Reagenzien, müssen im Dunkeln kühl gelagert werden.

Die Lagerungszeiten von hergestellten Medien müssen laborintern validiert werden. Bestimmte Bestandteile, wie Antibiotika, können eine geringe Haltbarkeit aufweisen, sodass mit fortschreitender Alterung die Gefahr besteht, dass sich die Wiederfindung und die Selektivität ändern.

Autoklavierte Medien dürfen nur einmal wieder aufgeschmolzen werden und dürfen in diesem Zustand höchstens acht Stunden bis zur Verwendung bei 45 bis 50 °C aufbewahrt werden.

6.11.3
Bakteriologische Farbstoffe

Färbelösungen sollten nicht länger als drei Monate aufbewahrt werden. Gentianaviolett (Kristallviolett) sollte über einen Papierfilter filtriert werden, sobald bei der mikroskopischen Untersuchung (Gramfärbung) Partikel auftreten.

6.11.4
Antibiotika

Lösungen dürfen nach der Herstellung nicht länger als drei Monate aufbewahrt werden. Um eine partikelfreie Lösung der richtigen Konzentration zu erhalten, müssen sie korrekt verdünnt werden. Manche erfordern zur Lösung Alkohol oder ein anderes organisches Lösungsmittel. Die Lösung ist durch Sterilfiltration zu sterilisieren und mit einer Kennzeichnung mit Chargennummer und Haltbarkeitsdatum zu versehen.

6.11.5
Herstellung und Verteilung

Das herzustellende Medium ist gemäß einem schriftlich festgelegten Verfahren für das entsprechende Kulturverfahren auszuwählen. Folgende Angaben sind in den Unterlagen oder einem Protokollbuch festzuhalten:

- Datum

- Art des Mediums

- Menge des dehydrierten Produktes und/oder jeglicher Bestandteile

- Wasservolumen

- Anzahl und Volumen der gefüllten Röhrchen (Teströhrchen/Flaschen)

- Bedingungen beim Autoklavieren

Es dürfen nur vorher überprüfte Produkte und Verfahren zum Einsatz kommen, d. h.

- das Haltbarkeitsdatum der Reganzien und der dehydrierten Medien darf nicht überschritten sein,

- das Wasser muss geprüft sein,

- die Behälter müssen sauber, neutral und nicht toxisch sein und

- die Autoklavierung muss kontrolliert und nachvollziehbar sein.

6.11.6
Messungen des pH-Wertes

Die pH-Werte können während der Herstellung oder nach dem Autoklavieren gemessen werden. Der für ein Verfahren vorgeschriebene pH-Endwert muss bei Raumtemperatur mit einem kalibrierten pH-Meter nach Abkühlung des Mediums gemessen werden. Bei festen Medien wird der Agar für die Messung des pH-Wertes zerkleinert, um das Porenwasser für die pH-Messung freizusetzen. Es kann notwendig sein, einige Tropfen deionisiertes Wasser hinzuzufügen, um einen guten Kontakt zum Sensor herzustellen.

Der pH-Wert kann nach erfolgter Sterilisation nicht mehr geändert werden. Es handelt sich hierbei lediglich um eine Kontrolle zur Validierung, die anzeigt, ob pH-Wert Einstellungen vor dem Autoklavieren notwendig sind, um eine durch das Autoklavieren bewirkte Abweichung des pH-Wertes zu korrigieren. Einstellungen des pH-Wertes sind mit 1 N HCl oder 1 N NaOH vorzunehmen. Das Autoklavieren muss innerhalb von drei bis vier Stunden nach der Herstellung stattfinden.

Hitzeempfindliche Bestandteile der Medien sind separat zu sterilisieren, entweder bei niedrigerer Temperatur, oder durch Sterilfiltration. Glucose wird 15 Minuten lang bei 110 °C sterilisiert, um thermische Zerstörung und Maillard-Reaktionen mit Aminosäuren und Peptonen zu vermeiden. Vitamine werden bei Raumtemperatur durch Sterilfiltration sterilisiert. Phosphat-Pufferlösungen müssen von anderen komplexen Ingredienzien getrennt sterilisiert werden (beispielsweise Hefeextrakte), um eine Reaktion mit Ca^{2+}-Ionen zu vermeiden, die unlösliches $Ca_3(PO_4)_2$ erzeugen.

Um das Eindringen des Dampfes zu ermöglichen, darf der Autoklav nicht überladen werden, und es sind Baumwollstopfen oder lose Schraubverschlüsse zu verwenden. Um im Anschluss an das Autoklavieren Kontaminationen zu vermeiden, sollten Baumwollstopfen mit Papier oder Alu-Folie umhüllt und Schraubverschlüsse so rasch wie möglich nach dem Autoklavieren zugeschraubt werden.

6.11.7
Qualitätskontrolle hergestellter Kulturmedien

Die Qualitätskontrolle dient dem Zweck, die Sicherheit zu haben, dass Zielorganismen stets mit der bekannten Empfindlichkeit wiedergefunden werden. Aus diesem Grunde sind Medien auf ihr charakteristisches Verhalten mit Referenzstämmen zu testen und, falls die Medien der Zählung von Mikroorganismen dienen sollen, sind zusätzliche Prüfungen auf die quantitative Wiederfindung und Selektivität notwendig.

Theoretisch sollten alle Tests an allen neuen Medienchargen durchgeführt werden, d. h. an allen Teströhrchen oder Flaschen, die zusammen in derselben Charge hergestellt und autoklaviert wurden. Da dies das Arbeitspensum erhöhen würde, wird geraten, wie folgt vorzugehen:

1. Herstellung der Medien zur Deckung des Bedarfs für eine (oder zwei) Wochen anstelle der täglichen Herstellung kleinerer Mengen

2. eine Charge dehydrierter Medien verwenden, wodurch weniger Kontrollen der Zusammensetzung durchzuführen sind

3. für alle Chargen die Ergebnisse der beim Hersteller durchgeführten Qualitätskontrolle anfordern und bewerten

Die von jeder Charge an dehydrierten Medien durchgeführten Kontrollen können nicht die gute Qualität jeder einzelnen Charge des hergestellten Mediums garantieren. So müssen beispielsweise bei bestimmten Medien nach dem Autoklavieren Zucker, Antibiotika, Farbstoffe oder Indikatoren hinzugefügt werden, sodass diese zugesetzten Charakteristika bei jeder Charge hergestellter Medien zu überprüfen sind.

6.11.8
Sterilitätskontrolle der Medien

Dieser Test ist durchzuführen, sobald eine Charge in den Lagerraum kommt. Im Idealfall sollte vor Kenntnis der Prüfergebnisse kein Teströhrchen oder keine Flasche der Charge verwendet werden.

Es kann sich als notwendig erweisen, eine Subkultur der hergestellten flüssigen Medien anzulegen, um die Abwesenheit von Wachstum (Trübung oder Kolonien) in Teströhrchen oder Flaschen zu überprüfen, da einige davon kontaminiert sein könnten, ohne Wachstum anzuzeigen. Bei opaken bebrüteten Nährlösungen ist eine Öse auf nicht selektivem Agar auszustreichen und auf Kolonienwachstum zu überprüfen. Dieser Test ist bei mehreren Teströhrchen oder Flaschen (mindestens $\log_{10}n$) durchzuführen. Tritt in einem Testansatz Wachstum auf, ist die Prüfung zu wiederholen, andernfalls führt jedes Wachstum zum Ausscheiden der Charge.

Der Sterilitätstest ist zu wiederholen, falls Probleme während des täglichen Gebrauchs auftreten und falls die normale Lagerungsdauer verlängert werden soll. Die Sterilität ist bei allen Chargen hergestellter Medien zu überprüfen.

6.11.9
Andere Prüfungen:
Medien zur Isolierung oder biochemischen Charakterisierung

Im Laboratorium ist eine Auswahl an Referenzstämmen zu führen, die in Form einer Reinkultur aufzubewahren sind. Sie dienen als Negativ- und Positivkontrollen der Medien und Reagenzien (Tabelle 6.2). Diese Referenzstämme, die von einer nationalen Stammsammlung bezogen werden, dürfen nur einmal subkultiviert werden, indem man viele einzelne Subkulturen in Teströhrchen oder Kügelchen herstellt und danach bis zum Gebrauch gefroren lagert. Dadurch kann man Änderungen, die an Referenzkulturen auftreten können, und auch Kontaminanten unter Kontrolle halten.

Der Stamm, für den das Medium vorgesehen ist, muss die typischen Charakteristika zeigen, wie sie in der Originalrezeptur beschrieben sind.

6.11.10
Andere Prüfungen:
Medien, die zur Zählung von Mikroorganismen bestimmt sind

Die Wiederfindung des Zielorganismus und das Hemmvermögen gegenüber den häufigsten störenden Organismen (Nicht-Ziel-Organismen) sollten quantitativ überprüft und zum Vergleich der im Gebrauch befindlichen Charge mit der neuen Charge zu verwendet werden (Tabelle 6.3).

Kulturen (mindestens ein Zielorganismus und ein Nicht-Zielorganismus) werden in einer Nährlösung angezüchtet und dann für ein geeignetes Inokulum verdünnt (10–100 bei kleinen Petrischalen, 30–300 bei großen Petrischalten). Die Verdünnung kann anhand von Messungen der optischen

Tabelle 6.2. Beispiele von Stämmen, die für Qualitätskontrollen verwendet werden

Medium/Reagens	Positivkontrolle	Negativkontrolle
King-A-Medium	*P. aeruginosa* (Typ A)	*P. fluorescens*
Koagulase-Reagenz	*Staphylococcus aureus*	*Micrococcus*
Oxidase-Papier	*P. aeruginosa* oder *Aeromonas*	*E. coli*

Tabelle 6.3. Beispiele von Organismen zur Prüfung der Medien

Medium	Zielorganismus	Haupt-Nicht-Ziel-Organismus
TTC-Tergitol-Agar	*E. coli*	*P. fluorescens*
Slanetz-Bartley-Agar	*Enterococcus* sp.	*E. coli* *Aerococcus viridans*[a] *Staphylococcus*[a]
Plate-Count-Agar Mannitolsalz-Agar	Gesamtkeimzahl *Staphylococcus aureus*	*E. coli*

[a] Nicht-Ziel-Organismen die in den Vorschriften enthalten sein müssen, falls das Verfahren keine Bestätigung vorsieht.

Dichte bestimmt werden. Alternativ kann Referenzmaterial mit einem bekannten Kontaminationgrad verwendet werden. Diese Suspensionen werden auf ein Nährmedium überimpft, entweder nach dem Plattenguß-, dem Oberflächenspatel- oder dem Membrafiltrationsverfahren, gemäß der Vorschrift des Mediums. Nach demselben Inokulationsverfahren werden die Suspensionen auf ein nicht selektives Medium aufgebracht.

Nach gemäß Verfahrensvorschrift erfolgter Inkubation werden die Kolonien gezählt oder das MPN-Ergebnis registriert. Die Wiederfindung der Zielorganismen sollte mindestens 66 % des Resultats auf dem nicht selektivem Medium betragen. Es dürfen keine Nicht-Zielkolonien auftreten. Alternativ können seit kurzem erhältliche Referenzmaterialen eingesetzt werden, um Mikroorganismen-Suspensionen mit bekannten Kontaminationsstufen bereitzustellen (siehe Kapitel 8).

Literatur

Geldreich EE, Clark HF (1965) Distilled water suitability for microbiological applications. J Milk and Food Technol 28:351–355

Quantitative Methoden- und Verfahrensbewertung

7.1
Einleitung

Fast alle Messungen im Bereich der Lebensmittel- und Wassermikrobiologie sind methodenabhängig. Standardisierte Methoden enthalten komplette Anweisungen für die Untersuchung, bis hin zur Zusammensetzung der Medien und deren pH-Wert. Bei der Auswahl der Methoden, die in einem Laboratorium verwendet werden sollen, Methode ist es daher wichtig, publizierte Standardverfahren einzusetzen, soweit sie verfügbar sind. In einigen Ländern sind Verfahren gesetzlich vorgegeben, sodass keine Wahlmöglichkeit besteht. Standardmethoden sind aus folgenden Quellen erhältlich:

- ISO (International Standards Organization)

- CEN (Europäisches Komitee für Normung)

- IDF (International Dairy Federation)

- AOAC (Association of Official Analytical Chemists)

- nationale Normungsinstitute

Diese Standardmethoden wurden validiert und sind zuverlässig, wenn sie genau eingehalten werden. Wurde keine Standardmethode veröffentlicht, kann möglicherweise eine bei staatlichen Laboratorien oder wichtigen Fachinstituten angefordert werden, vor allem bei jenen, die neue Methoden erforschen und bestehende Methoden verbessern.

Einzelne Laboratorien veränderten die Standardmethoden, ohne sie erneut zu validieren, was zu einem unbemerktem Leistungsabfall führte. Dieses Kapitel beschreibt einige Arten von Methoden, erklärt Faktoren, die die Leistung von Methoden beschreiben, und stellt Einzelheiten zu Vorgangsweisen dar, die angewendet werden können, um ganze Methoden oder einzelne Verfahrensschritte zu vergleichen und zu validieren.

Akkreditierungsstellen erwarten den Einsatz validierter Methoden. Kommen nicht standardisierte Methoden zum Einsatz, wird eine Überprüfung der Validierungsdaten verlangt.

7.1.1
Leistungskenndaten aus wissenschaftlicher und praktischer Sicht

Die mikrobiologische Untersuchung von Lebensmitteln und Wasser hat zum Ziel, eine große Anzahl verschiedener Organismen nachzuweisen oder quantitativ zu bestimmen, darunter Viren, Bakteriophagen, Bakterien, Schimmelpilze, Hefen und Protozoen. Diese können für Menschen oder Tiere pathogen oder toxinbildend sein, Verderbnis hervorrufen oder auf andere Weise die Qualität eines Produkts beeinträchtigen; sie können anzeigen, ob ein Produkt ordnungsgemäß erzeugt oder, im Gegensatz dazu, kontaminiert wurde. Die Anforderungen an die Leistung einer mikrobiologischen Methode können je nach den Zielvorgaben der Untersuchung, der Anzahl der Wiederholungen, etc. sehr unterschiedlich sein. Der Untersucher muss oft eine Methode anwenden, die nicht alle gestellten Anforderungen erfüllt, einfach weil es keine bessere Alternative gibt. Bei der Wahl einer mikrobiologischen Methode und der Festlegung der erforderlichen Leistungskenndaten müssen diese Aspekte berücksichtigt und mit dem Kunden vereinbart werden. Havelaar (1993) unterschied zwischen zwei Arten von Leistungskenndaten: nach wissenschaftlichen und nach praktischen Gesichtspunkten. Kapitel 8 liefert eine komplette Beschreibung der wissenschaftlichen Aspekte. Die praktischen Aspekte beziehen sich auf die Fähigkeit einer Methode Daten unter folgenden Bedingungen zu liefern: innerhalb einer angemessenen Zeit, die es ermöglicht, geeignete Maßnahmen zu treffen, zu vernünftigen Kosten und in Bezug zur Komplexität einer Methode die erforderliche Fachkenntnis und Ausrüstung. Zahlreiche mikrobiologische Untersuchungen werden im Rahmen von Überwachungs- und Überprüfungsprogrammen sowie zur Bewertung der Leistung eines Prozesses durchgeführt. In diesen Fällen werden hohe Anforderungen an die praktischen Gesichtspunkte der analytischen Methode gestellt und es kann sein, dass hinsichtlich des wissenschaftlichen Aspektes Zugeständnisse gemacht werden müssen. Wenn es darum geht, das Vorhandensein oder die Abwesenheit pathogener Mikroorganismen zu ermitteln, werden im Allgemeinen hinsichtlich der wissenschaftlichen Qualität hohe Ansprüche gestellt, wogegen die Kosten und der Zeitbedarf bis zum Untersuchungsergebnis von geringerer Bedeutung sind. Dieses Kapitel fasst die wichtigsten Aspekte der wissenschaftlichen Leistungskenndaten mikrobiologischer Methoden zusammen mit dem Ziel, diese im Rahmen der Qualitätssicherung anzuwenden. Der Schwerpunkt liegt auf den bakteriologischen Anzuchtsverfahren, da auf diesem Gebiet die meisten Informationen zur Verfügung stehen.

7.1.2
Zielorganismen

Alle mikrobiologischen Methoden wurden dazu entwickelt, bestimmte Arten von Mikroorganismen, die Zielorganismen, nachzuweisen und/oder zu zählen. Alle anderen Mikroorganismen, die in der Probe vorhanden sein könnten, dürfen nicht nachgewiesen werden und dürfen die Untersuchung nicht stören. Dies sind die Nicht-Ziel-Organismen, auch als Konkurrenz- oder Hintergrundflora bezeichnet.

Wird ein Nicht-Ziel-Organismus irrtümlicherweise als Ziel-Organismus identifiziert, wird ein falsch-positives Ergebnis erhalten. Umgekehrt erhält man ein falsch-negatives Ergebnis, wenn ein Ziel-Organismus keine charakteristische oder „typische" Reaktion bei der Bestimmung zeigt. Es wird darauf hingewiesen, dass man nicht nur für einzelne Kolonien falsch-positive und falsch-negative Resultate definieren kann, sondern auch für das Endergebnis der Untersuchung einer Probe. Art und Konzentration von Nicht-Ziel-Organismen und Ziel-Organismen können von einer Probe zur anderen beträchtlich variieren, jedenfalls bei Proben von verschiedenen Stellen, aber auch bei Proben von derselben Stelle jedoch zu einem anderen Zeitpunkt entnommen. Dies bedeutet, dass eine Methode, die für einen bestimmten Probentyp evaluiert wurde, nicht notwendigerweise universell anwendbar ist. Zur Lösung dieses Problems wurden Methoden in (inter)nationalen Normen oder gesetzlichen Vorschreibungen festgelegt. Auch dann bleibt das Laboratorium verantwortlich, die Leistung der Methode im Bezug auf die Art der untersuchten Proben zu evaluieren und, falls erforderlich und möglich, nach Alternativen zu suchen. Die mögliche zeitliche Veränderung der Leistung einer Methode im Hinblick auf die variablen Eigenschaften der Mikroflora muss als Teil des Qualitätssicherungsprogramms bewertet werden.

7.1.3
Methoden-definierte Parameter

Idealerweise sollten die Zielorganismen taxonomisch definiert werden, d. h. eine bestimmte (Gruppe von) Art(en) oder Gattung(en). Im Bereich der Lebensmittel- und Wassermikrobiologie ist es jedoch üblich, die Zielorganismen anhand der Analysenmethode zu definieren. Diese Vorgangsweise kann die Bewertung der Leistung einer Methode und den Vergleich verschiedener Methoden schwierig machen. Dies kann den Ersatz einer überholten Methode durch eine neuere und bessere Methode erschweren, insbesondere dann, wenn die ursprüngliche Methode standardisiert oder gesetzlich verankert ist.

Die Ergebnisse einer mikrobiologischen Untersuchung sind immer über die Methode definiert, d. h. wenn dieselbe Probe mit unterschiedlichen Methoden untersucht wurde, können verschiedene Ergebnisse resultieren. Dies gilt in erster Linie für den Nachweis von Zielorganismen, die anhand der Methode nicht eindeutig definiert sind, als auch für Zielorganismen die taxonomisch definiert sind. Die Lebensfähigkeit eines Mikroorganismus kann den Nachweis beeinträchtigen; Ausmaß und Art der Schädigung der Mikroorganismen können unterschiedlich sein. Unterschiedliche Methoden erfassen verschiedene Anteile der Population, z. B. der Vergleich von mikroskopischen Zellzahlen mit den Anzahlen auf Platten mit hochselektiven Medien. Es gibt keinen objektiven Maßstab dafür, welche Methode das „bessere" Ergebnis liefert, da dies auch vom Zweck der Untersuchung abhängt. Weil die Ergebnisse über die Methode definiert werden, muss bei der Standardisierung von Methoden sehr sorgfältig vorgegangen werden, was bisher noch nicht in ausreichendem Maße erfolgt ist.

7.2
Grundsätze mikrobiologischer Messungen von Lebensmitteln und Wasser

Die folgenden Abschnitte geben einen kurzen Überblick über die üblichsten Methoden, die zum Nachweis von Mikroorganismen in Lebensmitteln und Wasser eingesetzt werden. Den Übersichtsartikeln von Havelaar (1995) über traditionelle Methoden, von Karwoski (1994) über automatische Methoden, Morgan et al. (1992) über immunologische Methoden und Olsen et al. (1995) über molekularbiologische Methoden können nähere Einzelheiten entnommen werden. Es wird auch auf das Micro-Val-Projekt Bezug genommen, das zum Ziel hat, Kriterien für die Validierung von Testkits in der Lebensmittelmikrobiologie zu definieren und handelsübliche Produkte zu bewerten.

7.2.1
Anreicherung in flüssigen Medien

Bei flüssigen Anreicherungsverfahren wird eine Probenmenge in eine Nährlösung eingebracht, die so zusammengesetzt ist, dass das Wachstum der Ziel-Organismen gefördert und das Wachstum aller anderen Organismen (Hintergrundflora) unterbunden wird. Die Selektivität des Anreicherungsmediums wird durch die Wahl einer geeignetem Inkubationstemperatur und -zeit erhöht. Ist der Zielorganismus in der Probenmenge vorhanden, wird dies üblicherweise ein positives Signal zur Folge haben, unabhängig von der ursprünglichen Anzahl an Mikroorganismen. In seiner einfachsten Form, ergibt ein flüssiges Anreicherungsverfahren eine presence/absence Aussage. Um eine (semi)quantitative Information zu erhalten, wird eine Reihe von verschiedenen Probenvolumina (z. B. 100, 10, 1 und 0,1 ml) in Form einer Endpunktmessung untersucht. Werden verschiedene Volumina in Parallelansätzen, z. B. 3fach oder 5fach, untersucht, kann mit Hilfe eines statistischen Verfahrens, bekannt als „wahrscheinlichste Anzahl" („most probable number", MPN), die ursprüngliche Konzentration des Zielorganismus bestimmt werden. Die Genauigkeit dieser Bestimmung ist gering (d. h. das 95-%-Konfidenzintervall einer fünffachen MPN-Bestimmung liegt etwa zwischen einem Drittel und dem Dreifachen des Untersuchungsergebnisses). MPN-Verfahren werden daher meist als semiquantitativ zeichnet. Die Ungenauigkeit der MPN-Verfahren ist jedoch nicht unvermeidlich, sondern ist durch die geringe Anzahl der normalerweise durchgeführten Parallelansätzen bedingt. Erhöht man die Anzahl der Parallelansätze auf 100 oder mehr, übertrifft die Präzision der MPN-Technik die der herkömmlichen Verfahren mit Agarplatten. Die einfachste technische Lösung, die Anzahl der Parallelansätze zu erhöhen, bietet die Technik mit hydrophoben Membranfiltern mit Gitterlinien, bei der in einem einzigen Filtrationsvorgang 1 600 Zellen beimpft werden. Der Filter wird anschließend auf einem festen Nährmedium bebrütet. Ein ähnliches MPN-Verfahren mit nur einer Verdünnung stellt der Anderson-Luftprobensammler (400 parallele Wachstumszellen) dar. Ein etwas komplizierteres Verfahren zur Erhöhung der Präzision besteht darin, Mikrotiterplatten mit 96 Vertiefungen zusammen mit Mehrkanalpipetten zu verwenden (Hernandez et al. 1991). Bei dieser Technik können mehrere Verdünnungen eingesetzt werden, wodurch der Messbereich erhöht wird. Die Präzision der MPN-Bestimmungen von Einfach- oder Mehrfachverdünnungen ist umgekehrt proportional zur Quadratwurzel der Anzahl paralleler Röhrchen oder Zellen.

7.2.2
Kolonienzählverfahren

Bei Kolonienzählverfahren wird eine Probenmenge auf die Oberfläche eines Nährmediums aufgebracht, das durch Zugabe von Agar verfestigt wurde (Oberflächen-Spatelverfahren). Jede einzelne Zelle des Zielorganismus vermehrt sich bis zur Bildung einer mit bloßem Auge sichtbaren Kolonie. Sind mehrere Zellen des Zielorganismus physisch miteinander verbunden (beispielsweise durch Adsorption an ein Partikel eines suspendierten Stoffes), entsteht daraus ebenfalls nur eine Kolonie. Daher wird das nach dem Kolonienzählverfahren ermittelte Ergebnis als (Anzahl) Konzentration kolonienbildender Einheiten (KBE) oder kolonienbildender Partikel (KBP) pro Volumeneinheit ausgedrückt. Jede KBE Einheit entspricht einer oder mehrerer Zellen des Zielorganismus in der ursprünglichen Probe. Varianten sind das Plattengussverfahren, bei dem die Probenmenge mit dem verflüssigten Agar-Medium vermischt, in Petrischalen gegossen und nach dem Erstarren bebrütet wird, und das Membranfiltrationsverfahren, bei dem die Probenmenge durch einen Membranfilter (in der Regel mit Porenweite 0,45 μm) filtriert, und der Membranfilter auf das Nährmedium aufgelegt wird.

Mitunter reicht es nicht aus, eine Probenmenge einfach in oder auf einem selektiven Nährmedium zu inokulieren, um ein richtiges Ergebnis zu erhalten. Die Zellen der Zielorganismen können in einem bestimmten Ausmaß durch physikalische oder chemische Belastungen geschädigt sein, sodass vor ihrem Aufbringen auf ein Selektivmedium eine Wiederbelebung notwendig sein kann. Dieser sogenannte Wiederbelebungsprozess kann Bestandteil der Untersuchungsmethode sein und umfasst normalerweise die Inkubation in einem wenig selektiven Medium und/oder eine weniger einschränkende Inkubationstemperatur.

Das selektive Nährmedium wird gewöhnlich durch ein spezifisches Nachweissystem ergänzt, um das Wachstum der Zielorganismen von jenem der Hintergrundorganismen unterscheiden zu können. Dieses Nachweissystem kann auf der Vergärung spezifischer Zucker, dem enzymatischen Abbau spezifischer Substrate, der Beweglichkeit, der Reduktion von Wasserstoffakzeptoren, etc. basieren und hat üblicherweise eine erkennbare Farbveränderung, Gasproduktion, etc. zur Folge. Routinemethoden sind so konzipiert, dass man an diesem Punkt Ergebnisse mit einem akzeptablen Maß an Selektivität erhält. Bei kritischeren Untersuchungen (zum Beispiel bei spezifischen Krankheitserregern) kann es notwendig sein, die „präsumptiven" (vorläufigen) positiven Ergebnisse durch eine oder eine Serie von Bestätigungstests weiter zu untersuchen oder sogar eine Identifizierung auf der Ebene Gattung, Spezies oder Typ durchzuführen. Die Zielsetzung der Untersuchung bestimmt das erforderliche Ausmaß an Bestätigung und Identifizierung.

7.2.3
Mikroskopische Verfahren

Die direkte Zählung von Mikroorganismen durch mikroskopische Verfahren hat im Bereich der Wasser- und Lebensmittelmikrobiologie nur eine begrenzte Anwendbarkeit, da die Nachweisgrenze relativ hoch ist, und das Bild im Mikroskop nur geringe Hinweise zur Identifizierung der Bakterien liefert. Die letztere Tatsache kann theoretisch durch Immunofluoreszenzverfahren behoben werden, jedoch gibt es erst wenige leicht verfügbare selektive Antikörper-Präparate. Außerdem unterscheiden mikroskopische Verfahren nicht zwischen lebenden und toten Zellen, wodurch die Interpretation der Ergebnisse der Untersuchung bezüglich eines Gesundheitsrisikos nicht möglich ist. Es wurden einige Methoden zur Bewertung der Lebensfähigkeit einzelner Zellen mittels mikroskopischer Verfahren entwickelt, wie z. B. das Abstoßen bestimmter Farbstoffe (Hinweis auf die Unversehrtheit der Zellwand), Reduktion von Tetrazoliumsalzen (Hinweis auf einen aktiven respiratorischen Metabolismus) und Zellverlängerung bei Vorhandensein von Nalidixinsäure (Hinweis auf aktive Biosynthese). Diese Verfahren sind aufwendig und erfordern die Erfahrung eines Forschungslabors. Es wurde nachgewiesen, dass bei einer unter Stress stehenden Bakterienpopulation die Nachweisbarkeit mittels Kulturverfahren leichter verloren geht als die mittels mikroskopischen Verfahren ermittelte Lebensfähigkeit. Es wurden Vermutungen angestellt, dass Bakterien in diesem Stadium, in dem sie lebensfähig, jedoch nicht kultivierbar sind, für Menschen und Versuchstiere infektiös sein können. Diese Feststellungen wurden jedoch durch publizierte Daten nicht in größerem Ausmaß bestärkt, und fundierte gegenteilige Beweise wurden veröffentlicht. Die Infektiosität von lebensfähigen, nicht kultivierbaren Bakterien bleibt gegenwertig Gegenstand bedeutender Debatten.

Einige Beispiele von direkten mikroskopischen Verfahren, die in der Lebensmittelmikrobiologie Anwendung finden, sind das direkte Epifluoreszenzverfahren zur quantitativen Bestimmung von Bakterien in Milch oder Hämodialyse-Wasser und die Schimmelpilzzählung nach Howard zur Bestimmung von Pilzen in Lebensmittelprodukten. Diese Anwendungen dienen dem Zweck, Gesamtanzahlen zu erhalten, d. h. es wird nicht versucht, die einzelnen mit dem dem Mikroskop erfassten Bakterien oder Schimmelpilze zu differenzieren.

Verstärktes Interesse gilt dem Auftreten der Protozoen *Giardia* und *Cryptosporidium* in (Trink-)Wasser, die mittels Immunfluoreszenz-Mikroskopie nachgewiesen werden. Idealerweise, sollten nur die infektiösen Oocysten der humanpathogenen Arten von *G. lamblia* und *C. parvum* nachgewiesen werden und diese von nicht infektiösen Oocysten oder jenen von anderen Arten unterschieden werden.

7.2.4
Impedanzverfahren

Die Vermehrung von Mikroorganismen verursacht Veränderungen der chemischen Zusammensetzung des Nährmediums. Diese Änderungen können als Veränderung des elektrischen Widerstands (Impedanz) mit im Handel erhältlichen Geräten gemessen und registriert werden. Die Anzahl der in einem Inokulum vorhandenen Mikoroorganismen kann anhand des Ausmaßes der Veränderung der Impedanz ermittelt werden, speziell vom Zeitintervall zwischen der Inokulation und dem Nachweis einer signifikanten Änderung der Impedanz. Der Erfolg der Impedanzmessung hängt in erster Linie von der Selektivität des Nährmediums ab. Die ersten Anwendungen der Impedanzmessung wurden entwickelt, um allgemeine Parameter zu ersetzen, wie z. B. Gesamtkeimzahl, Sterilitätsprüfung, Hefen und Schimmelpilze etc. Es wurden auch Selektivmedien zum Nachweis von Gruppen, wie z. B. coliforme Bakterien, Pseudomonaden und Enterokokken erstellt. Methoden für bestimmte pathogene Organismen sind zur Zeit in Entwicklung und eine Methode für *Salmonella* spp. in Lebensmitteln wurde von der AOAC anerkannt.

7.2.5
Immunologische Verfahren

Immunologische Verfahren sind in der Lebensmittelmikrobiologie weit verbreitet; eine Übersicht über Methoden und Anwendungen ist bei Morgan et al. (1992) zu finden. Die Anwendungsmöglichkeiten umfassen den Nachweis von Krankheitserregern, wie *Salmonella* spp., *Listeria monocytogenes* und enterotoxinbildendes *Clostridium perfringens* (normalerweise nach

Voranreicherung in einem geeigneten Nährmedium), sowie den Nachweis von bakteriellen Toxinen und Mykotoxinen. Eine Vielfalt von Methoden wird eingesetzt, darunter Enzym-Immuno-Assays, Verfahren der immunomagnetischen Trennung, Agglutinationsmethoden, etc. Die Produkte sind entweder in Form von bestimmten Reagenzien oder kompletten Testkits, Messstäbchen, etc. erhältlich. Qualitätssicherung und Validierung solcher Methoden sind derzeit in rascher Entwicklung.

7.2.6
DNA-Verfahren

Das Potential von molekularbiologischen Verfahren zum Nachweis von Bakterien in Wasserproben wird zur Zeit in zahlreichen Forschungslaboratorien untersucht. Direkte Hybridisationsassays können aufgrund der hohen Nachweisgrenze nur beschränkt angewendet werden. Die Polymerase-Kettenreaktion (PCR), in der einzelne DNA-Fragmente durch *in vitro* Enzym-Reaktionen vervielfacht werden, ist zwar vielversprechend, erfordert jedoch zur allgemeinen Anwendung noch Entwicklungsarbeit. Das PCR-Verfahren ist grundsätzlich eine presence/absence Technik, die jedoch als MPN-Verfahren eingesetzt werden kann, um semiquantitative Ergebnisse zu erhalten. Die Unterscheidung zwischen lebenden und toten Zellen stellt ein Hauptgebiet der Forschungen dar. Eine einfache und praktische Lösung besteht darin, der PCR-Phase eine kurze Anreicherungsphase vorzuschalten, um kultivierbaren Bakterien die Möglichkeit zur Vermehrung zu geben. Dies kann zumindest teilweise das Problem der Störung der PCR-Reaktion durch Komponenten der Probenmatrix lösen.

7.2.7
ATP-Messungen

Adenosin-5-Triphosphosphat (ATP) ist in allen lebenden Zellen vorhanden, es wird aber schnell abgebaut, sobald eine Zelle stirbt. Bakterien enthalten etwa ein Femtogramm (= 10^{-15} g) ATP, Hefezellen enthalten 10- bis 100-mal mehr. ATP kann mittels des Luciferin-Luciferase-Systems nachgewiesen, und das emittierte Licht unter Einsatz von hochempfindlichen Photomultipliern gemessen werden. ATP-Messungen können direkt zur quantitativen Bestimmung der bakteriellen Aktivität in Wasser oder Biofilmen eingesetzt werden. Sie dienen außerdem zur Messung des Wachstumspotentials von Biofilmen in (auf Material in Kontakt mit) Trinkwasser (Van der Kooij und Veenendaal 1992, 1993). Zur Untersuchung von Lebensmitteln muss die Probe zur Eliminierung von somatischem, nicht mikrobiellem ATP vorbehandelt werden. Diese Vorbehandlung kann kompliziert sein und die Nachweisgrenze beeinträchtigen. Einige erfolgreiche Anwendungen sind die Gesamtkeimzahlbestimmungen in Fleischproben, Qualitätskontrolle von Fruchtsäften und die Abschätzung der Mindesthaltbarkeit von Lebensmitteln.

7.2.8
Turbidimetrische Verfahren

Das Wachstum von Mikroorganismen führt zu einer Erhöhung der Trübung des Mediums, die mit optischen Geräten gemessen werden kann. Es kann die Änderungen der Absorption oder der Streuung gemessen werden. Mehrere Geräte sind kommerziell erhältlich. Bisher begrenzte sich die Anwendung auf die Überprüfung der Sterilität (z. B. von hitzebehandelter Milch) oder auf den Ersatz der Kolonienzahlbestimmung. Man kann die Trübungsmessung auch bei Systemen zur Bakterien-Identifikation einsetzen.

7.3
Standardisierung und Validierung

Standardisierung und Ringversuche haben auf lange Sicht das Ziel vor Augen, Methoden weltweit zu vereinheitlichen. Bis jetzt wurde dies noch nicht ganz erreicht. Methoden für denselben Zweck (Ziel) unterscheiden sich in verschiedenen Ländern oder sogar zwischen Laboratorien ein- und desselben Landes. Es ist durchaus möglich, dass diese Variationen durch unterschiedliche Erfahrungen gerechtfertigt sind; Unterschiede in den mikrobiellen Populationen in verschiedenen Proben und in unterschiedlichen geographischen Gebieten können verschiedene Methoden notwendig machen.

Es ist besorgniserregend, dass die Verwendung unterschiedlicher Methoden mehr kulturellen und sprachlichen Grenzen als geologischen und ökologischen Grenzen zu folgen scheint. Unser Wissen in diesem Bereich ist nicht ausreichend. Es wäre wichtig, in Erfahrung zu bringen, inwieweit diese Unterschiede tatsächlich notwendig sind.

a Aktuelle Situation

In einigen Fällen lassen Normen (z. B. ISO-Normen) Variationen hinsichtlich der Wahl des Nährmediums, der Technik der Inokulation (Plattenguss- versus Oberflächenspatelverfahren oder Spiralplattieren), der Inkubationstemperatur (35 °C versus 37 °C, 44 °C versus 44,5 °C) oder der Untersuchungsverfahren (Kolonienzahlbestimmung versus Mehrfach-Teströhrchen) zu. Es kann daher notwendig sein, dass Laboratorien die von ihnen gewählten Methoden durch Experimente mit ihren eigenen Proben validieren müssen. Darüber hinaus werden sich Laboratorien die Frage stellen, inwieweit ihre Geräteausstattung die Ergebnisse beeinflusst.

b Zweck und Anwendungsbereich

Normalerweise liefern die täglichen Routineanalysen keine Daten zur Bewertung der Methoden. Kapitel 7 zielt darauf ab, einige Vorgangsweisen zur Methodenbewertung vorzustellen, sodass Vertrauen in gute Methoden gewonnen wird und Methoden, bei denen eine schlechte Leistung festgestellt wurde, ersetzt werden können. Es gibt zwei große Problembereiche. Einer ist die Wahl eines optimalen Untersuchungsverfahrens, wenn Alternativen zur Verfügung stehen. Der andere betrifft die Qualitätskontrolle des ausgewählten Verfahrens. Der Einsatz verschiedener Arten von Paralleluntersuchungen zur Qualitätskontrolle im Rahmen der täglichen Routineuntersuchungen wird hauptsächlich in Kapitel 8 behandelt.

Die Validierung einer Methoden ist eine aufwendige Forschungsaufgabe in Zusammenarbeit mehrerer Laboratorien und kann im Rahmen dieser Richtlinien nicht behandelt werden. Einzelne Laboratorien haben fallweise das Problem der Einführung einer neuen Methode oder einer neuen Vorgangsweise. Dieses Kapitel liefert einige Ansätze dafür.

Kapitel 7 hat den Zweck, Mikrobiologen eine Hilfestellung für die experimentelle Planung zu geben und Statistikern einen Einblick in Verfahren der quantitativen Mikrobiologie zu vermitteln, sodass Methodenevaluierungen geplant werden können. Es befasst sich nur mit den quantitativen Aspekten von Untersuchungen.

Der Einfluss von Bakterienpopulation, Nährmedium und Untersucher sind praktisch nicht voneinander zu trennen. Es ist selten möglich die Leistung einer Methode getrennt von der Leistung des Untersuchers zu bewerten. Die in Kapitel 7 behandelten Themen stehen in engem Zusammenhang mit dem Inhalt von Kapitel 8, das auf die Qualitätssicherung abzielt.

c Methoden

Die Definition von „Methoden" durch Chemiker ist so allgemein gefasst, dass sie für die Mikrobiologie ebenfalls geeignet ist. Der Letztentwurf des Dokuments CEN TC 230/WG 1/TG 4 „Richtlinie zur Validierung mikrobiologischer Verfahren" enthält die Definition: „Eine analytische Methode stellt eine Reihe von schriftlichen Anweisungen dar, die vom Untersucher befolgt wird". Daher können zwei analytische Verfahren, die in irgendeiner Einzelheit voneinander abweichen, als unterschiedliche Methoden betrachtet werden. Kleine Unterschiede bei der Probenverdünnung werden jedoch üblicherweise nicht als ausreichender Grund angesehen, um Methoden in der Mikrobiologie als unterschiedlich zu bezeichnen. Unterschiede in der Zusammensetzung des Nährmediums, im Nachweisverfahren sowie bei der Bebrütungsdauer und -temperatur führen zu unterschiedlichen Methoden.

d Gute Methoden

Eine gute Methode ist präzise, robust und spezifisch für das Ziel. Sie liefert im Durchschnitt das korrekte Resultat (Richtigkeit). Die Robustheit setzt Stabilität voraus. Eine robuste Methode ist unempfindlich gegen kleinere Abweichungen in der analytischen Leistung und im Umfeld des Laboratoriums, die selbst in gut kontrollierten Laboratorien unvermeidlich sind.

e Erarbeitung von Bewertungsdaten für Methoden

Methoden lassen sich am besten mittels speziell dafür vorgesehenen Experimenten bewerten. Daten, die im Rahmen des Routinebetriebs gesammelt werden, sind im Allgemeinen zu ungenau, um für diesen Zweck geeignet zu sein. Außerdem fehlt bei Routineanalysen ein Plan für Parallelanalysen, welche eine Voraussetzung für Methodenvergleiche darstellen.

Es gibt selten einen Grund, mikrobiologische Methoden bei niedrigen Konzentrationen zu vergleichen. Selbst presence/absence-(P/A-) Methoden, die für niedrige mikrobiologische Konzentrationen vorgesehen sind, können, zumindest anfänglich, bei jenen Konzentrationen effizient bewertet werden, bei denen die Abwesenheit des Zielorganismus in den untersuchten Probenmengen höchst unwahrscheinlich ist (siehe Abschnitt 7.4).

Werden allgemeine Aussagen gefordert, müssen die Folgerungen auf Basis einer Auswahl von natürlichen Proben getroffen werden.

f Leistungsprüfung von Methoden

Bei der Prüfung der Leistungsfähigkeit einer Methode untersucht eine Gruppe von ausgewählten Laboratorien eine Anzahl geeigneter Materialien nach einer genau festgelegten Methode. Jedes Laboratorium erhält vom jeweiligen Material „identische" anonymisierte Parallelproben. Dieses Verfahren wurde in der Chemie erfolgreich eingesetzt, um Schätzwerte für die Genauigkeit (Wiederholbarkeit und Reproduzierbarkeit) verschiedener Methoden zu erhalten.

In der Mikrobiologie wurden solche Leistungstests nicht in größerem Umfang durchgeführt und erbrachten nicht immer so vielversprechende Ergebnisse. Bei Ringversuchen erhaltene Werte für die Wiederholbarkeit und Reproduzierbarkeit sind oft recht hoch. Gründe hierfür können die ungleichmäßige Verteilung der Mikroorganismen im Probenmaterial und die fehlende Qualitätssicherung der Leistung des Untersuchers sein. Es können auch beträchtliche systematische Komponenten vorhanden sein. Sorgfältig kontrollierte Studien zur Zertifizierung und Kalibrierung ergaben Werte für Wiederholbarkeit und der Reproduzierbarkeit, die annähernd bei den optimalen theoretischen Werten lagen. Mit zunehmender Erfahrung werden Untersuchungen der Leistung von Methoden in Ringversuchen in der Mikrobiologie höchst wahrscheinlich genauso nützlich werden wie sie in der Chemie sind. Die Methodik muss jedoch die unterschiedlichen Nachweisebenen berücksichtigen, mit denen in der Mikrobiologie (ein Mikroorganismus) im Vergleich zur Chemie (gewöhnlich Tausende von Molekülen) gearbeitet wird (Tillett und Lightfoot 1995).

g Moderne und traditionelle Methoden

Das Ziel mikrobiologischer Analysen ist üblicherweise ein quantitatives Maß der Qualität von Lebensmitteln oder der Umwelt zu liefern, in den meisten Fällen durch die Untersuchung von Proben. Dieses Ziel kann auf verschiedene Weisen erreicht werden.

Einige so-genannte schnelle, moderne, oder „Routine"-Methoden bewerten die Produktqualität mittels dynamischer Messungen (lag-Zeit, Zeit zur Feststellung einer Änderung von Farbe, Trübung, elektrischer Leitfähigkeit, Wachstumsrate, maximale Trübung, etc.). Traditionelle Methoden haben zum Ziel, den „Augenblickswert" an lebensfähigen Zielorganismen, charakterisiert durch ihre Fähigkeit, in einer entsprechenden Zeit Kolonien zu bilden. Aus mikrobiologischer Sicht ist es nicht zwingend vorgegeben, dass die Nachweiszeit für ein Signal eines modernen Verfahrens und die Kolonienzahlbestimmung nach traditionellen Verfahren in genauer Beziehung zueinander stehen. Die modernen Verfahren bieten die Vorteile von Schnelligkeit, Wirtschaftlichkeit und hoher Kapazität aufgrund von Automatisierung und Miniaturisierung. Für große Laboratorien besteht daher ein Interesse, diese Techniken zu übernehmen. Kleinere Laboratorien ziehen es vor, auf die Investitionen zu verzichten und traditionelle Verfahren beizubehalten. Die Vereinbarkeit der verschiedenen analytischen Konzepte ist derzeit großteils ungelöst. Das Micro-Val-Projekt (siehe Abschnitt 7.2) arbeitet an einer Lösung zur Validierung der neuen Verfahren und Ergebnisse dürften in Kürze zur Verfügung stehen. Die IDF Arbeitsgruppe E29 hat das Problem einige Jahre lang untersucht und ein vorläufiger Standard wird demnächst herausgegeben werden. In diesem wird der Vergleich von Referenz- und „Routine"-Methoden postuliert, hauptsächlich durch visuelle Kontrolle von Korrelations- und Regressionsdaten.

7.4
Mathematische und technische Kenndaten mikrobiologischer Methoden

a Allgemeines

Streng genommen sind alle mikrobiologischen Anzuchtsverfahren selektiv. Sie sind nicht in der Lage, dem gesamten Spektrum der in einer natürlichen Probe vorkommenden Mikroorganismen geeignete Wachstumsbedingungen zu bieten. Die nachgewiesene Anzahl ist immer nur ein Teil des Ganzen (in der Regel weniger als 10 %). Dennoch werden Methoden, bei denen Selektivität nicht beabsichtigt ist, normalerweise als nicht selektiv bezeichnet. Ziel ist es, die nachgewiesene Anzahl zu maximieren.

Nicht selektive Methoden sind mathematisch einfach. Es wird davon ausgegangen, dass die Anzahl an Kolonien repräsentativ ist für die Anzahl der in der Probenmenge vorhandenen lebenden (kultivierbaren) Einheiten, die in der Lage sind, sich unter den gegebenen Bedingungen zu entwickeln.

Geplant selektive Methoden haben das Ziel, eine definierte Untergruppe (Zielpopulation) quantitativ zu bestimmen. In der Praxis wird dies erreicht durch die Elimination der oft dominierenden Nicht-Ziel-Population und den Nachweis der Zielkolonien durch charakteristische Wachstumsreaktionen. Letzteres setzt voraus, dass der Untersucher in der Lage sein muss, bei der Auswertung zwischen typischen und atypischen Kolonien zu unterscheiden. Die Abgleichung zwischen einzelnen Untersuchern und vor allem zwischen Laboratorien erfordert weitere Entwicklungen.

b Mathematische Betrachtungen

Die traditionellen quantitativen Bestimmungsmethoden in der Mikrobiologie verwenden zwei Arten von Nachweisprinzipien. Ein Prinzip besteht darin, einzelne Partikel nachzuweisen und zu zählen, das andere ist der bloße Nachweis des Vorkommens von Mikroorganismen in einer Probenmenge. Nehmen wir an, dass g die in einer Probenmenge enthaltene Anzahl an aktiven Wachstumseinheiten (lebensfähige Partikel, Mikroorganismen) darstellt. Wenn diese sich in oder auf einer festen Matrix entwickeln, kann möglicherweise jede einzelne eine Kolonie bilden. Die Anzahl der gezählten Kolonien wird oft als die Anzahl kolonienbildender Partikel bezeichnet (früher kolonienbildende Einheiten, KBE), das heißt, dass diese Zahl g entspricht. In der Realität gibt es zahlreiche Gründe, warum die festgestellte Kolonienzahl oft nicht gleich g ist. Starkes Wachstum von Hintergrundkolonien kann die Entwicklung der Zielkolonien hemmen oder verdecken, einfaches Übereinanderwachsen kann die Kolonienzahl reduzieren, oder zufallsbedingte Fehler hinsichtlich der Wachstumsbedingungen (Feuchtigkeit, Temperatur, Medium) können die Kolonienzahl radikal ändern.

Bei Verfahren mit presence/absence Nachweis kann die Probe die g Wachstumseinheiten enthält, in mehrere kleinere (gleiche oder ungleiche) Probenmengen unterteilt werden, um einen numerischen Schätzwert zu erhalten. Der Schätzwert von g beruht auf Wahrscheinlichkeitsrechnungen. Gemäß Übereinkunft wird der Punkt der höchsten Wahrscheinlichkeit (Vorgangsweise nach der Wahrscheinlichkeitsdichtefunktion) als Schätzwert von g angenommen. Für diese Schätzwerte wird der Ausdruck MPN (wahrscheinlichste Zahl) verwendet. Aufgrund der Schiefheit der Wahrscheinlichkeitsverteilung entspricht die MPN-Bewertung nicht dem arithmetischen Mittelwert.

Moderne Verfahren können derzeit nicht unabhängig betrachtet werden und verfügen über keine mathematische Theorie, die mit der Poisson-Verteilung vergleichbar wäre, die den MPN-Verfahren und den Kolonienzählmethoden zugrunde liegen. Moderne Verfahren werden gegen den Schätzwert der Kolonienzahl kalibriert. Das Endziel sollte sein, moderne Verfahren von der Notwendigkeit der Validierung mit der Kolonienzahl zu befreien und die dynamische automatische Messung direkt mit der mikrobiologischen Qualität des Produktes oder der Probe in Beziehung zu setzen.

c *Messunsicherheit*

Bei Fehlern wird im Allgemeinen zwischen systematischen und zufälligen unterschieden, wobei die Klassifizierung jedoch flexibel ist. Jede einzelne Person entwickelt ihre eigene Art der Kolonienzählung, die im Vergleich zu einer anderen Person systematisch niedrigere oder höhere Resultate ergibt. Bei der Durchführung eines Ringversuches mit mehreren Laboratorien erscheinen systematische „Fehler" der Zählung als nicht erfassbare, zufallsbedingte Fehler, wenn die Daten als Ganzes betrachtet werden.

Die beiden traditionellen mikrobiologischen Nachweisprinzipen funktionieren nur bei niedrigen Partikelkonzentrationen, d. h. höchstens in der Größenordnung von Hunderten in der Probenmenge. Bei derartigen Konzentrationen ergibt sich zwischen Partikelzählungen eine beträchtliche zufallsbedingte Variation, auch bei genauer und korrekter Messung von Parallelproben. Diese Unsicherheit kann nicht durch Verbesserung der Arbeitsverfahren verringert werden, sondern nur durch Erhöhung der Anzahl an gezählten Partikeln. Dieses Problem tritt auch beim Zählen von radioaktiven Partikeln auf und hat die Aufmerksamkeit von Chemikern gewonnen, als picomolare Konzentrationen in Mikrolitervolumen gemessen werden sollten. Die Anzahl der Atome oder der Moleküle je Probenmenge liegt dann in der Größenordnung von Hunderttausenden. Die dritte oder vierte signifikante Stelle ist unsicher.

In der Mikrobiologie beeinflusst derselbe Typ von Variation die erste oder zweite signifikante Stelle.

7.4.1
Genauigkeit mikrobiologischer Messungen

ISO/DIS 6107-8:1993 definiert die Genauigkeit eines Einzelergebnisses als den Grad der Ähnlichkeit zwischen dem gemessenen Wert und dem wahren Wert der zu messenden Größe. Die Genauigkeit ist umgekehrt proportional zur gesamten Messunsicherheit, d. h. dem Unterschied zwischen Messwert und wahrem Wert. Man geht davon aus, dass die gesamte Messunsicherheit einer einzelnen Messung aus zwei Arten von Komponenten besteht, den systematischen (z. B. Bias) und den zufälligen (z. B. Unpräzision):

UNSICHERHEIT = BIAS + UNPRÄZISION

Dies ist eine Vereinfachung der Sachlage. In der Mikrobiologie gibt es in der Regel auch Anteile der Unsicherheit, die nicht in diese Klassifizierung passen – unerwartete Schwankungen, für die kein mathematisches Modell erstellt werden kann. Der Kehrwert von Bias ist die Richtigkeit der Methode. Sie ist ein Charakteristikum der für die Untersuchung verwendeten Methode und hängt auch von der Beschaffenheit der Probe ab. Die Richtigkeit ist unabhängig von Fehlern, die in den einzelnen Laboratorien bei der Anwendung der Methode auftreten. Diese sind im zufallsbedingten Fehler der Messung enthalten, der durch Variationen zwischen mehreren Laboratorien oder innerhalb ein und desselben Laboratoriums bedingt ist. Die Umkehrung des zufallsbedingten Fehlers ist die Präzision. Die oben angeführte Beziehung wird daher im Allgmeinen wie folgt ausgedrückt:

GENAUIGKEIT = RICHTIGKEIT + PRÄZISION

Ungenauigkeit wird von vielen Faktoren ausgelöst, ihre Art im Bereich der Mikrobiologie wird nachstehend beschrieben.

7.4.2
Grundelemente der Richtigkeit

a Wiederfindung

Der physiologische Zustand von Bakterien in Wasser kann auf einer kontinuierlichen Skala zwischen vollkommen lebensfähig und tot liegen. In der internationalen Literatur unterscheidet man generell zwischen folgenden Stadien:

- lebensfähig, d. h. fähig, sich auf einem herkömmlichen selektiven Nährmedien zu entwickeln und/oder Kolonien zu bilden

- subletal geschädigt, d. h. fähig, sich in/auf nicht-selektiven Nährmedien, jedoch nicht direkt auf selektiven Nährmedien zu entwickeln

- lebensfähig, nicht kultivierbar, d. h. morphologisch intakt, mit nachweisbarem Metabolismus, wie Atmung, Synthese der Zellmasse oder Bildung von Mikrokolonien, jedoch nicht kultivierbar auf herkömmlichen (nicht selektiven) Medien

- tot, d. h. morphologisch intakt, aber keine nachweisbare metabolische Aktivität

Unterschiedliche Methoden erfassen unterschiedliche Anteile der gesamten Population, wodurch sich ein verfahrensspezifischer systematischer Fehler ergibt, der bei einer stark geschädigten Population gut erkennbar sein kann, jedoch bei einer aus lebensfähigen Zellen bestehenden Population kaum erfassbar ist.

Zur Prüfung der Wiederfindung wird eine mit Zielorganismen aufgestockte Probe einer festgelegten Belastung unterworfen. Das Verhältnis der Kolonienzahlen unter selektiven und nicht selektiven Bedingungen erlaubt einen Schätzwert für die Wiederfindung. Um aussagefähige Daten zu erhalten, sind zahlreiche Punkte zu berücksichtigen. Dazu gehören der Einsatz von Reinkulturen oder von natürlich kontaminierten Proben, die Art der Schädigung, der die Proben unterworfen waren, die Herstellung „homogener" (zufallsbedingte Verteilung) und stabiler, dennoch repräsentativer Proben, etc. Es ist klar, dass man die Wiederfindungung einer bestimmten Methode nicht mit einem einzelnen Zahlenwert charakterisieren kann, nicht einmal für einen spezifischen Probentyp. Dennoch ist es wichtig die Wiederfindung zu untersuchen, wenn man eine Methode für eine bestimmte Anwendung validiert und diese anhand einer Standardprobe ständig zu überwachen, wenn man die Methode anwendet.

Bakterienkolonien auf Platten oder Membranfiltern können sich gegenseitig beeinflussen, wobei sich im Allgemeinen eine Tendenz zu niedrigeren Testergebnissen zeigt, wenn auf einer Platte mehrere Kolonien festgestellt wurden. Das Ausmaß des Einflusses dieser sogenannten Masseneffekte auf das Endergebnis ist nicht bei jeder Methode gleich und ist im Wesentlichen von der Koloniengröße abhängig. Eine umfassende Diskussion dieses Problems wurde von Niemelä (1965) veröffentlicht. Weiters kann die Linearität der Methode von der Fähigkeit des Untersuchers zwischen „typischen" und „atypischen" Kolonien unterscheiden zu können, abhängen. Die Erfahrung hat gezeigt, dass Fehlinterpretation und Unterschiede zwischen verschiedenen Untersuchern bei höheren Koloniendichten wahrscheinlicher sind, besonders bei Methoden, die eine subjektive Interpretation der Farbe oder der Kolonienform verlangen. Ein Laboratorium sollte sich der Charakteristika seiner Methoden bewusst sein und allfällige Nicht-Linearitäten besonders beachten. Daraus ergibt sich eine verfahrensspezifisch obere Begrenzung für die Kolonienzahl je Platte, anstelle der oft angewandten Faustregel von 300 Kolonien pro 9-cm-Petrischale und 80 Kolonien pro 50-mm-Membranfilter. Dies kann sogar zu laborinternen Zählbereichen führen, die mit der Beschaffenheit der untersuchten Proben und/oder der Erfahrung der Untersucher zusammenhängen.

Trotz der Einführung automatischer Kolonienzähleinrichtungen beruht ein großer Teil der Endauswertung von mikrobiologischen Untersuchungen auf der Fähigkeit des menschlichen Auges und Verstandes, geringfügige Veränderungen in der Farbe, Morphologie, Überlagerung von Kolonien, etc. erkennen zu können. Daraus ergibt sich das Risiko der subjektiven Interpretation von Resultaten und es sollte jede erdenkliche Mühe aufgewendet werden, um die Ablesungen verschiedener Untersucher so weit wie möglich zu standardisieren. Ein einfaches Mittel besteht darin, eine Anzahl von Platten auszuwählen und von allen Mitarbeitern, die mit der Interpretation dieser Untersuchungsergebnisse betraut sind, doppelt mit verdeckter Wiederholung auszählen zu lassen. Dies erlaubt eine Bewertung der Konsistenz der Beurteilung durch dieselbe Person und durch mehrere Personen. Alle Unterschiede in der Interpretation müssen eingehend besprochen werden, und es sind, falls erforderlich, weitere Bestätigungstests oder Identifizierungen vorzunehmen, um zur korrekten Interpretation zu gelangen. Dieser Vergleich der verschiedenen Untersucher ist regelmäßig zu wiederholen und sollte auch Bestandteil der Einschulung neuer Mitarbeiter sein.

b Richtigkeit

In vielen Fällen, so auch bei der bakteriologischen Untersuchung von Lebensmitteln und Wasser, ist die wahre Konzentration einer Komponente nicht bekannt und kann nur als hypothetische Zielvorgabe angenommen werden. Daher kann der systematische Fehler nicht absolut ermittelt werden. Man kann sich ihm theoretisch nähern, indem man ein und dieselbe Probe mehrfach mit verschiedenen Methoden untersucht. Da mikrobiologische Methoden von ihrer Charakteristik her destruktiv sind (d. h. die Probe geht während der Untersuchung verloren), ist hierfür ein einwandfrei gemischtes Testmaterial mit zufallsverteilten Bakterien und/oder eine große Anzahl von Laboratorien notwendig. Man kann zur Abschätzung des „wahren Wertes" eines Zielorganismus in einer natürlich kontaminierten Probe verschiedene selektive Medien verwenden, oder bei Reinkulturen selektive und nicht-selektive Medien einsetzen. Diese Vorgangsweise wird nicht immer von Nutzen sein, da unterschiedliche Medien unterschiedliche systematische Fehler aufweisen. In dieser Hinsicht ist der pragmatische Ansatz der ISO/REMCO (Dokument N263, November 1992) hilfreicher. Anstelle des wahren Wertes wird zur Definition der Richtigkeit ein anerkannter Referenzwert eingesetzt.

Bei mikrobiologischen Methoden, die einen Kultivierungsschritt beinhalten, können mehrere Aspekte der Richtigkeit erkannt werden. Sie umfassen die Unterschiede in der Wiederfindung (quantitative Fehler) und die Differenzierungscharakteristika (qualitative Fehler) einer Prüfmethode in Bezug auf Zielorganismen und auch Nicht-Zielorganismen. Sie sind in Tabelle 7.1 zusammen gefasst. Für andere Verfahren können dieselben Grundsätze angewandt werden, sie sind jedoch noch nicht im Detail ausgearbeitet.

Tabelle 7.1. Beziehungen der Richtigkeit für Zielorganismen und Nicht-Zielorganismen

	Wachstums-Charakteristika	Differenzierungs-Charakteristika
Zielorganismen	Wiederfindung	Empfindlichkeit
Nicht-Zielorganismen	Hemmvermögen	Spezifität

7.4.3
Elemente der Präzision

Allgemeine Grundsätze zur Charakterisierung der Präzision von Prüfmethoden wurden in ISO 5725:1994 beschrieben. Diese Norm enthält eine Beschreibung von zwei Maßzahlen der Präzision und zwar der Wiederholbarkeit und der Reproduzierbarkeit. Die formalen Definitionen lauten wie folgt:

- „Wiederholbarkeit: das Ausmaß der Übereinstimmung zwischen Untersuchungsergebnissen, das unabhängig voneinander mit derselben Methode mit identischem Probenmaterial in einem Laboratorium vom selben Untersucher mit derselben Ausstattung innerhalb kurzer Zeitintervalle erhalten wurde."

- „Reproduzierbarkeit: das Ausmaß der Übereinstimmung zwischen Untersuchungsergebnissen, das mit derselben Methode mit identischem Probenmaterial in verschiedenen Laboratorien von verschiedenen Untersuchern mit unterschiedlicher Ausstattung erhalten wurde."

(Es wird darauf hingewiesen, dass es in der Mikrobiologie unmöglich ist, wirklich identisches Probenmaterial zur Verfügung zu stellen. Eine zufallsbedingte Verteilung der Mikroorganismen ist die bestmöglichen Zielvorgabe, und das Ausmaß, in dem man diese Verteilung erreicht, ist bei der Feststellung der Werte für r (Wiederholbarkeit) und R (Reproduzierbarkeit) entscheidend. Jede Überdispersion im Probenmaterial trägt zur Variabilität der Prüfergebnisse bei.)

Es gibt mehrere Faktoren, die bei mikrobiologischen Zählungen zu Zufallsfehlern („Fehler" im statistischen Sinn) beitragen und sich auf die Wiederholbarkeit und die Reproduzierbarkeit auswirken. Sie werden nachstehend im Einzelnen beschrieben.

a *Wiederholbarkeit*

Die quantitative mikrobiologische Analyse wird auf Lebensmittel- und Wasserproben angewendet, die für das untersuchte Objekt repräsentativ sind und die gut konserviert sein müssen, sodass alle relevanten Eigenschaften bis zum Zeitpunkt der Analyse konstant bleiben. Dieses Thema wird in anderen Kapiteln behandelt. Der Untersuchungsprozess *per se* beginnt üblicherweise mit der Homogenisierung (d. h. dem sorgfältigen Mischen) der Probe, der Entnahme von ein oder zwei Teilproben, der Verdünnung oder Aufkonzentrierung dieser Teilproben, falls erforderlich, und dem Aufbringen von einer oder mehreren Wiederholungen jeder Verdünnung oder jeden Konzentrats. Unter Bedingungen der Wiederholung können zwei Hauptfehlerquellen festgestellt werden – die Variation zwischen Parallelproben aus einer Verdünnungsstufe und die Variation zwischen verschiedenen Teilproben (Verdünnungs- oder Aufkonzentrierungsfehler inbegriffen). Diese Fehler enthalten beide eine zufallsbedingte Komponente, die auf die echte Variation der Anzahl von Mikroorganismen in kleinen Probenvolumina zurückzuführen ist, und eine Komponente, die mit der Präzision der verwendeten maßanalytischen Glasgeräte, den Eigenschaften des Untersuchers, etc. zusammenhängt. Im Allgemeinen sind Ergebnisse von mikrobiologischen Zählungen nicht normal verteilt. Bei Parallelproben aus einer homogenen Testsuspension kann man davon ausgehen, dass die Anzahl an der kolonienbildenden Einheit einer Poisson-Verteilung folgen (Hildebrandt et al. 1986). Untersuchungsergebnisse von verschiedenen Teilproben können im Idealfall ebenfalls eine Poisson-Verteilung aufweisen, aber sie zeigen oft eine höhere Variation als allgemein zu erwarten wäre, da zusätzliche Fehlerquellen zu berücksichtigen sind, wie z. B. Verdünnungsfehler und Einflüsse von partikulären oder kolloidalen Stoffen auf die Verteilung der Mikroorganismen. Die Erfahrung zeigte, dass bei Suspensionen von Reinkulturen die Daten in der Regel durch log-normale Verteilung beschrieben werden können, vorausgesetzt die durchschnittliche Kolonienzahl ist nicht zu niedrig. Handelt es sich um Daten von natürlichen Proben, können sich andere Verteilungen, wie die negative Binomialverteilung, als besser geeignet erweisen (Haas und Heller 1990).

b *Reproduzierbarkeit innerhalb eines Laboratoriums*

Die Reproduzierbarkeit innerhalb eines Laboratoriums ist ein wichtiges Ziel interner Qualitätssicherungsprogramme. Sie stellt sicher, dass ein Laboratorium in der Lage ist, auf Dauer konsistente Ergebnisse zu erzielen. Ein Hilfsmittel für die Bewertung dieses Faktors besteht darin, bei jeder Probenserie Standardproben mitzuführen. Dies erfordert die Verfügbarkeit leicht zugänglicher, homogener und stabiler Proben. Im Idealfall führt dieses Konzept zur Verfügbarkeit von Standard-Referenzmaterialien. Diese stehen zur Zeit in Entwicklung in Form von Gelatinekapseln, die mit sprühgetrockneter Milch, die einen gut charakterisierten Bakterienstamm enthält, gefüllt sind, wie bei Mooijman et al. (1992) beschrieben.

Es gibt andere, weniger hochentwickelte Möglichkeiten, um für die Qualitätssicherung standardisierte Zellsuspensionen zu erzeugen, die von einzelnen Laboratorien (oder von einer kleinen Gruppe von Laboratorien) durchgeführt werden können. Sie können für interne Qualitätssicherungsprogramme oder für Ringversuche in geographisch begrenzten Regionen von Nutzen sein. Eine Möglichkeit ist, eine Standardsuspension von Mikroorganismen in Magermilch herzustellen, die rasch in Ethanol-Trockeneis tiefgekühlt und bei einer Temperatur von $-70\,°C$ gelagert wird. Nach dem Auftauen können Aliquote von 1 ml direkt entnommen und untersucht werden. Eine dritte Möglichkeit besteht darin, Organismen in Minimalmedium zu kultivieren und diese Kultur im Kühlschrank aufzubewahren. Normalerweise bleibt der Kontaminationsgrad über mehrere Monate konstant, und es können, wenn erforderlich, Verdünnungen bis zur geeigneten Konzentration hergestellt werden (Schijven et al. 1994).

c *Reproduzierbarkeit zwischen Laboratorien*

Die Reproduzierbarkeit zwischen Laboratorien ist wichtig, um Ergebnisse unterschiedlicher Herkunft vergleichen zu können. Die Faktoren, die die Streuung der Ergebnisse zwischen verschiedenen mikrobiologischen Laboratorien bestimmen, sind größtenteils unbekannt. Die Erfahrung aus einer großen Anzahl von Ringversuchen, an denen europäische Laboratorien für Lebensmittel und Wasser teilnahmen, zeigt, dass signifikante Abweichungen der Ergebnisse mit sorgfältig vorbereiteten Standardproben nur selten festgestellten technischen Unterschieden zugeordnet werden können, trotz umfangreicher Fragebögen zu den Einzelheiten der in den jeweiligen Laboratorien durchgeführten Vorgangsweisen. Teilweise spiegelt dies die Notwendigkeit wider laborintern Qualitätssicherungsprogramme einzuführen oder zu verbessern, es ist aber auch ein Anzeichen für mangelnde Kenntnis der tatsächlichen kritischen Faktoren. Jüngere Erkenntnisse, die bei Zertifizierungsstudien erhalten wurden, an der eine Gruppe ausgewählter Laboratorien beteiligt war, die über mehrere Jahre hinweg zusammen gearbeitet hatte, zeigen jedoch ermutigende Ergebnisse. Festgestellte Abweichungen von den festgelegten Analysenvorschriften führten zu abweichenden Ergebnissen, unter genau festgelegten Bedingungen erhaltene Ergebnisse führten jedoch zu einer hohen Übereinstimmung und zu keinen Ausreisser-Werten. Fortlaufende Aufmerksamkeit im Hinblick auf Ringversuche sind daher ein wichtiger Schritt im Prozess der Verbesserung und Standardisierung mikrobiologischer Untersuchungsergebnisse. Zwei Instrumente sind hierfür besonders hilfreich: Programme der Leistungsüberprüfung und Einsatz zertifizierter Referenzmaterialien.

7.4.4
Robustheit

Die Robustheit einer Methode bezieht sich auf die Beständigkeit der Ergebnisse im Hinblick auf Veränderungen im Umfeld der Analysen (physikalische, chemische und persönliche Faktoren eingeschlossen). Ein Mangel an Robustheit erhöht die Variation und vermindert die Zuverlässigkeit der Untersuchungen. Empirische Daten über die Robustheit können nicht im täglichen Routinebetrieb gesammelt werden. Hierfür sind spezielle Tests erforderlich.

Statistische Testverfahren für Faktoren, die die Robustheit (Rauhheit) chemischer Analysen beeinflussen, wurden von Youden und Steiner (1975) formuliert. Sie umfassen die Auswahl von sieben potentiell wirksamen Faktoren, deren Auswirkungen auf zwei Ebenen innerhalb normalerweise zu erwartenden Werten beobachtet werden. Dieses Prinzip würde sich auch gut für die Mikrobiologie eignen, jedoch scheint es bisher nie angewendet worden zu sein. Sein voraussichtliches Haupteinsatzgebiet könnte die Testung von neuen Methoden vor ihrer Normung und jene von bestehenden älteren Methoden im Zuge ihrer Überarbeitung sein.

Im Bereich der Mikrobiologie gibt es bezüglich der Robustheit einige wichtige Faktoren, die schwer zu kontrollieren und zu quantifizieren sind. Erstens schwankt die Empfindlichkeit selektiver Methoden sehr stark bei Variationen der Nicht-Zielpopulationen in der Probe. Zweitens unterscheiden sich Methoden im Hinblick darauf, wie leicht oder wie schwierig es ist, die Zielpopulation unter dem Einfluss der Nicht-Zielpopulation zu erkennen. Darüber hinaus sind diese beiden Faktoren miteinander verknüpft. Es kann sein, dass gleichartige Nicht-Zielkolonien die Ergebnisse eines Untersuchers beeinflussen, nicht jedoch jene eines anderen. Die bestehende Verfahren der Qualitätskontrolle und die Leistungsprüfungen von Methoden lösen diese Probleme nicht. Kapitel 8 behandelt in gewissem Maße Wege mit denen der Einfluss dieser Faktoren auf numerische Daten festgestellt werden kann.

7.5
Selektive Methoden

a Einleitung

Selektive Methoden sind darauf ausgelegt, in einer mikrobiellen Population, die sich hauptsächlich aus Nicht-Zielorganismen zusammensetzt, eine definierte Untergruppe (Zielorganismen) nachzuweisen und zu bestimmen. Die oft harten Bedingungen, die zur Unterdrückung der Nicht-Zielorganismen notwendig sind, können auch die Wiederfindung der Zielpopulation herabsetzen. Abgesehen davon werden Nicht-Zielorganismen nicht immer vollständig ausgeschaltet und es kann sein, dass das charakteristische Erscheinungsbild der Zielkolonien nicht unmissverständlich eindeutig ist. Wenige selektive Methoden funktionieren so gut, dass auf eine Bestätigung der Primärkolonien bei allen Probenarten verzichtet werden kann.

b Hemmung der Hintergrundflora

Hohe Konzentrationen von Nicht-Zielorganismen auf Membranen oder in Anreicherungskulturen können einen starken Einfluss auf die Ergebnisse einer mikrobiologischen Untersuchung ausüben. Dies kann auf Masseneffekte, Konkurrenz um Nährstoffe, Erzeugung von Hemmstoffen, Neutralisierung von Änderungen des pH-Wertes durch Zielorganismen, etc. zurückzuführen sein. Als allgemeines und einfaches Hilfsmittel wird empfohlen, sich Notizen über die auf Platten oder Membranen vorhandene Hintergrundflora zu machen, sodass allfällige abweichende Werte rückverfolgt werden können. Platten oder Membranen sollten in der Regel nie vollkommen mit Bakterienkolonien überwachsen sein, und auch wenn Einzelkolonien gesehen werden, muss darauf geachtet werden, dass keine gegenseitige Störung auftritt.

Mögliche negative Auswirkungen der Hintergrundflora können durch Aufstocken (Spiken) der Proben mit Standardsuspensionen von Zielorganismen, oder durch die Untersuchung der Linearität des Verfahrens über eine Verdünnungsreihe bewertet werden. Die Planung und Interpretation von Aufstockversuchen können relativ einfach sein, wenn in der Probe nicht mit Zielorganismen zu rechnen ist (z. B. Trinkwasser), sie können sich jedoch als kompliziert erweisen, falls die Zielorganismen in der Probe vorkommen (beispielsweise bei Abwässern). Für diesen Fall sind experimentelle und statistische Protokolle zu erstellen. Die Untersuchung der Linearität wird in einem späteren Abschnitt genauer beschrieben.

c Einschließlichkeit und Ausschließlichkeit

Die Einschließlichkeit einer Methode definiert, inwieweit alle Zielorganismen, die unter den Untersuchungsbedingungen in der Lage sind Kolonien zu bilden, tatsächlich charakteristische Reaktionen zeigen. Die Ausschließlichkeit beschreibt, in welchem Umfang Kolonien von Nicht-Zielorganismen diese Eigenschaften nicht zeigen. Die Verwendung der Ein- (I) und Ausschließlichkeit (E) zur Bewertung der Differenzierungskenndaten einer Methode stellt eine direktere Maßzahl für ihre Leistung dar als das allgemein angewendete Verhältnis von verifizierten „typischen" und „atypischen" Kolonien. Der Berechnung von I und E kann, wie nachstehend gezeigt, das Verifikationsverhältnis zugrunde gelegt werden.

7.5.1
Numerische Charakterisierung selektiver Methoden

Kenndaten selektiver Verfahren können aus den Ergebnissen von Experimenten berechnet werden, bei denen die Gesamtanzahl an Kolonien (C) subjektiv in zwei einander ausschließende Gruppen, „typische", d. h. mutmaßliche Zielkolonien (C_t) und „atypische", d. h. mutmaßliche Nicht-Zielkolonien (C_n) unterteilt werden. Daraus ergibt sich $C_t + C_n = C$. Nach Möglichkeit sollten alle Kolonien subkultiviert werden, um ihre Identität als Ziel- oder Nicht-Zielorganismen zu verifizieren. Sollte dies nicht möglich sein, muss eine zufällig ausgewählte Teilmenge von C isoliert werden.

Tabelle 7.2.

	Typische Kolonien	Atypische Kolonien	Alle Kolonien
Zielorganismen	T_t	T_n	T
Nicht-Zielorganismen	N_t	N_n	N
Alle Organismen	C_t	C_n	C

Nach der Darstellung von Havelaar et al. (1993) führt die verifizierte Anzahl von Zielorganismen zu T_t und T_n in C_t bzw. C_n. Die Anzahl der Nicht-Zielorganismen in diesen beiden Gruppen ist $N_t = C_t - T_t$ und $N_n = C_n - T_n$. Daraus ergibt sich: $T_t + T_n = T$ und $N_t + N_n = N$. Ein Überblick ist in Tabelle 7.2 enthalten.

Eine große Anzahl beschreibender numerischer Kenndaten kann aus der Tabelle erhalten werden. Einige Beispiele sind:

- Selektivitätsindex nach ASTM, entspricht C_t/C

- Einschließlichkeit (Havelaar et al. 1993) $I = T_t/T$

- Ausschließlichkeit (Havelaar et al. 1993) $E = N_n/N$

- Verifikationsverhältnis $p = T_t/C_t$

- falsch-positive $= N_t$ (absolut), N_t/C_t (relativ)

- falsch-negative $= T_n$ (absolut), T_n/C_n (relativ)

Wenn es nicht möglich ist, von allen Kolonien Subkulturen anzulegen, sind Kolonien zufällig auszuwählen. Die Leistungskenndaten werden aus den isolierten und verifizierten Teilmengen berechnet.

Zur Ermittlung von I und E aus Teilmengen von typischen und atypischen Kolonien wird angenommen, dass der als Zielorganismus bestätigte Anteil f_t $(= T_t/C_t)$ bzw. f_n $(= T_n/C_n)$ entsprach. I und E können somit wie folgt berechnet werden:

$$I = C_t f_t / (C_t f_t + C_n f_n) \text{ und } E = C_n(1 - f_n) / (C_t(1 - f_t) + C_n(1 - f_n))$$

In vielen Prüfvorschrifen wird empfohlen, eine Anzahl typischer Kolonien auszuwählen und ihre Identität zu überprüfen. Dann wird das Zählergebnis der typischen Kolonien mit dem Anteil der Kolonien multipliziert, die als Zielorganismus bestätigt wurden, um das Endergebnis zu erhalten. Es gibt mehrere Gründe, derentwegen diese Praxis vermieden werden sollte. Auswahl und Untersuchung von Kolonien erhöhen das Arbeitspensum und somit die Kosten der jeweiligen Untersuchung. Die Untersuchung sollte sich außerdem nicht nur auf typische Kolonien beschränken, sondern auch atypische Kolonien mit einbeziehen, die getrennt zu zählen sind. In Anbetracht des erforderlichen Arbeitsaufwands ist die Zahl der untersuchten Kolonien im allgemeinen auf drei bis fünf, maximal 10 Kolonien je Probe beschränkt. Diese Einschränkung beinflusst in hohem Maße die Präzision des Endergebnisses. Es lässt sich beweisen, dass sich die Präzision der Untersuchung mit der absoluten Anzahl an Kolonien erhöht, die schlussendlich als Zielorganismen bestätigt werden (d. h. Anzahl ausgewählte Kolonien × Verifikationsverhältnis). Aus diesem Grunde macht es wenig Sinn, die Anzahl der zu überprüfenden Kolonien mit der Anzahl der ursprünglichen Kolonien auf der Platte oder der Membran in Beziehung zu bringen (z. B. 10 % oder annähernd die Quadratwurzel der Anzahl Kolonien). Es sollte vielmehr eine festgelegte Anzahl Kolonien ausgewählt werden, abhängig von dem zu erwartenden Verifikationsverhältnis und von der gewünschten Präzision. Wenn häufig niedrige Verifikationsraten in der Praxis festgestellt werden, sollten alternative Methoden ausgewählt oder entwickelt werden, anstatt für die Überprüfung von Hunderten Kolonien Energie und Geld aufzuwenden.

Die verifizierte Wiederfindung der präsumptiven Zielkolonien kann als $x_t = kC_t / n$ definiert werden, wobei C_t = die Anzahl typischer Kolonien (Primärkolonien), n = die zur Bestätigung ausgewählte Anzahl und k = die Anzahl bestätigter Kolonien ist.

Dies ist der üblicherweise angegebene Schätzwert für eine bestätigte oder überprüfte Kolonienzahl, obwohl er die möglichen Zielkolonien unter den atypischen Kolonien ausser Acht läßt. Seine Präzision hängt in großem Maße von der Präzision des Schätzwertes für das Verifikationsverhältnis und demzufolge von der Anzahl isolierter und überprüfter Kolonien ab.

Die Berechnung der Ausschließlichkeit scheint bei Kolonienzählverfahren nicht oft vorgenommen worden zu sein, wohingegen die Verifikation von negativen Teströhrchen beim Vergleich von MPN-Verfahren häufig durchgeführt wird.

Sowohl Verifikationsverhältnis als auch der Anteil Falsch-positiver Ergebnisse hängen in einem solchem Ausmaß vom Umfeld und von personenbezogenen Faktoren ab, dass sie keine einfachen und direkten Leistungsparameter darstellen. Aus eben diesem Grund sind sie ein bedeutsamer Bestandteil der Bewertung der Robustheit einer Methode.

Abgesehen von Überprüfungen der Wiederfindung gibt es keine klaren Zielvorgaben hinsichtlich der Leistungskenndaten einer Methode. Die Kontrolle besteht daher in der Aufzeichnung von Beobachtungen auf Leitkarten und dem Notieren aller Abweichungen. Aufgrund zahlreicher unkontrollierbarer Faktoren (personenbedingte Bias, Zusammensetzung und Zustand der Bakterienpopulation in der Probe, Leistungsfähigkeit des Mediums), ist es schwierig, die Faktoren separat zu bewerten.

7.6
Vergleich und Validierung von Presence/Absence-Tests

P/A-Tests nehmen beim Nachweis von Krankheitserregern und Indikatororganismen einen wichtigen Platz ein. Neue Verfahren, die angeben, eine verbesserte Wiederfindung oder andere bessere Eigenschaften zu besitzen, werden regelmäßig in der Literatur publiziert. Sie müssen jedoch untereinander und mit bereits bestehenden Methoden verglichen werden.

Technisch gesehen ist es am einfachsten, eine breitgefächerte und repräsentative Auswahl an Proben mit den verschiedenen Methoden parallel zu untersuchen. Dies ist insbesondere für Wasser geeignet. Ein Probenvolumen von einem Liter oder mehr kann gut genug gemischt werden, um eine zufällige Verteilung der Partikel in parallel untersuchten Teilproben mit angemessenem Aufwand sicherzustellen. Als Referenz kann ein quantitatives Membranfiltrationsverfahren einbezogen werden, da es erlaubt eine Probenmenge von 100 ml zu untersuchen. Ein gutes Beispiel für eine derartige Untersuchung wird als Phase 2 einer vom „Public Health Laboratory Service" veröffentlichten Studie (Lightfoot et al. 1995) beschrieben.

Für die statistische Bewertung beträgt die beste Konzentration an Organismen, um Unterschiede zwischen P/A-Tests feststellen zu können, 0,69 pro untersuchtem Volumen. Diese Konzentration ist über eine Poisson-Wahrscheinlichkeit berechnet und wird im Durchschnitt zur Hälfte positive und zur Hälfte negative Resultate ergeben, vorausgesetzt die Verteilung der Organismen ist zufällig und die Untersuchungsergebnisse sind korrekt. Das untersuchte Volumen kann bei der Membranfiltration 100 ml oder beim Mikrotiterverfahren 2 ml betragen.

Theoretisch kann der Vergleich von P/A-Tests mit sehr wenigen Originalproben mit hoher Kontamination erreicht werden. Diese werden soweit verdünnt, bis man die gewünschte Konzentration annähernd erreicht, anschließend werden zahlreiche Parallelproben untersucht, sodass ausreichend Daten für Rückschlüsse vorhanden sind. Die geschätzte Anzahl an erforderlichen Daten erhält man anhand von statistischen Standardformeln, nachdem man die festzustellende Höhe des Leistungsunterschiedes und die jeweils akzeptablen Wahrscheinlichsniveaus festgesetzt hat, um zu vermeiden, dass ein Unterschied festgestellt wird, der nicht vorhanden ist.

Diese Vorgangsweise mit einer großen Anzahl an Parallelproben aus wenigen Originalproben kann als vorbereitende Stufe eines Methodenvergleichs eingesetzt werden, und kann rasch die Unzulänglichkeit eines schlechten P/A-Tests zeigen.

Erscheinen P/A-Tests vergleichbar, aber es bestehen Zweifel, ob die Rückschlüsse auf alle Proben, die ein Laboratorium üblicherweise zu untersuchen hat, extrapoliert werden können, sollte ein weiterer Schritt des Methodenvergleichs in Betracht gezogen werden. Dies bedarf einer großen Anzahl von natürlichen Proben, bei denen P/A-Tests wichtig sind (z. B. Trinkwasser) und die für das vom Laboratorium betreuten Gebiet typisch sind. Es wird eine große Anzahl von Proben mit geringer Kontamination benötigt, um ausreichend Daten zusammenstellen zu können. Die Studie über coliforme Bakterien, die oben erwähnt wurde (Lightfoot et al. 1995), fand diesen zusätzlichen Schritt als sehr wertvoll. Die schlussendlich festgestellte geographische Variation trat erst im Zuge der Untersuchung dieser „realen" Proben zutage.

Wie in der Studie hervorgehoben, setzt eine erfolgreiche Prüfung zwei Bedingungen voraus:

1. Die Anzahl der Proben muss selbst in den günstigsten Fällen hoch sein (über eintausend).

2. Nur Proben mit einem geringen, aber nicht Null betragenden Bakteriengehalt (etwa fünf vermehrungsfähige Partikel je 100 ml) sind geeignet.

Sind diese Voraussetzungen nicht erfüllt, kann es sein, dass die Ergebnisse keine klare Schlussfolgerung ergeben und zwischen den Methoden bestehende Unterschiede unerkannt bleiben.

Methodenvergleiche nach dem obigen Prinzip basieren auf der statistischen Abschätzung der Frequenz positiver und negativer Proben. Die Vorgangsweise ist nicht nur für Wasserproben sondern auch für feste Lebensmittel geeignet, da zur Bewertung nicht parametrische statistische Techniken angewendet werden und keine zwingende Notwendigkeit besteht, eine Poisson-Verteilung anzunehmen. Der Beweis, dass verschiedene Methoden nicht bei allen Arten von Proben gleich gut funktionieren, verlangt eine weitergehende detaillierte Untersuchung und ausreichende Probenanzahlen in jeder regionalen Gruppe oder für jede Gruppe von Wasservorkommen.

7.6.1
MPN-Konzept für P/A-Verfahren

Ein Weg, den Bereich für den Probenvergleich zu erweitern, wäre, jede P/A-Probe nach dem Beimpfen zu teilen. Anstatt die Probe in einer einzelnen Portion von 100 ml zu inkubieren, kann sie zur Inkubation zu gleichen Anteilen auf 10, 20, 25 oder mehr einzelne Teströhrchen verteilt werden. Vom mikrobiologischen Standpunkt aus bleiben die Bedingungen gleich, vom statistischen Gesichtspunkt betrachtet bedeutet das Konzept jedoch eine beträchtliche Änderung. Anstelle eines einzigen P/A-Tests mit einem Volumen von 100 ml werden von jeder Probe 10, 20, 25 oder mehr P/A-Paralleltests durchgeführt. Der beschränkte Kontaminantionsgrad von 5/100 ml vergrößert sich. In der Theorie funktionieren verschiedene Konzepte in den folgenden Bereichen:

Konzept	Theoretischer Bereich (Partikel pro 100 ml)
10 × 10 ml	1–23
20 × 5 ml	1–60
25 × 4 ml	1–80
40 × 2,5 ml	1–150
50 × 2 ml	1–200

Der sich daraus ergebende zusätzliche Arbeitsaufwand für das Laboratorium wird durch den geringeren Bedarf an Proben ausgeglichen und durch die Tatsache, dass die Anzahl an Mikroorganismen (semi)quantitativ mit Hilfe der MPN-Formel für eine einzelne Verdünnung berechnet werden kann. Dieses Konzept stellt auch besser sicher, dass die Anzahl lebensfähiger Partikel in jedem positiven Teströhrchen gering ist, meist nur ein einziges Partikel, was für die Prüfung von P/A-Methoden ideal ist.

Konzepte mit 20 oder 25 Parallelansätzen eigenen sich gut für Untersuchungen von Wasser. Sie wären dem Einsatzbereich der Membranfiltration sehr ähnlich. Eine Membranfilterzählung von 100-ml-Proben kann als Referenz dienen.

Das Konzept ist für feste (Lebensmittel-)Proben weniger gut geeignet, da ein perfektes Mischen vor der Probenunterteilung kaum möglich ist. Die MPN-Bewertung ist daher ungeeignet, wenn die Anzahl an Mikroorganismen so gering ist, dass als Inokulum eine unverdünnte Probe verwendet werden muss. Die parallelen Teilproben könnten nur als unabhängige P/A-Tests behandelt werden.

7.7
Quantitative Angaben und Abschätzung der Messunsicherheit mikrobiologischer Methoden

7.7.1
Bias

Mehrere Typen von Bias, welche mikrobiologische Untersuchungen beeinflussen, sind seit langem bekannt. Die häufigsten sind:

- Verdünnungsfehler, bedingt durch unkorrekte Volumina (nicht kalibrierte Pipetten und Dispenser, Verdunstung von Wasser bei Verdünnungsröhrchen während des Autoklavierens oder bei der Lagerung (Lorentz 1962))

- Überwachsen (Überlappung) von Kolonien auf der Platte

- unvollständige Wiederfindung der Zielpopulation

- personenbedingte Fehler bei der Ablesung der Resultate von Kolonienzählung

- Absterben oder Vermehrung der Mikroorganismen während der Probenlagerung

Laboratorien scheinen keine Korrekturfaktoren zu benutzen, obwohl viele der oben genannten systematischen Effekte quantifizierbar sind. Offensichtlich wird angenommen, dass Bias nicht stabil oder nicht genug voraussagbar sind. Auch wird angenommen, dass Ungenauigkeiten aufgrund von zufallsbedingten Fehlern mehr Bedeutung haben. Bei der Anwendung verschiedener Methoden erscheinen Unterschiede beim Bias als Unterschiede in der Wiederfindung der Mikroorganismen. Somit wirkt sich der Bias, selbst ohne speziell gemessen zu werden, implizit bei Methodenvergleichen aus.

7.7.2
Unpräzision: Werte für Wiederholbarkeit und Reproduzierbarkeit

Die Wiederholbarkeit ist die zufallsbedingte Variation, die in analytischen Ergebnissen verbleibt, wenn alle bekannten systematischen Fehlerquellen ausgeschaltet wurden. Unbekannte systematische Fehler können inbegriffen sein.

In der Praxis wurden Wiederholbarkeit r und Reproduzierbarkeit R als jene Werte definiert, die mit einer Wahrscheinlichkeit von 95 % innerhalb der absoluten Differenz von zwei Einzelergebnissen, die unter Wiederholbarkeits- oder Reproduzierbarkeitsbedingungen erhalten wurden, liegen. Die Berechnung von r und R kann aus der Varianz der Daten eines Ringversuches abgeleitet werden. Die dafür eingesetzte statistische Berechnung ermöglicht die Auftrennung der gesamten Varianz in zwei Faktoren, die Varianz zwischen mehreren Laboratorien s_L^2 und die Varianz innerhalb eines Laboratoriums s_W^2. Bei einem Konfidenzniveau von 95 % sind die Werte von r und R näherungsweise nach folgender Formel für normal verteilte Variable gegeben:

$$r = 2{,}8\, s_W$$

$$R = 2{,}8\sqrt{s_W^2 + s_L^2}$$

r und R wurden in großem Ausmaß zur Charakterisierung der Präzision von chemischen Verfahren für die Untersuchung von Wasser, Lebensmitteln, etc. angewendet. In der Mikrobiologie von Wasser und Lebensmitteln wurden die Konzepte von r und R bisher nur wenig eingesetzt. Einer der Gründe hierfür liegt in der Schwierigkeit, für Ringversuche homogenes und stabiles Probenmaterial herzustellen. Ein zweiter Aspekt ist die Tatsache, dass bei mikrobiologischen Untersuchungen die Daten nicht normal verteilt sind.

Die bei Ringversuchen gewonnenen Erfahrungen haben gezeigt, dass die Lognormalverteilung am besten geeignet ist, außer bei niedrigen Mittelwerten für die Kolonienzahlen. Von der logarithmischen Skala auf die ursprüngliche Skala rücktransformierte r und R, stellen eher ein kritisches Verhältnis als eine absolute Differenz dar. Ein ähnlicher Ansatz wurde von Piton und Grappin (1991) vorgestellt, die die relative geometische Standardabweichung und die kritische relative Differenz ($RD = (10^{2{,}8 s_W} - 1)$) benutzten, um Resultate aus Ringversuchenzusammenzufassen.

Es besteht ein großer Unterschied zwischen der Anwendung von r und R in der Chemie und in der Mikrobiologie. Dadurch dass Mikroorganismen abgegrenzte Einheiten darstellen und der Tatsache, dass die Zählung auf einer niedrigen Anzahl von Partikeln beruht, ergibt sich bei den Zählungsergebnissen eine Minimumvariation, die durch die Poisson-Verteilung beschrieben wird. In diesem Idealfall entspricht die Standardabweichung von zwei Anzahlen aus der gleichen Verdünnung der Quadratwurzel aus der ermittelten Kolonienzahl. Mit anderen Worten, der Minimumwert von r steht in Beziehung zum Mittelwert. Daher gibt es somit keinen einzelnen Wert, der den optimalen Wert für r und R beschreiben kann, da dieser von einem Faktor abhängig ist, der sich der Kontrolle des Untersuchers entzieht.

Der Minimumwert für r kann aus der Poisson-Statistik abgeleitet werden. Es kann gezeigt werden, dass sich r_{min} asymptotisch einem unteren Grenzwert nähert (Mooijman et al. 1992). Bei Doppelbestimmungen aus einer einzelnen Verdünnung ist der Grenzwert $r = 1{,}20$. Es kann auch gezeigt werden, dass bei einem Mittelwert von mindestens 40–50 Kolonien der tatsächliche Wert für r_{min} nicht wesentlich vom Grenzwert abweicht, was anzeigt, dass Leistungsprüfungen von Methoden, die zur Bestimmung von r und R dienen, mit Proben durchgeführt werden sollten, bei denen sich je Platte oder Membranfilter eine Kolonienzahl von mindestens 40 ergibt.

7.7.3
Alternativen zur Bestimmung der Standardabweichung der Wiederholung (RSD)

Die Abschätzung der Wiederholbarkeit kann nach zwei grundlegend verschiedenen Vorgangsweisen durchgeführt werden. Eine besteht darin, durch mathematische Mittel alle Variationen, welche Behandlungen, Proben und anderen erkennbaren Ursachen zuzuschreiben sind, zu beseitigen. Was übrig bleibt, wird als Varianz der Wiederholbarkeit angesehen. Dies könnte als „aufteilendes" (splitting) Prinzip der Abschätzung bezeichnet werden. Es wird bei Methodenvergleichen mit Hilfe der Varianzanalyse eingesetzt. Die andere ist das „zusammenfassende" (lumping) Prinzip, bei dem bekannte Ursachen von Zufallsfehler zusammengestellt, getrennt abgeschätzt und dann addiert werden.

Weichen die Schätzwerte der Wiederholbarkeit, die auf die beiden Arten ermittelt wurden, erheblich voneinander ab, bedeutet dies, dass unerkannte Faktoren Schwankungen bei der Analyse hervorrufen.

a Das „Aufteilungsprinzip" (splitting principle)

Dies ist das Standardverfahren um die Wiederholbarkeit empirisch aus Paralleluntersuchungen von mehreren Proben abzuschätzen.

Die statistische Eliminierung der Varianzen zwischen Proben oder „Behandlungen" lässt einen Rest, die Varianz innerhalb einer Probe, die als experimenteller Zufallsfehler betrachtet wird. Darin sind alle bekannten und unbekannten Ursachen von Schwankungen enthalten, die nicht mit dem Aufbau des Experiments zusammenhängen. Was übrig bleibt, wird als unvermeidliche zufallsbedingte Variation angesehen.

Gelegentlich beteiligen sich viele Laboratorien an Ringversuchen, um einen gemeinsamen Schätzwert zu erhalten, von dem dann eine größere allgemeine Gültigkeit angenommen wird. Die Ermittlung der Standardabweichung der Wiederholbarkeit auf diese Art liefert in der Mikrobiologie in vielen Fällen hohe Werte. Daten aus den vom der AOAC organisierten Ringversuchen ergaben dafür anschauliche Beispiele (Lancette und Harmon 1980; Entis 1986; Ginn et al. 1986; Roth und Bontrager 1989; Curiale et al. 1989, 1990, 1991; Edberg et al. 1991).

b Das „Zusammenfassungsprinzip" (lumping principle)

Die Idee, den gesamten Zufallsfehler durch Addition mehrerer getrennt ermittelten Fehlerkomponenten abzuschätzen, wurde vor Jahrzehnten in die mikrobiologische Literatur eingeführt. Alle oder die bedeutendsten bekannten Ursachen für Zufallsfehler werden getrennt ermittelt und durch mathematische Modelle (Jarvis 1989) oder Computersimulation (Dahms 1992) zusammengefasst. Der Einfachheit halber werden die mathematisch zusammengesetzten Fehlerkomponenten als unabhängig voneinander angenommen. Bei der Computersimulation ist es nicht notwendig, diese Annahme zu machen.

Das Prinzip unabhängige Fehler zu kombinieren besteht darin, ihre geometrische Summe, auch euklidische Distanz genannt, zu berechnen. Um den Gesamtfehler zu erhalten, werden die Quadrate der Fehlerkomponenten addiert und die Quadratwurzel der Summe berechnet.

Keine der Fehlerkomponenten ist genau bekannt, es wurden jedoch Schätzwerte veröffentlicht. Eine aktuelle Zusammenfassung kann der Arbeit von Jarvis (1989) entnommen werden. Tabelle 7.3 enthält Werte, die bei quantitativen mikrobiologischen Verfahren als vernünftige Zielwerte für verschiedene Komponenten eines zufallsbedingten Fehlers betrachtet werden können.

Der in Tabelle 7.3 angegebene Gesamtverdünnungsfehler stellt eine beträchtliche Vereinfachung der ursprünglichen Vorstellung dar (Hedges 1967).

Die Schätzwerte in der Tabelle oder andere Werte, falls diese sich als repräsentativer erweisen, können in ein mathematisches Modell oder in ein Computersimulationsprogramm eingegeben werden, um einen „zusam-

Tabelle 7.3. Größenordnung der Hauptkomponenten zufallsbedingter Fehler bei einer problemlosen Kolonienzählmethode

Fehler	Symbol	Formel	Größenordnung
Zählfehler	s_Z	–	±5 %
Verteilungsfehler	s_C	$100/\sqrt{C}$	variiert in Abhängigkeit von C
Volumenfehler:			
1 ml	s_V	–	±2 %[a]
0,1 ml	s_V	–	±8 %[a]
Verdünnungsfehler:			
je Stufe	s_X	–	±2 %[b]
gesamt	s_D	$s_X k$	variiert in Abhängigkeit von k[c]

[a] Ist von den volumetrischen Geräten abhängig (siehe z. B. Jarvis 1989; Lorenz 1962).

[b] Unter der Annahme eines Übertragungsvolumens von 1 ml und eines Verdünnungsverhältnisses von 1:10 oder 1:100.

[c] k = Anzahl an Verdünnungsstufen (Übertragungen).

menfassenden" Schätzwert der Standardabweichung der Wiederholung zu erhalten.

Das nachstehende Modell umfasst die bedeutendsten Zufallskomponenten, die bei der Standardabweichung der Wiederholung des mikrobiologischen Kolonienzählsystems enthalten sind. Da Schätzwerte eingesetzt werden, wird in den statistischen Formeln das Symbol s an die Stelle von σ verwendet.

$$s_r = \sqrt{s_D^2 + s_V^2 + s_C^2 + s_Z^2}$$

s_r = Schätzwert der Standardabweichung der Wiederholung
s_D = Zufallsfehler der Verdünnung
s_V = Zufallsfehler des Inokulumvolumens
s_C = Verteilungsfehler der Kolonienzahl C
s_Z = Zufallsbedingter Zählfehler.

Die Formel lässt sich am einfachsten mit relativen Standardabweichungen RSD (in Prozent) anwenden. Die Umrechnung in logarithmischen Maßstab kann durch Division durch 230 oder 2,30 angenähert werden, abhängig davon, ob der Gesamtfehler in Prozenten oder RSD Werten berechnet wurde.

Die Wiederhol-Standardabweichungen aus Ringversuchen werden immer im dekadischen Logarithmus angegeben. Sie können durch Multiplikation mit 2,3026 in den natürlichen Logarithmus umgerechnet werden.

Die Standardabweichung der Poisson-Verteilung kann durch folgende Formel im logarithmischen Maßstab ausgedrückt werden:

$$s_{\log} = \frac{0,4343}{\sqrt{C}}$$

wobei C = der (vorgesehene) Mittelwert der Anzahlen an Kolonien je Platte und $s_{\log}$ die Standardabweichung im $\log_{10}$-Maßstab entspricht.

Daraus folgt, dass bei einer optimalen Anzahl von 80 Kolonien je Platte die Standardabweichung unter der Annahme einer Poissonverteilung (Verteilungsfehler s_C) etwa 0,05 $\log_{10}$-Einheiten beträgt. Die bei Ringversuchen nach dem Aufteilungsprinzip erhaltenen Werte liegen oft weit höher, häufig über 0,20. Die Wirklichkeit liegt, voraussichtlich, irgendwo zwischen den Extremwerten.

7.8
Experimentelle Konzepte zum Vergleich von Kolonienzählmethoden

Die vorangegangenen Abschnitte haben zahlreiche Faktoren beleuchtet, die bei der Anwendung mikrobiologischer Methoden die analytischen Ergebnisse beeinflussen. Leider ist es derzeit nicht möglich, eine Auswahl von Tests und Beobachtungen festzulegen, die die minimalen oder optimalen Anforderungen für die Validierung und Einführung von Methoden erfüllen. Es werden noch mehr praktische Erfahrungen mit empfohlenen Vorgangsweisen benötigt.

Eine andere Aufgabenstellung ist es, unter Alternativen die beste Methode auszuwählen. Aussagekräftige Vergleiche können vorgenommen werden, ohne die absolute Validität einer der alternativen Verfahren festzustellen. Es muss nur definiert werden, welche der zahlreichen quantitativen Kenndaten als Grundlage der Bewertung gewählt wird. In den meisten Fällen ist es die primäre Kolonienzahl.

Die mathematischen Grundsätze des Methodenvergleichs hängen nicht davon wie sehr sich die Verfahren qualitativ voneinander unterscheiden. Dieselben statistischen Tests sind allgemein einsetzbar, aber die Wahl des experimentellen Konzepts und die statistische Analyse können von der Beschaffenheit der Proben abhängen. Datentransformationen können von den zu vergleichenden Methoden beeinflusst sein.

Die Varianzanalyse ist das vielseitigste statistische Werkzeug beim Vergleich von Methoden, die konkrete numerische Daten umfassen. Ihre zahlreichen Varianten können für genaue Studien der Leistung von Methoden und Laboratorien eingesetzt werden. Mit der Unterstützung von Statistikern können fast alle Problemsituationen bewältigt werden.

Einige experimentelle Konzepte und Berechnungsbeispiele wurden in Normen veröffentlicht (ISO 1991). Zwei Konzepte, die für den Vergleich von Methoden nützlich sind, werden nachstehend beschrieben.

7.8.1
Methodenvergleiche mit nicht-gestressten Proben oder Reinkulturen

- *Probenarten:* Künstlich kontaminierte (aufgestockte) Proben und Suspensionen von Reinkulturen.

- *Konzept:* Eine angemessene Anzahl repräsentativer Proben (20 oder mehr) wird zusammengestellt. Die Proben werden nacheinander bis zu einer geeigneten Konzentration von Zielorganismen verdünnt. Im Zweifelsfall werden mehrere Verdünnungen untersucht. Die Endsuspension wird entweder in so viele Teile geteilt wie Methoden zu vergleichen sind, oder es sind Teilproben zu erstellen. Eine Bestimmung wird pro Methode mit der Endsuspension durchgeführt (Abb. 7.1).

- *Einschränkung:* Weisen Methoden bei unterschiedlichen Proben unterschiedliche relative Wiederfindungen auf, ist die Aussagekraft der Leistungsuntersuchung begrenzt. Eine mäßige oder hohe Kontamination ist erforderlich, außer bei Proben von homogenen Flüssigkeiten.

- *Statistische Analyse:* t-Test für paarweise Vergleiche (für zwei Methoden), Varianzanalyse (ANOVA) für zwei oder mehr Methoden.

- *Datentransformation:* Wenn Methoden von unterschiedlichen Ausgangsverdünnungen beginnen (beispielsweise Spiralplattieren versus Oberflächen-Spatelverfahren, HGMF versus Ausplattieren, „moderne" versus traditionelle Verfahren) sind die Daten zuerst in Kolonienzahl-Ablesungen pro Originalprobe oder pro letzter gemeinsamer Verdünnung umzurechnen. Andernfalls können die Daten der ursprünglichen Kolonienzahlen ohne Multiplikation mit dem Verdünnungsfaktor verwendet werden. Zur Endauswertung wird eine logarithmische Transformation vorgenommen.

- *Bewertung:* Sowohl statische und als auch praktische Betrachtungen sind wichtig. Unterschiede, die zu klein sind um in der Praxis Bedeutung zu haben, können als statistisch signifikant festgestellt werden. Dieses wenig wahrscheinliche Ereignis kann auf eine unnötigerweise zu große Datenmenge zurückzuführen sein. Wird eine mittlere Differenz mit einer beträchtlichen Größenordnung als statistisch nicht signifikant erkannt, sind mehr Daten notwendig, um eine Aussage treffen zu können.

- *Hinweise:* Die Teilung von Proben oder die Entnahme von Teilproben sollte bei festen Proben vermieden werden, da eine Ausgangssuspension mit ausreichender zufallsbedingter Verteilung wesentlich ist. Daher sind Proben mit relativ hoher Kontamination für Methodenvergleiche am besten geeignet. Dies kann zur „Zensurierung" von Proben oder Daten führen. Die Repräsentativität der Proben und die Aussagekraft der numerischen Analyse müssen gegeneinander abgewogen werden. Niedrige Kontamination, die zu niedrigen Kolonienzahlen führt, reduziert die Aussagekraft des mathematischen Tests durch Erhöhung des Zufallsfehlers.

Probe 1	Verdünnung	Endsuspension	Methode 1 —— Messung Methode 2 —— Messung Methode 3 —— Messung
Probe 2	Verdünnung	Endsuspension	Methode 1 —— Messung Methode 2 —— Messung Methode 3 —— Messung
Probe 3	analog		

Abb. 7.1. Experimentelles Konzept zum einfachen Vergleich von zwei oder mehr Verfahren

7.8.2
Generelles Konzept zur Erfassung von Inkonsistenzen bei Methoden und Verfahren – Zweifaktorielle Varianzanalyse mit Wiederholung

Die oben beschriebenen einfachen Tests funktionieren nur dann gut, wenn die Differenzen der relativen Wiederfindung zwischen den Methoden bei allen Proben übereinstimmen. Mit anderen Worten, eine Methode ist bei allen Arten von Proben die Beste. Diese Annahme gilt in der Regel nicht für natürliche Proben. Es ist wahrscheinlich, dass die relative Wiederfindung (oder Bias) vom physiologischen Zustand der Zielpopulation abhängt, sowie von der Art und der Anzahl der Nicht-Zielpopulation. Beide Faktoren können von Probe zu Probe variieren entweder natürlich oder geplant.

Diese Situation erfordert ein experimentelles Konzept, das Wiederholungen mit jedem Verfahren bei jeder Probe umfasst. Das geeignete statistische Konzept ist die zweifaktorielle Varianzanalyse mit Wiederholung. Technisch betrachtet bedeutet dies das parallele Ausplattieren nach den oben angeführten Beispielen.

- *Anwendungsbereich:* Prüfung von Methoden und Verfahren mit Zielpopulationen, bei denen eine nicht einheitliche Reaktion gegenüber verschiedenen Methoden vermutet wird.

- *Probentypen:* Künstlich mit Mischungen aus Reinkulturen kontaminierte Proben, natürlich kontaminierte Proben, und Proben, deren Zielorganismen unterschiedlichen Belastungen ausgesetzt wurden.

- *Zweck:* Methodenvergleich, Ermittlung von Schätzwerten für die Wiederholbarkeit.

- *Konzept:* Eine repräsentative Reihe von Proben wird zusammengestellt. Jede Proben wird bis zur erwarteten, geeigneten Konzentration des Zielorganismus verdünnt. Im Zweifelsfalle sind mehrere Verdünnungen zu untersuchen. Falls erforderlich kann jede Probe an einem anderen Tag untersucht werden. Gleiche Teilproben der Endverdünnung werden entnommen und im Doppelansatz mit allen zu vergleichenden Methoden untersucht (Abb. 7.2).

- *Einschränkungen:* Fehlende Daten und Nullergebnisse verursachen Probleme. Es ist daher sehr wichtig, die richtige Verdünnung zu erreichen.

Es wird davon abgeraten, Nullergebnisse durch 1 und fehlende Daten durch geschätzte Werte zu ersetzen. Proben mit solchen Ergebnissen sollten ausgeschieden werden.

- *Statistische Analyse*: zweifach-faktorielle Varianzanalyse mit Wiederholung.

- *Datentransformation:* Bei Proben, bei denen unterschiedliche Methoden zu auswertbaren Platten in unterschiedlichen Verdünnungsstufen führen, werden die Anzahlen zuerst auf eine übliche Verdünnung standardisiert. Bei anderen Proben werden die ursprünglichen Kolonienzahlen ausgewertet. Vor der statistischen Analyse wird eine logarithmische Transformation durchgeführt.

- *Hinweise:* Falls die Wechselwirkung statistisch nicht signifikant ist, ist es von Interesse, die Haupteffekte zu untersuchen. Ob die Effekte der Methode zufallsbedingt oder konstant sind, kann durch die Interpretation bedingt sein. Werden zwei Chargen des gleichen Nährmediums geprüft, ist der Effekt zweifelsfrei zufallsbedingt. Werden zwei Methoden Verfahren mit Medien unterschiedlicher Zusammensetzung geprüft, kann es zulässig sein, die Effekte als konstant zu betrachten. Um auf der konservativen Seite zu sein, ist es am besten, die Haupteffekte der Methoden gegen die Wechselwirkung zu untersuchen. Der Haupteffekt der Proben ist niemals von Interesse, da bekannt ist, dass die Suspensionen verschiedene Bakterienkonzentrationen aufweisen. Ein Beispiel mit genauem Berechnungsverfahren ist in ISO 9998:1991 beschrieben.

Die Bewertung der Leistung von Methoden auf der Basis von Kolonienzahlen allein kann sich bei selektiven Methoden als ungeeignet herausstel-

Abb. 7.2. Der „Grundstein" des experimentellen Konzepts einer zweifaktoriellen Varianzanalyse mit Wiederholung zum Vergleich von Methoden

Probe 1	Verdünnung	Methode 1	Messung 1 Messung 2
		Methode 2	Messung 1 Messung 2
		Methode 3	Messung 1 Messung 2
Probe 2, 3, 4, … usw.			

len. Eine Erhöhung der Kolonienzahlen könnte lediglich eine Zunahme an falsch-positiven Kolonien zum Ausdruck bringen. Um eine vollständigere Bewertung zu erhalten ist es empfehlenswert, dieselbe statistische Analyse mit den bestätigten Kolonienzahlen und nach Möglichkeit auch mit den Bestätigungsraten durchzuführen.

Literatur

Curiale MS, Fahey P, Fox TL, McAllister JS (1989) Dry rehydratable films for enumeration of coliforms and aerobic bacteria in dairy products. Collaborative study. J Assoc Off Anal Chem 72:312–318

Curiale MS, Sons T, McAllister JS, Halsey B., Fox TL (1990) Dry rehydratable film for enumeration of total aerobic bacteria in foods. Collaborative study. J Assoc Off Anal Chem 73:242–248

Curiale MS, Sons T, McIver D, McAllister JS, Halsey B, Roblee DE, Fox TL (1991) Dry rehydratable film for enumeration of total coliforms and *Escherichia coli* in foods. Collaborative study. J Assoc Off Anal Chem 74:635–648

Dahms S (1992) Simulation als Mittel der Modellkritik: über den Versuch ein Problem mikrobiologischen Arbeitens statistisch zu lösen. Diss., Univ. Bielefeld. ISBN 3-89473-479-S

Edberg SC, Allen MJ, Smith DB (1991) Defined substrate technology method for rapid and specific simultaneous enumeration of total coliforms and Escherichia coli from water. Collaborative study. J Assoc Off Anal Chem 74:526–529

Entis P (1986) Hydrophobic grid membrane filter method for aerobic plate count in foods. Collaborative study. J Assoc Off Anal Chem 69:671–676

Ginn RE, Packard VS, Fox TL (1986) Enumeration of total bacteria and coliforms in milk by dry rehydratable film methods. Collaborative study. J Assoc Off Anal Chem 69:527–531

Haas CN, Heller B (1990) Statistical approaches to monitoring. In: McFeters GA (ed) Drinking water microbiology. Springer, New York, pp 412–427

Havelaar AH (1993) The place for microbiological monitoring in the production of safe drinking water. In: Safety of drinking water disinfection: Balancing chemical and microbiogical risks. ILSI PRESS, Washington, DC, pp 127–141

Havelaar AH (1995) Water analysis – microbiological analysis. In: Encyclopedia of Analytical Science. Academic Press, London, pp 5502–5509.

Havelaar AH, Heisterkamp SH, Hoekstra JA, Mooijman KA (1993) Performance characteristics of methods for the bacteriological examination of water. Water Sci Technol 27(3–4):1–13

Hedges AJ (1967) On the dilution errors involved in estimating bacterial numbers by the plating method. Biometrics 23:158–159

Hernandez JF, Guibert JM, Delattre JM, Oger C, Charriere C, Hughes B, Serceau R, Sinegre F (1991) Evaluation of a miniaturized procedure for enumeration of *Escherichia coli* in sea water, based upon hydrolysis of 4-methylumbelliferyl-ß-D-glucuronide. Water Res 25:1073–1078

Hildebrandt G, Weiss H, Hirst L (1986) A propos Farmiloe's formula. Fleischwirtschaft 66:1128–1130

ISO (1991) Water quality – Practices for evaluation and controlling microbiological colony count media used in water quality tests. International Standard ISO 9998: 1991(E)

ISO (1993) Water quality – Vocabulary – Part 8. International Standard ISO 6107-8: 1993

ISO (1994) Guide for the determination of repeatability and reproducibility for a standard test method by interlaboratory tests. ISO 5725:1994

Karwoski M (1994) Applications of automated direct and indirect methods for food microbiology. Technical Research Centre of Finland (VTT), Espoo, Finland, 121 pp + app. 69 pp

Lancette GA, Harmon SM (1980) Enumeration and confirmation of *Bacillus cereus* in foods. Collaborative study. J Assoc Off Anal Chem 63:581–586

Lightfoot NF, Tillet HE, Lee JV (1995) An evaluation of presence/absence test for coliform organisms and *E. coli*. Public Health Laboratory Service, DOE Contract 7/7/424 Final report, Mai 1995. Environment Agency, ISBN 011 7532436

Lorenz RJ (1962) Über die experimentellen Fehler bei der Volumenmessung mit Pipetten. Zbl Bakt Parasitkde Inf Hyg, Abt. 1 Orig. 187:406–416

Mooijman KA, in 't Veld PH, Hoeksra JA, Heisterkamp SH, Havelaar AH, Notermans SHW, Roberts D, Griepink B, Maier E (1992) Development of microbiological reference materials. Commission of the European Communities, Community Bureau of Reference, Report EUR 14375 EN, ISSN 1018-5593

Niemelä S (1965) Quantitative estimation of bacterial colonies on membrane filters. Ann Acad Sci Fenn Ser A VI Biologica:1–65

Olsen JE, Aboo S, Hill W, Notermans S, Wernars K, Granum PE, Popovic T, Rasmussen HN, Olsvik O (1995) Probes and polymerase chain reaction for detection of food-borne pathogens. Int J Food Microbiol 28:1–120

Pitton C, Grappin R (1991) A model for statistical evaluation of precision parameters of microbiological methods: application to dry rehydratable film methods and IDF reference methods for enumeration of total aerobic mesophilic flora and coliforms in raw milk. J Assoc Off Anal Chem 74:92–97

Rentenaar MF, Van der Sande CAFM (1994) Micro Val, a new and challenging Eureka project. Trends Food Sci Technology 5:131–133

Roth JN, Bontrager GL (1989) Temperature-independent pectin gel method for coliform determination in dairy products. Collaborative study. J Assoc Off Anal Chem 72:298–302

Schijven JF, Havelaar AH, Bahar M (1994) A simple and widely applicable method for preparing homogeneous and stable quality control samples in water microbiology. Appl Environ Microbiol 60:4160–4162

Tillet HE, Lightfoot, NF (1995) Quality control in environmental microbiology compared with chemistry: what is homogenous and what is random? Water Sci Tech 31:471–477

Van der Kooij D, Veenendaal HR (1992) Assessment of the biofilm formation characteristics of drinking water. In: Proceedings American Water Works Association Water Quality Technology Conference, 15. bis 19. November 1992, Toronto, Kanada, pp 1099–1110

Van der Kooij D, Veenendaal HR (1993) Assessment of the biofilm formation potential of synthetic materials in contact with drinking water during distribution. In: Proceedings American Water Works Association Water Quality Technology Conference, 7. bis 11. November 1993, Miami, FL, pp 1395–1407

Youden WJ, Steiner EH (1975) Statistical manual of the AOAC. Association of Official Analytical Chemists, ISBN 0-935584-15-3

Kapitel 8

Analytische Qualitätskontrolle in der Mikrobiologie

8.1
Einführung

Die analytische Qualitätskontrolle (AQC) ist ein Teil des gesamten Qualitätssicherungsprogramms eines Laboratoriums und sollte als dessen Bestandteil eingeführt und bewertet werden. Das allgemeine Qualitätssicherungsprogramm stellt sicher, dass alle Arbeiten in Übereinstimmung mit festgelegten Vorschriften durchgeführt werden (Standardarbeitsvorschriften oder SOP), dass Geräte und Materialien ausreichend gewartet werden etc. Die analytische Qualitätskontrolle wird definiert als die Arbeitstechniken und -aktivitäten, die eingesetzt werden, um die Anforderungen an die Qualität zu erfüllen (ISO 9000, 3.4).

Dieses Kapitel beschreibt einen praktischen Ansatz, um die Zuständigkeiten für AQC über verschiedene Mitarbeiter-Hierarchien im Laboratorium zu verteilen und einen Zeitrahmen für die Ausführung verschiedener Aspekte der AQC festzulegen. Das Prinzip ist, die Prüfungen in drei Ebenen zu unterteilen. Die erste Ebene ist die Verantwortlichkeit des Untersuchers, der die Analysen tatsächlich durchführt, Kontrollen auf dieser Ebene werden sehr häufig durchgeführt. Hauptziel ist es sicherzustellen, dass alle Aspekte der Untersuchung unter Kontrolle sind und dass die Untersuchungen über einen Zeitraum konsistent sind. Die zweite Ebene ist die Verantwortlichkeit einer vom Untersucher unabhängigen Person, und wird weniger häufig durchgeführt. Hauptziel ist es sicherzustellen, dass verschiedene Untersucher oder Laborgeräte gleiche Ergebnisse erzielen oder dass Einzelergebnisse keinen Bias aufweisen. Die dritte Ebene ist die Verantwortlichkeit des Labormanagements, die besonders darauf abzielt, die Vergleichbarkeit zwischen Laboratorien sicherzustellen.

Die folgenden Abschnitte beschreiben einige allgemeine Aspekte der AQC auf diesen drei Ebenen und liefern Beispiele für Instrumente, die in mikrobiologischen Laboratorien eingesetzt werden können. Die Beispiele stammen hauptsächlich von (selektiven) bakteriologischen Kultivierungsmethoden, entweder Anreicherung oder Kolonienzahlbestimmungen, da diese Verfahren sehr spezifisch für die Wasser- und Lebensmittelmikrobiologie sind.

Die Qualitätskontrolle chemischer Analysen beruht großteils auf genau definierten Referenzmaterialien und Standardlösungen. Es ist nicht so leicht, stabile Referenzmaterialien für die quantitative Mikrobiologie herzustellen, und die genaue Anzahl von Organismen pro Probe ist unbekannt. Das Beste, was für eine gut hergestellte und gründlich gemischte Charge erreichbar ist, ist eine Zufallsverteilung von Organismen, die mathematisch durch die Poisson'sche Formel beschrieben werden kann. Dieses Material wird bisweilen als homogen bezeichnet, wenngleich dies für den mikrobiologischen Bereich nicht vollkommen zutrifft, da die Anzahl an Mikroorganismen von Probe zu Probe nicht gleichmäßig ist (Tillett und Lightfoot 1995). Selbst die besten heute verfügbaren Materialien entsprechen nicht immer der von der Poisson-Formel vorhergesagten Verteilung.

Deshalb stützt sich die mikrobiologische Qualitätskontrolle sehr stark auf den Vergleich von beobachteter und erwarteter oder „akzeptabler" Variabilität. Die interne Qualitätskontrolle erzielt immer dann die besten Ergebnisse, wenn Suspensionen oder Pulver so gut gemischt sind, dass die Verteilung von lebensfähigen Partikeln als rein zufällig angesehen werden kann. Wann immer zwei oder mehr Messwerte so erhalten wurden, dass sie sich auf eine bestimmte gut vermischte Probe zurückverfolgen lassen, können die Resultate für die AQC verwendet werden.

Mikrobiologische Zählverfahren erfassen lebende Organismen. Der Analyt (die Mikroorganismenpopulation) ist aktiv an der quantitativen Bestimmung beteiligt. Der Untersucher, die Bakterienpopulation und das Kulturmedium beeinflussen diesen Prozess wechselseitig auf vielerlei Weise. Deshalb können die Ergebnisse eine Variabilität aufweisen, die unvorhersehbar ist, aber als biologisches Phänomen verstanden werden kann.

Wechselwirkungen werden umso häufiger und komplexer, je höher die Kolonienzahl je Platte ist. Der Beginn von Interferenzen kann allmählich sein, kann aber es kann auch erhebliche Ausmaße annehmen, besonders bei selektiven Medien. Ersteres zeigt sich meist in Form steigender Variabilität mit zunehmender Kolonienzahl. Letzteres verursacht einen plötzlichen Verlust der Korrelation zwischen Kolonienzahlen und den Probenvolumina. Beide Beobachtungen beeinflussen die Bestimmung der Zählobergrenze eines Mediums.

Ein routinemäßiger Überwachungsplan beinhaltet meist keine Doppelbestimmung als Teil von Methoden. Mit einem Einzelmessergebnis pro Probe stützt sich die Qualitätskontrolle auf die Fähigkeit des Untersuchers, auffällige Wachstumsmuster zu entdecken. Diese Fähigkeit kann sich nur dann richtig entwickeln, wenn der Untersucher die Möglichkeit hat, seine Ergebnisse gelegentlich mit externen oder internen Referenzen zu vergleichen. Die Analyse der Variation von Doppel- oder Mehrfachbestimmungen liefert in vielen Fällen wertvolle Informationen für die Qualitätskontrolle.

In diesem Kapitel werden einige Möglichkeiten der graphischen Darstellung der Qualität von analytischen Messungen empfohlen. Sie beruhen auf ziemlich eingeschränkten Erfahrungen, und es ist zu erwarten, dass sie in Zukunft noch verbessert werden. Die visuelle Kontrolle kann höchst aufschlussreich sein. Durch die Einführung von einigen Darstellungen der statistisch zu erwarteten Bereiche kann man die Nützlichkeit von Kontrollkarten zu prüfen, die in der operativen Forschung aussagekräftige Werkzeuge sind, jedoch für die Mikrobiologie bisher noch nicht voll adaptiert wurden und sich noch nicht vollständig bewährt haben. Genau genommen sind diese visuellen Darstellungen Leitkarten, die dazu dienen, Untersuchungen einzuleiten.

8.2
Prüfungen auf erster Ebene

8.2.1
Allgemeine Grundsätze

Prüfungen der ersten Ebene werden als Mittel der Selbstkontrolle vom Untersucher durchgeführt und ausgewertet. Kriterien für Annahme oder Ablehnung der Ergebnisse sollten vorzugsweise vorher festgelegt werden, ebenso geeignete Massnahmen, falls die Ergebnisse nicht den Anforderungen entsprechen. Im Allgemeinen ist die Auswertung von Prüfungen auf erster Ebene vom direkten Vorgesetzten des Untersuchers zu überwachen, der auch für die Festlegung von Kriterien und die Ausarbeitung von Aktionsplänen zuständig sein sollte. Es ist ratsam, Prüfungen auf erster Ebene bei jeder Untersuchungsreihe durchzuführen. Eine Reihe wird definiert als eine Anzahl von Untersuchungen, die unter identischen Bedingungen durchgeführt werden (z. B. gleicher Untersucher, gleiche Charge von Kulturmedien und Reagenzien, gleiche Geräte, gleiches Zeitintervall etc.).

a Vor der Analyse

Vor Beginn der Analyse ist zu prüfen, ob alle notwendigen Materialien und Geräte in einem Zustand sind, die den in den Standardarbeitsverfahren beschriebenen Anforderungen genügen. Dies gilt für:

- *Proben:* Etikettierung, Probenbegleitblätter, Lagerung, Konservierung und Vollständigkeit (siehe Kapitel 4).

- *Ausstattung:* Status von Kalibration und Validierung und abschließende Justierung von Probenbearbeitungsgeräten, Pipetten und anderen maß-analytischen Glasgeräten, Brutschränken, pH-Metern etc. In diesem Zusammenhang gelten folgende Definitionen (siehe auch Kapitel 5 und 6):

  - *Kalibrierung:* Bestimmung des Wertes der Abweichungen einer Messvorrichtung von einem bestimmten Standard und, falls erforderlich, Festlegung anderer Eigenschaften der Messung

  - *Verifikation:* Nachprüfung, ob die Messvorrichtung vollständig mit den Anforderungen für die Art der Untersuchung übereinstimmt, die zum Zeitpunkt der Prüfung gelten

  - *Validierung:* Prüfung von Daten nach vorgegebenen Kriterien

  - *Justierung:* Durchführung der erforderlichen Maßnahmen, um sicherzustellen, dass die Messvorrichtung ausreichend genau arbeitet, um für den vorgesehenen Einsatz geeignet zu sein

  Ein einfaches Beispiel veranschaulicht den Nutzen dieser verschiedenen Konzepte. Ein Brutschrank sollte jederzeit und an allen Stellen eine Temperatur von 37 °C ±1 °C aufrechterhalten. Um diese Anforderung zu *verifizieren*, wird eine *Validierung* durchgeführt. Dazu werden Präzisions-thermometer eingesetzt, die gegen ein Bezugsthermometer, das auf Primärstandards zurückverfolgbar ist, kalibriert wurden. Alle Abweichungen werden aufgezeichnet und zur Korrektur der Anzeige der Thermometer verwendet. Das (die) Thermometer wird (werden) dann zur Messung der Temperatur an verschiedenen Stellen im Brutschrank während einer bestimmten Zeitspanne eingesetzt. Ist der Unterschied zwischen der niedrigsten und höchsten aufgezeichneten Temperatur kleiner als 2 °C, kann der Brutschrank für den vorgesehenen Zweck eingesetzt werden, vorausgesetzt die mittlere Temperatur beträgt 37 °C. Wenn die mittlere Temperatur abweicht, wird der Inkubator über seinen Temperaturregelknopf *justiert* und die Validierung wiederholt.

- *Kulturmedien, Filter und Reagenzien:* Ein Laboratorium kann festlegen, dass bestimmte Merkmale zu überprüfen sind, bevor neue Chargen von Medien, Filtern oder Chemikalien zur Verwendung freigegeben werden. Diese Überprüfungen können an Flaschen aus neu gekauften Beständen (dehydrierte Medien, Membranfilter) durchgeführt werden, und können dann für die restliche Lagerzeit der Materialien gültig bleiben. Es ist ebenfalls möglich, jede Charge gebrauchsfertiger Materialien zu prüfen, z. B. gegossene Platten mit Kulturmedien, komplette Reagenzien etc. Die jeweils am Besten geeignete Maßnahme ergibt sich aus der Art der Materialien und der Kontrolle des Herstellungsprozesses im Laboratorium (siehe auch Kapitel 6). Auf jeden Fall sollte der Untersucher sicherstellen, dass die erforderlichen Prüfungen vorgenommen und die Materialien zur Verwendung freigegeben worden sind. Darüber hinaus sind Ablaufdaten, Aussehen etc. zu notieren.

b Während der Analyse

Alle während der Analyse anfallenden Informationen sind zu beachten und falls erforderlich aufzuzeichnen. Dies kann belegen, dass die Untersuchung korrekt durchgeführt wurde, wird normalerweise aber nur bestimmte Aspekte der Gesamtuntersuchung erfassen. Beispiele für relevante Daten sind:

- *Allgemein:* Temperaturaufzeichnung während der Probenbehandlung und Inkubation, Überprüfung der anaeroben Bedingungen (sofern zutrefend), Bestätigungsraten typischer Kolonien

- *Flüssigmedien:* Kategorien von MPN-Kombinationen, Vorhandensein von Hintergrundflora bei Plattenzählungen: Auftreten von Hintergrundflora, Aussehen der Kolonien, räumliche Verteilung der Kolonien über die Oberfläche, Austrocknen von Platten, oder übermäßiges Austreten von Wasser

c Zusätzlich zur Analyse

Um alle Aspekte des Analysenprozesses genauer zu erfassen, können zusätzliche Proben mit bekannten Merkmalen in der Analysenreihe mitgeführt werden. Diese Proben können im Laboratorium hergestellt oder von auswärts bezogen werden. Beispiele sind:

- *Parallelplatten:* Ein Volumen aus der Endsuspension wird doppelt, dreifach untersucht.

- *Verfahrensblindproben:* Eine sterile Flüssigkeit wird allen Schritten des Analysenprozesses unterworfen.

- *Positive Kontrollproben*: Eine stabile und gut gemischte Probe, von der angenommen wird, dass sie eine mittlere Konzentration der richtigen Größenordnung eines repräsentativen Bakterienstamm des Zielorganismus enthält, wird untersucht (diese Proben können aus Reinkulturen oder aus natürlich kontaminierten Proben hergestellt werden und durch Tieffrieren oder Trocknen stabilisiert werden).

- *Negative Kontrollproben:* Eine stabile und gut gemischte Probe von der angenommen wird, dass sie eine geeignete Konzentration eines repräsentativen Stammes von (oder einer Mischung aus) Nicht-Zielorganismen enthält, wird untersucht.

- *Standard-Addition:* Eine positive oder eine negative Kontrollprobe wird der zu untersuchenden Probe hinzugefügt und die Wiederfindung des Zielorganismus wird ausgewertet; derzeit ist das für presence/absence-Verfahren möglich. Für die Kolonienzahlbestimmungen gibt es noch keine Vorgangsweise.

- *Kolonienzahlbestimmungen mit unterschiedlichen Volumina*

Mehrere Instrumente zur Qualitätskontrolle auf erster Ebene sind nachstehend im Detail angeführt. Dabei ist zu berücksichtigen, dass die ernsthafte Entwicklung dieser Instrumente für die Mikrobiologie gerade erst am Anfang steht, in nächster Zukunft sind erhebliche Fortschritte zu erwarten. Derzeit sind Ergebnisse analytischer Qualitätskontrollen mit Vorsicht zu interpretieren.

8.2.2
Blindproben

Zur Bewertung steriler Arbeitsbedingungen über das gesamte Analysenverfahren wird der Einsatz von Blindproben für jede Analysenreihe empfohlen. Die übliche Vorgangsweise, eine unbeimpfte Platte oder Flasche mit Nährmedium mitzuführen, reicht nicht aus, da sie nur einen Aspekt der Gesamtuntersuchung abdeckt. Es sollte stattdessen eine Verfahrensblindprobe eingesetzt werden, d. h. eine Probe aus sterilem Wasser oder Verdünnungsmittel, die genau so behandelt wurde, wie die zu untersuchenden Proben, einschließlich allfälliger Verdünnungen, Pipettierungen, Filtrationen, Inkubationen etc. Wenn möglich sollte auch der Proben-entnahmeprozess mit diesen Verfahren geprüft werden. Wenn die Ergebnisse konstant gut sind, kann das Programm der Sterilitätsprüfung von Glasgeräten und Medien vor den Analysen reduziert werden.

8.2.3
Paralleles Ausplattieren

a Hintergrund

Die Verteilung lebensfähiger Einheiten in einer gut durchmischten Suspension folgt bekanntlich der Poisson'schen Formel (siehe Einführung zu diesem Kapitel), auch wenn einige Organismen natürliche Anziehung oder Abstoßung aufweisen, wodurch die Variation etwas größer wird (d. h. eine „Überdispersion" verursacht). Für den Zweck dieser Qualitätskontrolle wird angenommen, dass eine derartige Überdispersion keinen Einfluss hat; diese Annahme hat sich aus der praktischen Erfahrung der Autoren ergeben. Eine deutliche Abweichung von der Poisson-Verteilung in einer Serie von Parallelbestimmungen der Kolonienzahl ist daher ein Anzeichen für Probleme in der Endphase der quantitativen Vorgangsweise, d. h. beim Kolonienwachstum und der Kolonienzahlbestimmung.

Gehört paralleles Ausplattieren nicht zur normalen Vorgangsweise, sollte es als Qualitätskontrollmassnahme bei einem angemessenen Anteil von Untersuchungen eingeführt werden. Die Auswahl der Proben für diese Sonderbehandlung sollte nach einem festgelegten Plan durchgeführt werden, das kann eine Zufallsauswahl oder ein systematischer Plan sein (z. B. die jeweils n-te Probe einer Serie).

Aus wirtschaftlichen Gründen wird die Anzahl an Parallelplatten in der Routineüberwachung, falls eingesetzt, kaum mehr als zwei oder drei betragen. Die Kompatibilität der bestimmten Zahlen mit der erwarteten Zufallsverteilung von Organismen zwischen den untersuchten Parallelproben kann überprüft werden, indem entweder der Poisson'sche Dispersionsindex (D^2) oder dessen Log-Likelihood-Index (G^2) berechnet wird. Hinsichtlich der Berechnung wird auf den Anhang verwiesen.

Bei zwei Parallelproben ist die Wurzeldifferenz ein geeignetes Maß. Die dadurch erhaltene QC-Information entspricht jener der anderen Indices. Ihr numerischer Wert liegt nahe der Quadratwurzeln der beiden anderen Indices (D^2 und G^2).

Das statistische Kriterium der beiden Dispersionsindices ist die χ^2-Verteilung, die der Wurzeldifferenz ergibt sich aus der theoretischen konstanten Varianz (0,25) von wurzeltransformierten Poisson'schen Daten. Die erwartete Standardabweichung der Differenz beträgt daher etwa 0,7. Das Doppelte dieses Wertes könnte als Richtwert eingesetzt werden.

Deutlich erhöhte Variation (Überdispersion) ist ein Zeichen für Probleme beim Kolonienwachstum oder bei deren Zählung. Einige der möglichen Ursachen, abgesehen von mangelnder Erfahrung des Untersuchers beim Zählen der Kolonien, sind: Kontamination, Nachlässigkeit des Untersuchers, ungenaue Volumenmessungen, Wechselwirkungen zwischen Mikroorganismenarten, Funktionsstörungen des Mediums und Probleme mit Brutschränken oder anderen Geräten.

Zuverlässige Aussagen über die Leistung des Mediums oder des Untersuchers lassen sich erst nach der Sammlung größerer Mengen von Dispersionsdaten machen. Trotzdem sollten die Untersucher den Verteilungsindex jedes Satzes von Parallelproben berechnen und prüfen, denn die Chancen, die Ursachen der Überdispersion zu finden, sind besser, wenn die Situation entdeckt wird, solange die Platten noch zur Kontrolle vorliegen.

Die Ermittlung der Ursache der Überdispersion ist wichtig, denn ein Mittelwert auf der Basis einer überdispergierten Probenserie kann ungenau und wenig hilfreich sein. Das ist der Fall, wenn die Überdispersion durch kontaminierte Platten oder Wachstumsbeeinträchtigungen verursacht wurde.

b Vorgangsweise

1. Mit gleichen Volumina einer Suspension aus derselben Flasche wird eine Serie gleicher Platten inokuliert (das Wechseln der Pipette zwischen den Proben ergibt keinen signifikanten Unterschied).

2. Die Platten werden gemäß der für die Untersuchung empfohlenen Standardvorgangsweisen bebrütet.

3. Die Platten werden nach der Inkubation sorgfältig kontrolliert, alle Aussergewöhnlichkeiten werden festgehalten. Die Kolonien werden gezählt.

4. Der Wert jedes der drei Homogenitätsindices wird unter Einsatz statistischer Tabellen berechnet, sobald die Kolonien gezählt sind. Im Fall von erheblicher Überdispersion, sind die Aufzeichnungen der Sichtkontrolle zu überprüfen und die Platten, falls erforderlich, neu zu untersuchen.

c Berechnungen

Hinsichtlich der mathematischen Formeln, die für die Berechnung des Poisson'schen Verteilungsindex (D^2) oder des Log-Likelihood-Index (G^2) notwendig sind, wird auf den Anhang verwiesen. Mooijman et al. (1992) haben die T_1-Statistik als besondere Anwendung des D^2-Index beschrieben, um die Dispersion einer großen Zahl von Parallelplatten aus verschiedenen Proben zu untersuchen. Dies ist besonders nützlich bei der Anwendung für Routineanalysen, wenn paralleles Ausplattieren durchgeführt wird. Die Formel ist in Anhang A enthalten.

Die Wurzeldifferenz ist die Differenz zwischen den beiden Werten nach dem Ziehen ihrer Quadratwurzeln.

Die Variation von z zwischen Analysenproben aus einer einzelnen aufgelösten Kapsel (T_1) und zwischen den Analysenproben aus verschiedenen aufgelösten Kapseln einer einzelnen Charge (T_2) wurden getrennt geprüft (Heisterkamp et al. 1992). Zur Ermittlung der Variation von z zwischen den Analysenproben einer einzelnen aufgelösten Kapsel wurde die T_1-Teststatistik angewendet:

$$T_1 = \sum_i \sum_j \left[(z_{ij} - z_{i+} / J)^2 / (z_{i+} / J) \right]$$

worin z_{ij} = das Resultat der Teilprobe j der Kapsel i,

$$z_{i+} = \sum_j z_{ij}$$

die Gesamtzahl der Konzentration kolonienbildender Einheiten in allen Proben einer Kapsel und J = die Anzahl von Teilproben einer Kapsel ist.

Zur Ermittlung der Schwankung zwischen Proben verschiedener Kapseln einer Charge wurde die T_2-Teststatistik angewendet:

$$T_2 = \sum_i \left[(z_{i+} - z_{++} / I)^2 / (z_{++} / I) \right]$$

worin

$$z_{++} = \sum_i (\sum_j z_{ij})$$

die Gesamtzahl der Konzentration kolonienbildender Einheiten in allen Proben einer Charge von Kapseln und $I =$ die Anzahl von Kapseln ist.

Bei einer Poisson-Verteilung folgen T_1 und T_2 einer χ^2-Verteilung mit jeweils $i(j-1)$ und $(i-1)$ Freiheitsgraden. In diesem Fall sind die erwarteten Werte von T_1 und T_2 gleich der Anzahl der Freiheitsgrade. Somit wird erwartet, dass $T_1 / \{i(j-1)\}$ und $T_2 / (i-1)$ gleich eins sind.

d Diagramme

Gleich welcher AQC-Index aus den oben genannten ausgewählt wird, die Werte sollten gegen den $\log_{10}$-Mittelwert der Kolonienzahl auf der Abszisse aufgetragen werden. Die Diagramme sind leichter zu interpretieren, wenn Mittelwerte von weniger als etwa 10 getrennt ausgewertet werden. Im Gegensatz dazu sind Kolonienzahlen oberhalb der empfohlenen oberen Zählgrenze nützlich.

Es hat sich gezeigt, dass die D^2- und G^2-Indices gelegentlich sehr hohe Werte erreichen. Sie können durch Zufall auftreten oder auf ein Problem hinweisen. Diese Beobachtungen sollten nicht ausgeschlossen werden, nur weil sie extrem sind. Sie bilden ein Problem bei der Erstellung von Diagrammen, denn sie können die Verdichtung der vertikalen Skala erforderlich machen. Es kann praktisch sein, eine Quadratwurzel-Transformation der Skala auf der vertikalen Achse zu verwenden, um das Diagramm visuell aussagefähig zu gestalten. Dies führt den Dispersionsindex (D oder G) gleichzeitig auf die Ebene der Wurzeldifferenz.

Sind in dem Diagramm Hilfslinien erforderlich, müssen diese auf der gleichen vertikalen Skala aufgetragen werden, daher sollten die Quadratwurzelwerte von χ^2 verwendet werden, falls für D oder G eine Quadratwurzel-Transformation eingesetzt wurde. Diese Hilfslinien würden auf konventionellen Kontrollkarten als Warn- oder Aktionsgrenzen bezeichnet werden, aber diese Terminologie sollte vorsichtshalber in der Mikrobiologie nicht verwendet werden, da die Auslegung nicht klar ist und die automatische „Zurückweisung" einer Serie von Resultaten als Konsequenz unwahrscheinlich ist. Die Hilfslinien sollten verwendet werden, um kritische Faktoren im Prozess zu prüfen und intensivere/häufigere Qualitätskontroll-Vorgänge auslösen, um zu klären, ob es ein Problem gibt und dieses zu definieren.

Die Dispersionsindices (D^2, G^2) können auch eine mögliche Unterdispersion entdecken. Bei der Wurzeldifferenz geht das nicht so leicht. Die extreme Asymmetrie der χ^2-Verteilung, selbst nach der Quadratwurzel-Transformation bedeutet, dass Unterdispersion auf den erwähnten Kontrollkarten schwierig graphisch darzustellen ist. Falls Unterdispersion ein Problem ist, ist es ratsam, die Dispersionsindices zusammen mit der logarithmischen Skala auf der Ordinate aufzutragen. Warn- und Aktionsgrenzen müssen auf die gleiche Art transformiert werden.

Serien mit unterschiedlichen Anzahlen von Parallelplatten erfordern eigene Kontrollkarte, denn der theoretische Wert des Dispersionsindex hängt von der Anzahl der Freiheitsgrade ab, in diesem Fall ist das $n - 1$ (n = Anzahl der Parallelplatten).

e Analyse und Interpretation

Die Werte des gewählten Homogenitätsindex werden auf einer Kontrollkarte gegen die log-Kolonienzahl aufgetragen. Eine chronologische Aufzeichnung ergibt wenige Vorteile. So gesehen sind Diagramme keine echten Prozesskontrolldiagramme. Die Grundprinzipien von Shewhart-Kontroll-karten sind im Anhang angeführt.

Probentypen können mit verschiedenen Symbolen bezeichnet werden.

Selbst wenn Warn- und Aktionsgrenzen im Diagramm eingezeichnet sind, sollten sie eher als Bezugslinien denn als Gründe verwendet werden, den gesamten Analysenprozess zu stoppen. Jede einzelne Überschreitung der Grenzlinie könnte ein Grund sein, zu überlegen, ob das Resultat dieser spezifischen Analyse angenommen werden sollte oder nicht.

Ein offenbar zunehmender Trend der Indexwerte bei höheren Mittelwerten der Kolonienzahlen kann ein Anzeichen für die obere Grenze des Anwendungsbereiches des Verfahrens sein. Dies kann sehr stark von den Proben abhängig sein. Die Empfindlichkeit des Index gegenüber weiteren Fehlern nimmt mit der Kolonienzahl zu. Ein Pipettierfehler von ±10 % wird bei einem Mittelwert aus 30 Kolonien kaum festgestellt, wird aber bei 300 Kolonien als erhebliche Überdispersion festgestellt. Das sollte bei der Analyse der Resultate berücksichtigt werden.

Nach der Erhebung einer größeren Anzahl (100 oder mehr) von Indexwerten kann deren Häufigkeitsverteilung mit der χ^2-Verteilung mit entsprechenden Freiheitsgraden verglichen werden. Die Güte der Anpassung der beiden Verteilungen kann auf klassische Art geprüft werden, kann aber vielleicht unnötig sein. Der visuelle Vergleich der Verteilungen kann wahrscheinlich die Information über das Auftreten von Über- oder Unterdispersion liefern. Die Anwendung und Analyse von Dispersionsindices wird ausführlicher in den Monographien von Eisenhart und Wilson (1943) und der Monographie von Stearman (1955) beschrieben.

f Beispiel

Drei Arten von Lebensmitteln (Rohmilch, frische Heringsfilets und Hackfleisch vom Rind) wurden mittels Standard-Violettrot-Galle-Agar-Überschichtungsverfahren (VRB) mit Inkubation bei 37 °C auf coliforme Bakterien überprüft.

Nach gründlicher Mischung wurden die Proben in Stufen von 1:4 verdünnt. Von jeder Verdünnung wurden Parallelplatten hergestellt. Nach der Inkubation wurden die Beschriftungen entfernt und die Platten nach Zufall neu codiert. Zwei Personen, ein Praktikant und ein erfahrener Laborangestellter, zählten die Anzahl der präsumptiven Kolonien coliformer Bakterien auf jeder zählbaren Platte gemäß IDF 73A:1985. Der empfohlene Zählbereich von 15–150 Kolonien wurde nicht beachtet.

Die Daten der erfahreneren Bezugsperson wurden auf Homogenität der Parallelzählungen untersucht. Die absolute Wurzeldifferenz

$$RD = | \sqrt{C_1} - \sqrt{C_2} |$$

wurde als Index der Übereinstimmung zwischen den Parallelplatten verwendet (siehe Abb. 8.1).

Die Ergebnisse zeigen einen ansteigenden Trend. Wenn die Werte der Wurzeldifferenz im Bereich der doppelten Standardabweichung (d. h. etwa 1,5) als zufriedenstellend betrachtet werden, kann man feststellen, dass die Übereinstimmung nur bis zu etwa 40 Kolonien pro Platte (log Mittelwert = 1,6) gut ist. Dies deutet darauf hin, dass das VRB-Überschichtungsverfahren nicht wirklich einen Arbeitsbereich von 15–150 Kolonien je Platte hat, den die Norm annimmt.

8.2.4
Kolonienzählungen mit verschiedenen Volumina/Verdünnungen

a Hintergrund

Wegen der großen Variabilität von Bakterienkonzentrationen in natürlichen Proben und der Begrenzung der auf einer einzelnen Platte zählbaren Ko-

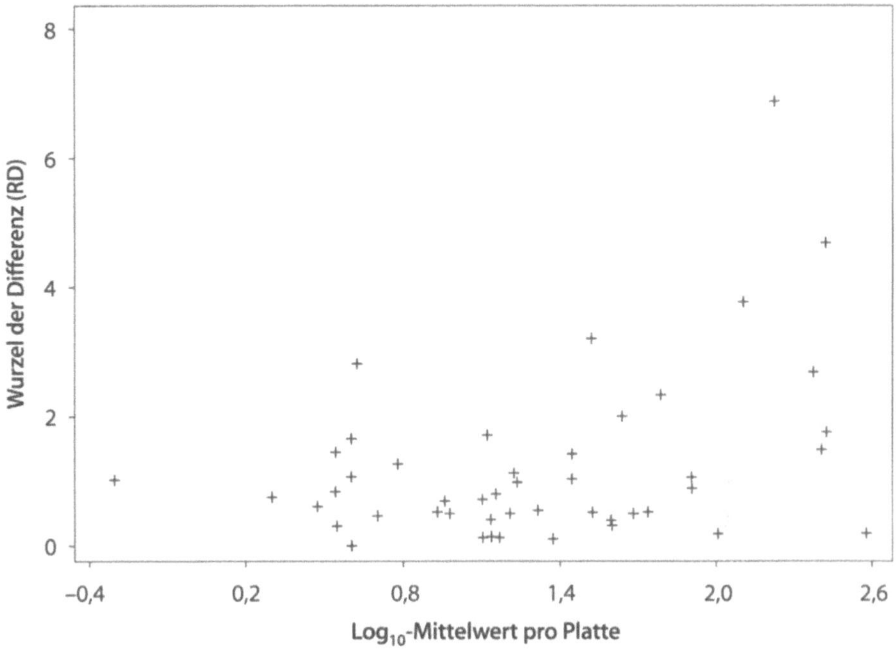

Abb. 8.1. Anpassung von Kolonienzahlen auf parallelen VRB-Platten. Zusammengefasste Daten von Milch, Hering und Rinderhackfleisch. RD = Wurzel der Differenz, Abszisse: log$_{10}$-Mittelwert pro Platte

lonien ist es üblich, von jeder Probe zwei oder mehr verschiedene Volumina (Verdünnungen) zu untersuchen. Üblicherweise werden 10fache Verdünnungsverhältnisse zwischen aufeinanderfolgenden Portionen eingesetzt. Kleinere Verhältnisse sind bei einigen Techniken, wie Membranfiltration, oft zweckmäßiger. Sie sind für die Qualitätskontrolle auch besser geeignet.

Oft ergibt mehr als ein Probenanteil zählbare Anzahlen. Die übliche Praxis, nur die Anzahlen zwischen 30 und 300 (oder 25 und 250, oder 15 und 150) als zuverlässig einzustufen, kann alle Zählungen bis auf eine von der Auswertung ausschließen. Die Auswahl einer „zuverlässigen" Anzahl kann eine vernünftige Praxis sein, um die Bakterienanzahl in der Probe anzugeben.

Es gibt verschiedene Ansichten, wie die Anzahlen je Probenvolumen anzugeben ist, wenn Zählungen von zwei oder mehreren Volumenanteilen einer gleichen Probe zur Verfügung stehen. Dabei können sogar etwas willkürliche Entscheidungen nach gesundem Menschenverstand unvermeidlich sein.

Selbst wenn nur eine Zählung zur Berechnung der Bakterienanzahl einer Probe herangezogen wird, sollten Zählungen an anderen Probenanteilen, auch ausserhalb der vorgegebenen Grenzen, festgehalten werden. Sie können nützliche Informationen über die Leistungskenndaten des Verfahrens liefern.

Man nehme zwei Kolonienzahlen (C_1 und C_2), abgeleitet aus der Kultivierung der zugehörigen Volumina V_1 und V_2 ($V_1 > V_2$). Es kann im Durchschnitt erwartet werden, dass das Verhältnis der Kolonienzahlen C_1/C_2 gleich dem Verhältnis der Volumina $a = V_1 / V_2$ ist. Eine erhebliche Abweichung von dieser Annahme deutet auf Probleme mit dem quantitativen Verfahren hin.

Ein statistischer Test auf Übereinstimmung zwischen den beiden Zählungen kann nach einem der im Anhang genannten Verteilungsindices vorgenommen werden. Überdispersion weist auf Abweichung vom angenommenen Verhältnis hin. Da Volumenfehler keine ausreichende Erklärung dafür sind, wird angenommen, dass solche Beobachtungen auf Probleme mit der Kolonienentwicklung auf einer der Platten hindeuten.

Es wird allgemein angenommen, dass hohe Kolonienzahlen eher zu biologischen Wechselwirkungen neigen als solche mit mäßiger Anzahl. Es wird das Zählverhältnis dann nicht mehr mit dem Volumenverhältnis übereinstimmen, wenn die höhere der zwei Kolonienzahlen eine Grenze überschreitet, bei der die Dichte der Bakterienpopulation die Selektivität oder Spezifität des Mediums zerstört oder bei der der Untersucher mit der Zählung nicht zurecht kommt. Das sollte sich als Zunahme des Wertes für den Dispersionsindex zeigen. ASTM hat eine Überprüfung des oberen Zählbereichs eines Mediums auf Basis dieser Idee entwickelt (Dufour 1980).

Der statistische Test ist bei hohen Volumenverhältnissen eher „konservativ". Daten mit zehnfachen Verhältnissen müssten über lange Zeit gesammelt werden, bevor die obere Zählgrenze zwangsläufig erkennbar ist. Diagramme, in denen Werte der Dispersionsstatistik gegen die erwartete Zählung $E(C_1) = aC_2$ aufgetragen sind (a = Volumenverhältnis: V_1/V_2, C_2 = Koloniezahl beim kleineren Volumen) können für diesen Zweck verwendet werden.

Statistisch ist der Test äußerst aussagekräftig, wenn beide Kolonienzahlen C_1 und C_2 hoch sind. Ein abnehmendes Volumenverhältnis wird dementsprechend die statistische Aussagekraft des Tests erhöhen. Jedoch kann das Erkennen des tatsächlichen mikrobiologischen Problems erfordern, dass C_1 und C_2 nicht sehr eng beieinander liegen. Als Kompromiss werden Volumenverhältnisse zwischen 3:1 und 5:1 empfohlen.

Eine Möglichkeit, die Aussagekraft des Tests zu verbessern, ist das Anlegen von Parallelplatten. ASTM schreibt für beide Volumina drei Parallelplatten vor. Drei ist eine geeignete Zahl, wenn die obere Grenze des Verfahrens in der Nähe von 300 Kolonien pro Platte liegt. Bei niedrigeren erwarteten Grenzen kann die Aussagekraft einer einzelnen Prüfung möglicherweise nicht ausreichend sein, sofern nicht mehr als drei Parallelplatten angelegt werden.

b Berechnungen

- *Eine Platte pro Volumen*
Wenn

C_1 = die Kolonienzahl im Volumen V_1
C_2 = die Kolonienzahl im Volumen V_2
a = V_1 / V_2

sind, ist einer der folgenden Indices zu berechnen:

$$D^2 = \frac{(C_1 - aC_2)^2}{a(C_1 + C_2)}$$

$$G^2 = 2\left(C_1 \ln\frac{C_1}{a} + C_2 \ln C_2\right) - 2(C_1 + C_2)\ln\left(\frac{C_1 + C_2}{a + 1}\right)$$

Zusätzlich ist $A = \ln(C_1 V_2 / C_2 V_1)$ (Gameson 1983) zu berechnen, wobei Daten mit C_1 oder C_2 gleich Null nicht berücksichtigt werden.

Wurden Parallelplatten eingesetzt, ändern sich die Berechnungen wie folgt:

- *Gleiche Anzahl von Parallelen in V_1 und V_2*
Wenn

C_1 = die Summe der Kolonienzahlen in den Volumina V_1
C_2 = die Summe der Kolonienzahlen in den Volumina V_2

sind, ist wie oben fortzufahren.

c Diagramme

Die Quadratwurzeln von D^2 oder G^2, (d. h. D oder G) sind auf einer Kontrollkarte mit den Logarithmen der erwarteten höheren Kolonienzahlen pro Platte auf der Abszisse aufzutragen. Die erwartete Anzahl in verschiedenen Fällen ergibt:

- *Eine Platte pro Volumen.* Erwartete höhere Anzahl $E(C_1) = aC_2$

- *Parallelplatten.* Erwartete mittlere höhere Anzahl $E(C_1) = aC_2 / n$, wobei $C_2 =$ Summe der Kolonienzahlen in kleineren Volumina (V_2), $n =$ Anzahl der Parallelplatten

(Der Grund dafür, dass die erwartete Anzahl statt der im höheren Volumen (V_1) beobachteten mittleren Anzahl gewählt wurde, liegt darin, dass die höhere Kolonienzahl diejenige ist, die wahrscheinlich beeinflusst wurde und möglicherweise völlig falsch sein kann.)

d Analyse und Interpretation

Eine visuelle Prüfung des Diagramms sollte ausreichend sein. Richtwerte, die von der Chi-Quadrat-Verteilung mit einem Freiheitsgrad abgeleitet wurden, können zur Unterstützung der Schlussfolgerungen hinzugefügt werden und ergeben zu den Kontrollkarten eine Art Parallele.

Alternativ können die Daten aufsteigend gemäß der höheren erwarteten Anzahlen in einer Tabelle angeordnet werden, sodass Fälle mit erhebliche Überdispersion besser erkennbar sind. Eine hohe Frequenz der Überdispersion bei hohen Koloniendichten deutet auf den oberen Zählbereich des Mediums hin.

Die Richtung der Abweichung ist aus den Werten für G^2 und D^2 nicht ersichtlich. Die Abnahme von C_1 im Vergleich zu aC_2 ist ein Anzeichen für biologische Wechselwirkungen auf der Platte. Gameson (1983) hat bei selektiven coliformen Medien Beobachtungen entgegengesetzter Natur gemacht; bei höheren Anzahlen an coliformen Bakterien tendierte das Zählungsverhältnis dazu größer als das Volumenverhältnis sein. Dies trat auf, weil nicht coliforme Bakterien als coliforme Bakterien identifiziert wurden.

Die Daten können weiter untersucht werden, indem die Werte von A in einer Kontrollkarte eingetragen werden. Negative Werte bedeuten, dass $C_1 < aC_2$ ist.

Eine große Streuung von Indexwerten bei niedrigen Kolonienzahlen ist aufgrund der Art der Poisson-Verteilung normal.

e Beispiel

Auf das Beispiel in Kapitel 8, Abschnitt 2.3 wird verwiesen. Es wurden Daten des erfahreneren Untersuchers auf Linearität von Kolonienzahlen gegenüber der Verdünnung untersucht. Datensätze, bei denen die Gesamtkolonienzahl der höheren Verdünnung unter fünf lag, wurden nicht eingeschlossen.

Die Quadratwurzel des Dispersionsindex (D^2) wurde als Maß für die analytische Qualitätskontrolle verwendet (Abb. 8.2). Nimmt man eine konservative Haltung ein und betrachtet den 1%-Punkt des Dispersionsindexes als Grenze für eine vernünftige Übereinstimmung, dann deuten Werte von D über 2,5 bis 2,6 auf Probleme hin. Dieser Grenze näherte man sich bereits, wenn die erwartete Kolonienzahl je Platte bei etwa 40 lag (log-erwarteter Mittelwert $C_1 = 1,6$). Diese Schlussfolgerung ist bemerkenswert ähnlich jener bei der Anpassung von Parallelen (siehe Abb. 8.1).

Daher begann in diesem Beispiel die Linearität von Anzahlen mit der Verdünnung „ausser Kontrolle" zu geraten, sobald 40 Kolonien pro Platte

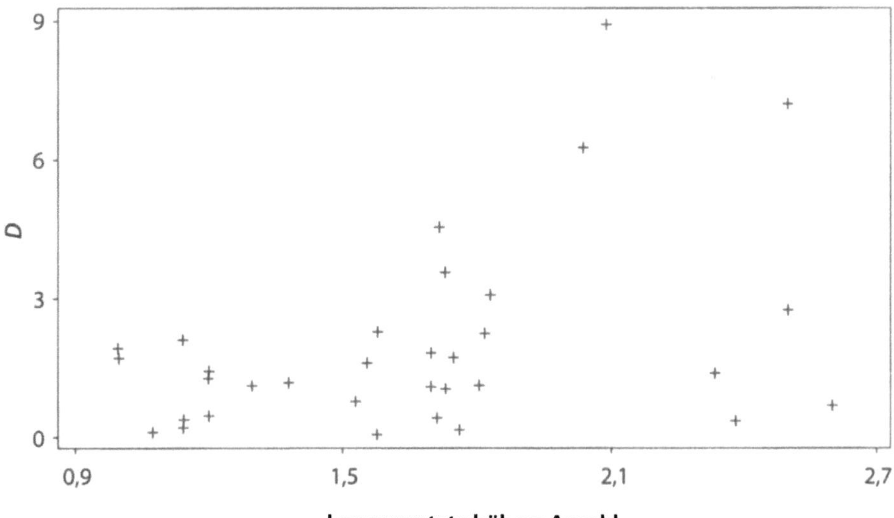

Abb. 8.2. Übereinstimmung von Kolonienzahlen mit aufeinanderfolgenden 1:4-Verdünnungen, gemessen mit der Quadratwurzel des Dispersionsindexes (D). Abszisse: der erwartete logarithmische Mittelwert der Kolonienzahl pro Platte der niedrigeren Verdünnung. Fälle mit niedrigeren Anzahlen $C_2 < 5$ wurden ausgeschieden

erwartet wurden. Dies war ziemlich unerwartet, da diese Standardmethode mit bis zu 150 Kolonien je Platte (log 150 = 2,18) funktionieren sollte. Dies lässt sich nicht immer auf eine einzige Ursache zurückführen. Es ist unwahrscheinlich, dass technische volumetrische Fehler für die Diskrepanz verantwortlich sind. Eher waren das Nährmedium oder der Untersucher nicht ganz in der Lage, mit der Bakterienpopulation einiger Probentypen zurechtzukommen.

Diese Beispiele stellen nur einen Fall dar. Die gleichen Qualitätskontroll-Indices können sich in anderen Fällen ganz anders verhalten und zu unterschiedlichen Auslegungen führen. Es gibt keinen theoretischen Grund zu der Annahme, dass der Mangel an Übereinstimmung zwischen Parallelplatten bzw. bei Verdünnungen immer bei der gleichen Koloniendichte auftreten.

8.2.5
Quantitative Qualitätskontrollproben für Qualitätskontrollen auf erster Ebene (Gussplatten, Oberflächenplatten, Membranfiltration)

Qualitätskontrollproben auf erster Ebene sollten leicht herzustellen, einzusetzen, stabil und homogen sein und müssen eindeutig auf kritische Aspekte der Qualitätskontrollprüfung reagieren. Grundsätzlich lassen sich zwei Probenarten unterscheiden: Reinkulturen und natürlich kontaminierte Proben. Natürlich kontaminierte Proben können realistischer sein, sind jedoch schwieriger mit ausreichender Homogenität und Wiederholbarkeit herzustellen. Empfehlenswert ist die Erstellung eines Qualitätskontrollprogramms unter Einsatz von Reinkulturen, das zu einem späteren Zeitpunkt durch natürlich verunreinigte Proben ergänzt werden kann. Die Proben müssen stabil sein, um aussagefähige Resultate zu erhalten und um die Qualität der Analyse über einen festgelegten Zeitraum vergleichen zu können. Der erforderliche Zeitraum hängt in gewisser Weise von der Art und Größe des Laboratoriums ab, aber allgemein kann man feststellen, dass eine Stabilität von mindestens einem halben Jahr notwendig ist, um die in die Herstellung und Untersuchung der Proben investierte Zeit und Kosten abzudecken. Im Idealfall sollten Qualitätskontrollproben mindestens ein Jahr lang stabil sein, und es sollte möglich sein, sie in größeren Chargen herzustellen.

Die Stabilisierung von Qualitätskontrollproben kann durch Gefriertrocknen erfolgen. Andere Verfahren bieten keine ausreichende Stabilität. Die Stabilisierung kann durch Gefriertrocknen oder Sprühtrocknen erfolgen. Beide Verfahren erfordern erhebliche Fertigkeiten und Erfahrung, bevor sie wiederholbar durchgeführt werden können. Für ein einzelnes Laboratorium ist es nicht sinnvoll, ihre Qualitätskontrollproben mit diesen Verfahren selbst herzustellen. Getrocknete Materialien können von Zentrallaboratorien oder von Lieferanten bezogen werden. Bei der Beurteilung der verfügbaren Materialien ist besonders auf die Konzentration der Testbakterien und deren Stabilität zu achten (Langzeitlagerung unter Laborbedingungen und kurzfristige Auswirkungen durch den Transport bei Umgebungstemperaturen) sowie auf die Homogenität der Proben. Es gibt eine theoretische Beweisführung dafür, dass für eine ausreichende statistische Aussage die Qualitätskontrollproben für die Kolonienzahlbestimmung (gegossene Platten, Platten nach dem Oberflächen-Spatelverfahren und Membranfiltration) 40 bis 80 kolonienbildende Einheiten pro Analysenportion ergeben sollten. Qualitätskontrollproben für qualitative Tests (presence/absence-Untersuchungen) sollten etwa fünf kolonienbildende Einheiten je Analysenportion enthalten. Man kann nicht immer erwarten, dass die Zählungen bei verschiedenen Proben dem Verlauf der Poisson-Verteilung entsprechen, aber die Überdispersion der Proben sollte bekannt sein und sich innerhalb festgelegter Grenzen bewegen. Je enger diese Grenzen, umso besser das Material. Preis und leichte Einsatzbarkeit sind ohne Zweifel ebenfalls wichtige Faktoren. Für die Praxis wurden Qualitätskontrollproben, hergestellt aus sprühgetrockneter künstlich kontaminierter Milch unter der Schirmherrschaft der Europäischen Kommission vom Nationalen Institut für Gesundheit und Umweltschutz der Niederlande entwickelt. Vollständige Informationen findet man bei Mooijman et al. (1992), weitere Informationen sind erhältlich von SVM, PO Box 457, NL-3720 AL Bilthoven/Niederlande.

Die Herstellung von Qualitätskontrollproben durch Tiefrieren ist für die Praxis eines einzelnen Laboratoriums besser geeignet. Es hat den Vorteil, dass es flexibler ist (d. h. auch anwendbar auf Stämme, die die Trocknung nicht gut überleben oder zu Sicherheitsproblemen führen würden; und der Kontaminationsgrad kann einfach variiert werden). Andererseits erfordert die Herstellung und Kontrolle tiefgefrorener Proben mehr Erfahrung, was es für kleinere Laboratorien besonders schwierig macht und zeitaufwendiger als der Kauf fertiger getrockneter Proben ist. Tiefgefrorene Proben können zu anderen Laboratorien transportiert werden, aber mit höherem Geldaufwand. Das unten beschriebene Verfahren zur Herstellung tiefgefrorener Proben verursacht minimalen Zellschaden und gewährleistet maximale Stabilität und Wiederholbarkeit. Es wurde ausführlich mit verschiedenen Bakterien getestet (Schijven et al. 1994). Dieses Verfahren arbeitet mit Schnellgefrieren einer Suspension von Bakterien in entrahmter

Milch in Ethanol-Trockeneis oder flüssigem Stickstoff und schnellem Auftauen in einem 37-°C-Wasserbad, um eine nur minimale Änderung im der Zusammensetzung von Zellmembranen und Zellinhalten zu bewirken. Dies ist besonders kritisch bei vegetativen Bakterienzellen, weniger jedoch bei Bakteriensporen, Bakteriophagen, etc. Testproben aus diesen Organismen könnten einfach durch Einbringen in ein Tiefgefriergerät bei –70 °C und Auftauen bei Raumtemperatur hergestellt werden. Es zeigte sich, dass diese Proben mindestens ein Jahr lang homogen und stabil waren. Jedes Laboratorium, das die Verwendung dieser Qualitätskontrollproben einführt, sollte vor der Verwendung die Homogenität und Stabilität der Proben prüfen, indem es die jeder Packung beigepackten Anweisungen befolgt.

8.2.6
Verwendung von Kontrollkarten

In der Industrie (Betriebsforschung) ist die Kontrollkarte bei vielen quantitativen Laboraufgaben ein wichtiges Werkzeug für die Routinequalitätskontrollen. Ihre Grundform wird erstellt, indem horizontale Linien für Warn- und Aktionsgrenzen symmetrisch über und unter das erwartete mittlere Ergebnis eingetragen werden. Die Abstände werden aus Schätzungen von Standardabweichungen von normal verteilten Daten abgeleitet. Kontrollbeobachtungen werden gewöhnlich der Reihe nach auf dem Diagramm aufgetragen, um Tendenzen in der Produktqualität zu entdecken. Sie können zum Ausscheiden einer Produktcharge in der Industrie führen. In der Mikrobiologie werden Kontrollkarten mit Vorsicht betrachtet und eingeführt. Sie dienen nicht dazu, ein Ergebnis zu verwerfen, sondern sind in Wirklichkeit Leitdiagramme, die eingesetzt werden, um weitere Untersuchungen auszulösen. Die Verwendung von Kontrollkarten wird gegenwärtig hauptsächlich als Werkzeug für ständige Verbesserungen empfohlen und nicht als rigorose Prüfung der Variabilität analytischer Daten.

Einige der nützlichsten Kontrollvariablen in der Mikrobiologie (d. h. D^2 und G^2) basieren auf der asymmetrischen Chi-Quadrat-Verteilung. Symmetrische Warn- und Aktionsgrenzen können nicht gebildet werden. Datentransformationenen helfen dabei, nahezu symmetrische Grenzen zu erstellen. Im Idealfall würden die Daten einer Poisson-Verteilung folgen, und die Quadratwurzeltransformation wäre am besten geeignet. Für praktische Zwecke wird eine $\log_{10}$-Transformation bevorzugt, denn in den meisten Fällen ist Überdispersion unvermeidlich, zum Beispiel weil Proben an verschiedenen Tagen unter Verwendung verschiedener Chargen von Medien untersucht werden. Da die meisten Untersucher es vorziehen, mit nicht umgewandelten Daten zu arbeiten, können die Resultate auf der $\log_{10}$-Skala leicht rücktransformiert werden, um das endgültige Diagramm zu erstellen. Das rückumgewandelte Diagramm ist asymmetrisch. Eine weitere brauchbare Alternative besteht darin, das Diagramm auf Millimeterpapier, mit logarithmischer Skala auf der Ordinate, zu erstellen.

In den meisten Fällen liefern die mit den Kolonienzahlen auf der horizontalen Achse eingetragenen Kontrolldaten zusätzliche Aussagen im Vergleich zu Diagrammen in zeitlicher Reihenfolge. Beim gegenwärtigen Entwicklungsstand der analytischen Qualitätskontrolle in der Mikrobiologie kann es zweckmäßig zu sein, Kontrollkarten als einfaches graphisches Vorgehen zu betrachten, um die Verfahren und die Leistung des Untersuchers zu veranschaulichen. Aus statistischen Verteilungen abgeleitete Warn- und Aktionsgrenzen können als Bezugspunkte verwendet werden, jedoch kaum als Grund, die Verfahren bei Überschreitung einzustellen. Die Ungenauigkeit der tatsächlich zugrunde liegenden Verteilungen ist zu groß.

Folgendes Beispiel zeigt eine Methode zur Erstellung einer Kontrollkarte zur Verwendung mit quantitativen Qualitätskontrollproben, wie in Abschnitt 8.2.5 beschrieben.

Die Verwendung von Kontrollkarten besteht aus folgenden Schritten:

1. Herstellung und Bewertung einer Charge von stabilen und gut gemischten Qualitätskontrollproben (siehe Abschnitt 8.2.5)

2. Untersuchung von 20 Aliquoten der Probe, vorzugsweise an verschiedenen Tagen und unter Mitwirkung aller Personen und Einrichtungen, die normalerweise an der Untersuchung arbeiten. (Es ist möglich, zunächst eine Kontrollkarte aus 10 Messungen zu erstellen; die Berechnungen sind zu wiederholen, sobald 20 Bestimmungen durchgeführt wurden)

3. Berechnung (auf der $\log_{10}$-Skala) des Mittelwertes (x) und der Standardabweichung (s). Für mikrobiologische Zählungen ist eine robuste Schätzung von s anstelle der üblichen Formel vorzuziehen. Solche eine robuste Schätzung wird (im Gegensatz zur üblichen Formel) nur geringfügig von Variationen in den Zählungen durch bestimmte Ursachen beeinflusst. Zu berechnen ist wie folgt:

$$\overline{R} = \frac{1}{n-1} \sum_{i-2}^{n} \left| x_i - x_{i-1} \right|$$

$$s = 0{,}8865\,\overline{R}$$

Hierin bedeutet n = Anzahl Beobachtungen und x_i = i-te Beobachtung. Aus diesen Resultaten ist die Kontrollkarte zu erstellen. Die Kontrollgrenzen (auf der $\log_{10}$-Skala) sind:

a   Warngrenze $x \pm 2s$

b   Aktionsgrenze $x \pm 3s$

Mittelwert und Kontrollgrenzen werden in die Originalskala rücktransformiert und daraus die Kontrollkarte erstellt.

4. ein Aliquot des Probenmaterials für jede Untersuchungsreihe (vorzugsweise als letzte Probe) untersuchen, die Resultate in das Diagramm eintragen

5. die Resultate mit den Kontrollgrenzen vergleichen und entsprechende Maßnahmen setzen. Die Resultate können ausser Kontrolle sein, wenn

   - eine einzige Verletzung der Aktionsgrenze vorliegt,

   - zwei oder mehr aufeinander folgende Bestimmungen dieselbe Warngrenze überschreiten,

   - neun aufeinander folgende Bestimmungen auf der gleichen Seite von x sind,

   - sechs aufeinander folgende Bestimmungen einen kontinuierlich ansteigenden oder absteigenden Trend aufweisen.

Überschreiten die Resultate diese Kriterien, ist die Ursache für das unrichtige Ergebnis zu finden. Auf dem gegenwärtigen Entwicklungsstand von Kontrollkarten für mikrobiologische Untersuchungen ist es nicht möglich, ein Ergebnis, das außer Kontrolle ist, in direkte Verbindung mit der Gültigkeit der ermittelten Ergebnisse zu bringen. Eine Entscheidung über die Gültigkeit der betreffenden Untersuchungsreihe ist vom Management des Laboratoriums auf der Basis der für die abweichenden Ergebnisse festgestellten Ursachen zu treffen. Der Entscheidungsprozess sollte die kritische Bewertung der statistischen Analyse einschließen, sowie eine eingehende Prüfung aller anderen Daten, wie Aufzeichnungen von Einrichtungen, Temperatur etc. Der Einsatz von Kontrollkarten wird zur Zeit mehr als Werkzeug zur ständigen Verbesserung empfohlen, denn als strenge Prüfung der Gültigkeit der Untersuchungsdaten.

6. falls erforderlich, eine neue Kontrollkarte erstellen, solange das Untersuchungsmaterial verfügbar und stabil ist

Ein Beispiel für die Erstellung und Anwendung einer Kontrollkarte ist in Tabelle 8.1 und in den Abbildungen 8.3 und 8.4 zu sehen. Die Diagramme wurden unter Einsatz einer gefrorenen Suspension eines Teststamms hergestellt, der sehr gut auf Änderungen der Qualität von Galle-Aesculin-Agar reagiert, wie im Beispiel zu sehen ist. Die Daten auf dem KF-Streptococcus-Agar zeigen nur eine zufällige Variation und keine Ergebnisse sind ausser Kontrolle. Die Daten auf dem BEA-Agar wurden parallel zu jenen auf KF-Streptococcus-Agars ermittelt, und zwei Resultate (Nr. 13 und Nr. 26) liegen ausserhalb der unteren Warngrenze. Dies deutet darauf hin, dass an diesen Tagen die Herstellung des BEA-Agars nicht ganz richtig erfolgte. Zu beachten ist, dass die Einbeziehung der abweichenden Messung Nr. 13 die Kontrollgrenzen tatsächlich nur geringfügig beeinflusst. Sollte eine technische Ursache für dieses ausserhalb der Grenze liegenden Ergebnisses gefunden werden, wird angeraten, die Kontrollgrenzen unter Ausschluss dieses Einzelresultats neu zu berechnen.

8.2.7
Kontrolle der MPN -Verfahren

Die grundlegende Annahme bei MPN-Bestimmungen ist, dass die Bakteriendichte in jeder Verdünnung oder Teilprobe proportional zur Dichte in der Hauptprobe ist. Diese Annahme trifft nicht zu, wenn Bakterien ungleiche Bedingungen zur Entwicklung in verschiedenen Teilproben haben, oder wenn Teilprobenvolumina nicht das sind, was man von ihnen vermutete. Die Qualitätskontrolle von MPN-Verfahren bezweckt das Auffinden von Verstößen gegen diese grundlegende Annahme.

Das traditionelle MPN-Verfahren mit drei oder fünf parallelen Teströhrchen pro Verdünnung ist ein einfaches Instrument. Die Hemmung des Wachstums der Zielorganismen und grobe Volumenfehler verursachen Unregelmäßigkeiten, die als „unwahrscheinliche" Serien von positiven Teströhrchen in Erscheinung treten. Ungenauigkeiten bei Volumenmessungen im üblichen Bereich werden vermutlich nicht entdeckt. Wegen der großen Zufallsvariation nach dem Grundmodell ist eine einfache Qualitätskontrolle mit geteilten Proben nicht effektiv.

Tabelle 8.1. Beispiel für die Berechnung der Grenzen von Kontrollkarten. KF-Streptococcus-Agar und Galle-Aesculin-Azid-Agar. Teststamm WR78

Test Nr.	KFA KBE	BEAA KBE	KFA log-transformiert	BEAA log-transformiert
1	36	26	1,556	1,415
2	32	29	1,505	1,462
3	43	47	1,633	1,672
4	40	39	1,602	1,591
5	42	31	1,623	1,491
6	49	30	1,690	1,477
7	29	44	1,462	1,643
8	41	57	1,613	1,756
9	39	56	1,591	1,748
10	36	38	1,556	1,580
11	32	43	1,505	1,633
12	44	50	1,643	1,699
13	40	15	1,602	1,176
14	37	31	1,568	1,491
15	46	39	1,663	1,591
16	36	33	1,556	1,519
17	43	34	1,633	1,531
18	43	39	1,633	1,591
19	41	37	1,613	1,568
20	32	31	1,505	1,491
21	48	31		
22	42	31		
24	39	39		
25	40	36		
26	32	10		
27	49	21		
28	45	32		
29	43	39		
30	28	49		
31	44	37		
32	37	49		
33	41	29		
34	39			
35	36			

Tabelle 8.1. *Fortsetzung*

	KFA (log-transformiert)	BEAA
Berechnungen mit den ersten zehn Messungen		
Mittelwert	1,583	1,584
Standardabweichung robust	0,072	0,089
Kontrollgrenzen robust nach		
Rücktransformation		
obere Aktion	63,1	71,1
obere Warnung	53,4	57,8
Mittelwert	38,3	38,3
untere Warnung	27,5	25,4
untere Aktion	23,3	20,7
Berechnungen mit den ersten zwanzig Messungen		
Mittelwert	1,588	1,556
Standardabweichung robust	0,066	0,103
Kontrollgrenzen robust nach		
Rücktransformation		
obere Aktion	60,9	73,4
obere Warnung	52,3	57,9
Mittelwert	38,7	36,0
untere Warnung	28,6	22,4
untere Aktion	24,6	17,7

Ein neueres rechnergestütztes MPN-Datenverarbeitungsprogramm beinhaltet einen Test der Datenqualität (Hurley und Roscoe 1983). Ältere Veröffentlichungen legen Regeln und Tests zur Feststellung von Serien unwahrscheinlicher Positiv-Werte dar, die ohne Computer anwendbar sind (Taylor 1962; Sen 1964; de Man 1975, 1983).

a *Devianztest*

Hurley und Roscoe (1983) formulierten Gleichungen zur Bestimmung der MPN-Wertes sowie dessen Standardfehler und Vertrauensintervall für ei-

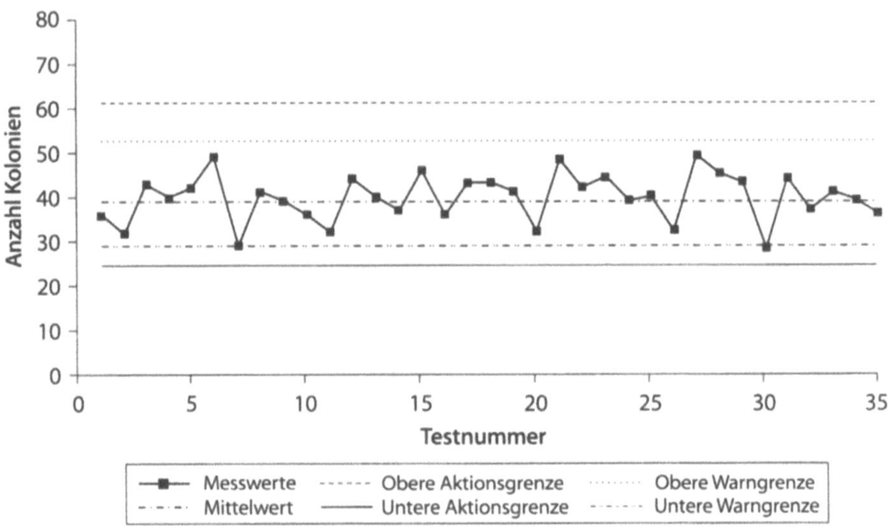

Abb. 8.3. Kontrollkarte von *E. faecium* WR78 auf KFA

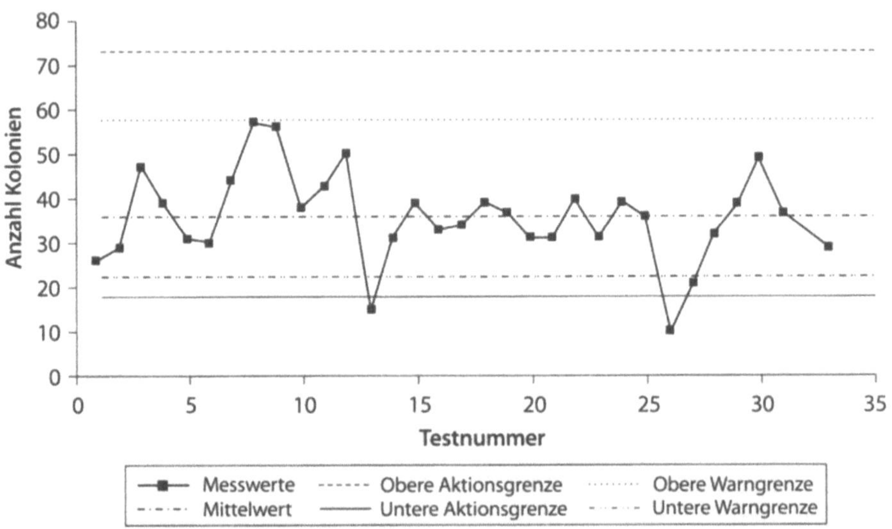

Abb. 8.4. Kontrollkarte von *E. faecium* WR78 auf BEA

nen allgemeinen Fall mit beliebiger Anzahl von Parallelen und Verdünnungsverhältnissen. Zusätzlich ist ein statistischer Test der Homogenität auf der Grundlage der „Devianz" enthalten. Die etwas komplizierten

Berechnungen können mit Hilfe eines mitgelieferten BASIC-Computer-programms automatisiert werden. Die Teststatistik D (für *„Devianz"*) weist eine annähernde Chi-Quadrat-Verteilung mit $k - 1$ Freiheitsgraden (k = Anzahl der Verdünnungsgrade) auf.

b De Mans Kategorien

De Mans Kategorien lassen sich immer dann anwenden, wenn das MPN-Verfahren auf einem Verdünnungsverhältnis 10 und drei oder fünf Parallel-proben je Verdünnung beruht. De Man (1975, 1983) teilte die mögliche Reihe positiver Reaktionen in Kategorien ein, je nachdem, wie wahrscheinlich jede einzelne nach dem Basismodell ist. Es wird empfohlen, nur MPN-Reihen der ersten und zweiten Kategorie als zufriedenstellend zu akzeptieren.

c Beseitigung des Bias

Der Bias von MPN-Bestimmungen wurde lange Zeit diskutiert und debattiert. Es scheint erwiesen, dass die MPN-Funktion selbst nach logarithmischer Umwandlung schief bleibt. Der MPN-Wert ist eine Schätzung des Mittelwertes einschließlich Bias. Ein von Klee (1993) entwickeltes Computerprogramm liefert für Bias korrigierte Werte. Eine korrigierte Tabelle ist ebenfalls enthalten. MPN-Werte ohne Bias wurden für ausgewählte Kombinationen von Verdünnungen aus exakten konditionellen Wahrscheinlichkeiten errechnet (Tillet und Coleman 1985). Das Ausmaß des Bias ist normalerweise gering und im Vergleich zu Variationen bei der Probenentnahme vernachlässigbar (Tillett 1995). Die Korrektur systematischer Fehler scheint daher unnötig zu sein. Es ist jedoch ratsam, im Hinblick auf die Vergleichbarkeit immer die gleichen Tabellen oder Computerprogramme für die Bestimmung der MPN-Werte zu verwenden.

8.2.8
Bestätigungstests

Die meisten selektiven Verfahren sind Vorgangsweisen mit mehr als einem Schritt. Bei P/A-Verfahren sind aufeinanderfolgende Schritte integrierter Bestandteil des Prozesses und werden immer vollständig durchgeführt. Bei selektiven Verfahren der Kolonienzahlbestimmungung sehen Standard-arbeitsvorschriften normalerweise den Bestätigungsschritt als einen an, der „wenn nötig" durchgeführt werden. Einige wenige Kolonien werden für die Bestätigung ausgewählt. Die empfohlene Anzahlen sind zu klein, um für die Qualitätskontrolle eingesetzt zu werden. (Abgesehen davon wird die Präzision der Schätzung durch die kleine Isolierungsrate beeinträchtigt).

Insbesondere jene Laboratorien, die der primären Kolonienzahl als gültiges Ergebnis vertrauen, sollten ziemlich häufig die Gültigkeit dieses Vertrauens überprüfen, indem sie stichprobenweise präsumptive Zielkolonien isolieren. Die isolierte Anzahl muss ausreichend sein – mindestens 30 bis 50 je Probe. Bei diesen speziellen Untersuchungen sind mehr Primärparallelplatten erforderlich als in der Routine üblich. Auf lange Sicht gesehen sollten alle wichtigen Probentypen geprüft werden.

Reagenzien und Medien, die in Bestätigungstests verwendet werden, sind mit Hilfe positiver und negativer Kulturen zu kontrollieren.

Es kann z. B. empfohlen werden, dass Proben, bei denen Bestätigungsraten ständig höher als 80 % sind, in der Routine keine Bestätigung benötigen. Ein erwünschtes Ergebnis spezieller Nachprüfungen ist eine Liste von Proben oder Probentypen, die keine Bestätigung benötigen. Eine jahreszeitlich bedingte Variation der Bakterienpopulationen in natürlichen Wässern kann auch bedeuten, dass eine Verifikation innerhalb bestimmter Zeiträume notwendig ist (Schneeschmelze, Regenzeiten), in anderen jedoch nicht.

Die Bestätigungsrate (bestätigte Anzahl/isolierte Anzahl) ist ein Parameter der Qualitätskontrolle von hohem Wert. Ihre Standardabweichung ist sowohl von der Anzahl der isolierten Kolonien als auch von der bestätigten Anzahl abhängig und daher nicht fest. Konventionelle Kontrollkarten können nicht eingesetzt werden. Eine brauchbare visuelle Überprüfung kann mit Diagrammen vorgenommen werden, wo jede Bestimmung einer Bestätigungsrate mit ihrer Standardabweichung dargestellt wird.

Es ist zu bedenken, dass die Bestätigungsrate kein Merkmal eines stabilen Verfahren ist. Ihr Wert ist von der mikrobiellen Ziel- und Nicht-Zielpopulation und damit vom Probenmaterial und bei Umweltproben sogar von den Jahreszeiten abhängig. Dazu kommt auch ein persönliches Element, denn verschiedene Untersucher interpretieren das Kolonienbild unterschiedlich. Der Vergleich der Bestätigungsraten verschiedener Untersucher oder Laboratorien lässt sich daher zur Beurteilung der Robustheit des Verfahrens heranziehen (siehe Abschnitt 7.4).

Die Standardabweichung der Bestätigungsrate wird nach Binomialverteilung errechnet:

$$s_p = \sqrt{\frac{p(1-p)}{n}}$$

worin p = Bestätigungsrate (k/n), n = isolierte Anzahl, und k = bestätigte Anzahl bedeuten.

Probentypen und Untersucher sollten durch eindeutige graphische Symbole gekennzeichnet werden, wenn keine getrennten Graphiken angefertigt werden. Eine Zeitskala auf der Abszisse, die die tatsächliche Jahreszeit angibt und nicht nur die zeitliche Abfolge, kann nützlich sein.

8.3
Prüfungen auf zweiter Ebene

8.3.1
Allgemeine Grundsätze

Prüfungen auf zweiter Ebene werden periodisch durch eine vom Untersucher unabhängige Person durchgeführt. Dies kann ein technischer Leiter sein, oder der Leiter der Qualitätssicherung. Diese Person bewertet auch die Ergebnisse. Der Prozess wird vom Labormanagement überwacht. Hauptziel der Prüfungen auf zweiter Ebene ist es, die Wiederholbarkeit zwischen verschiedenen Untersuchern oder verschiedenen Geräten sicherzustellen. Das ist besonders wichtig in der Mikrobiologie, wo eine subjektive Interpretation von Kulturen, mikroskopischen Präparaten, Gels etc. zur Anwendung kommt. Das Labormanagement muss sicherstellen, dass neue Mitarbeiter dieselben Standards einhalten wie ihre erfahrenen Kollegen, und auch dass diese Standards über die Zeit auf gleichem Niveau gehalten werden. Prüfungen auf zweiter Ebene sind daher wichtig, um den Erfolg einer Ausbildung zu bewerten, und auch zur regelmäßigen Bewertung der Stammbelegschaft. Einige Verfahren sind hochempfindlich gegen unterschiedliche Interpretation, andere hingegen weniger. Es wird erwartet, dass eine weitverbreitete Anwendung von Prüfungen auf zweiter Ebene zu Daten über die Robustheit von Verfahren führen und damit zu einer besseren Auswahl von Verfahren bei der nationalen oder internationalen Normung ermöglichen wird.

8.3.2
Doppeltes Zählen

a   Hintergrund

Zählt man die Kolonien einer Platte mehr als einmal, erhält man Daten zur Berechnung des Zähl„fehlers". Normalerweise wiederholt ein Untersucher die Zählung nur dann, wenn er oder sie einen Fehler in der ersten Zählung vermutet und sucht den Rat eines Kollegen nur in problematischen Situationen. Diese sporadischen und selektiven Prüfungen liefern keine geeigneten Daten für die Qualitätskontrolle.

Doppeltes Zählen, das systematisch angewendet wird, ist ein ziemlich aussagekräftiges Instrument der Qualitätskontrolle. Ein geeigneter Anteil der Platten sollte nach dem Zufallsprinzip für wiederholtes Zählen vorgesehen werden. Dies sollte so durchgeführt werden, dass der Untersucher während der ersten Zählung nicht weiß, ob die Platte erneut gezählt werden soll. Dieses ideale Schema ist zu wenig praxisgerecht, um in der Routine eingesetzt zu werden. In diesem Fall ist zu überlegen, ob eine periodische, konzentriertere Aktion besser geeignet wäre. Die am Ende des Kapitels beschriebenen Beispiele veranschaulichen diesen Ansatz. Auf jeden Fall sollte die Arbeit über einen längeren Zeitraum verteilt werden, damit ein großer Bereich verschiedener Proben und Kolonienzahlen abgedeckt wird.

Wird die Zählung von derselben Person wiederholt, dann gibt es keine systematische Komponente. Die Zählungspaare ergeben den Zählfehler unter den Bedingungen der Wiederholbarkeit. Ein grundlegendes Problem besteht darin, zu verhindern, dass die erste Zählung die zweite beeinflusst.

Sind verschiedene Personen beteiligt, enthält die Variation sowohl zufallsbedingte als auch systematische Komponenten. Die Daten können zur Untersuchung persönlicher Unterschiede und für die Ausbildung eingesetzt werden. Sind alle Teilnehmer erfahrene Untersucher, liefern die Daten Material zur Berechnung eines übereinstimmenden Zähl„fehlers".

Vor der Abgabe irgendeiner allgemeinen Aussage sollten die Daten graphisch untersucht werden. Im Rahmen einer Ausbildung mag es natürlich erscheinen, die Daten chronologisch zu ordnen, um den Lernprozess nachvollziehen zu können. In allen anderen Situationen ist es informativer, die Werte gegen Kolonienzahl aufzutragen, um aus dem oberen und unteren Zählbereich oder die relative Fähigkeit des Untersuchers, mit der zunehmenden Komplexität der biologischen Wechselwirkungen zurechtzukommen, Schlussfolgerungen ziehen zu können.

b Vorgangsweise

Die zum Wiederzählen bestimmten Platten werden während der Routinearbeit einzeln ausgewählt. Jedes geeignete Verfahren zur Randomisierung kann verwendet werden (Spielkarten, farbige oder nummerierte Kugeln, Stichprobennummern etc.).

Besteht die Vermutung, dass die Kenntnis des vorhergehenden Resultats die zweite Zählung zu sehr beeinflusst, kann die Platte beiseite gelegt werden, vorausgesetzt, dass zwischen erster und zweiter Zählung nicht mehr als eine Stunde vergeht. Die Zeitbegrenzung kann etwas verlängert werden, wenn die ausgewählten Platten im Kühlschrank aufbewahrt werden. Dies ist besonders dann notwendig, wenn mehrere Laboratorien beteiligt sind. Vor dem zweiten Zählen sind alle Markierungen zu entfernen.

c Berechnungen

Zählfehler und Bias sollten erwartungsgemäß proportional zur Kolonienzahl sein. Die hilfreichste Qualitätskontrollvariable für doppeltes Zählen ist daher die relative Differenz (RD), die sich auf zwei Arten berechnen lässt. Die relative (RD) und logarithmische Differenz zwischen zwei Werte sind nämlich numerisch annähernd gleich. Daher sind beide der folgenden Werte gleichermaßen geeignet:

$$ \mathrm{RD} = \frac{C_1 - C_2}{\bar{C}} \approx \ln C_1 - \ln C_2 $$

mit C_1 = erste Zählung, C_2 = zweite Zählung, und $\bar{C}$ = Mittel.

Beide können durch Multiplikation mit 100 als Prozentsätze ausgedrückt werden, falls dies geeigneter erscheint.

Wurden beide Zählungen von derselben Person vorgenommen, ist der absolute Wert (ohne Vorzeichen) von RD am besten geeignet. Werden die Zählungen von verschiedenen Personen durchgeführt, ist auch das Vorzeichen wichtig.

Sind mehr als zwei Untersucher beteiligt, können paarweise, mit Vorzeichen versehene Differenzen berechnet werden, falls nötig, mit einer Person als Bezugsperson. Besteht die Gruppe aus gleich erfahrenen Experten, kann die Standardabweichung eine sinnvollere Kontrollvariable darstellen. Sie wird gemäß der im Anhang genannten Formel berechnet.

Standardabweichung und relative Differenz sind nicht das Gleiche. Bei zwei Werten entspricht die relative Standardabweichung (RSD) der relativen Differenz geteilt durch die Quadratwurzel von 2. Es ist nicht immer vollkommen eindeutig, welchen Ausdruck verschiedene Autoren meinen, wenn sie über Zählfehler schreiben.

d Diagramme

Normalerweise kann niemand von sich behaupten, bei der Kolonienzahlbestimmung über die richtige Antwort zu verfügen. Die Wahl der Bezugsperson unter einer Gruppe von Experten erfolgt daher willkürlich. Im Rahmen einer Ausbildung kann eine der Personen als „Experte" bezeichnet und als Bezugsperson angesehen werden.

Die Werte der am besten geeigneten Qualitätskontrollvariablen (RD mit oder ohne Vorzeichen, oder Standardabweichung) sind immer gegen die Kolonienzahl je Platte aufzutragen. In der Ausbildung kann eine andere Kontrollkarte auf Qualitätskontrollwerten erstellt werden, die in chronologischer Reihenfolge aufgetragen werden.

Die Kolonienzahl auf der Abszisse kann die der Bezugsperson sein oder das Mittel aller Beteiligten. Das obere und untere Ende des Kolonienzahlbereichs sind die wichtigsten Bereiche, um Schlussfolgerungen ziehen zu können. Um beide Enden auf demselben Diagramm ausreichend detailliert unterbringen zu können, ist die logarithmische Skala auf der horizontalen Achse am besten geeignet. In diesem Fall werden Logarithmen auf der Basis 10 aufgrund ihrer Bekanntheit empfohlen.

Es gibt keinen theoretischen Richtwert für die zulässige Differenz zwischen den Zählungen auf derselben Platte durch die gleiche oder durch verschiedene Personen. Es liegt auf der Hand, dass es eine (unbekannte) richtige Anzahl von Kolonien auf der Platte gibt. Idealerweise sollte die Zählung genau wiederholbar sein, in der Praxis jedoch muss man mit Ungenauigkeiten rechnen. Die Erfahrung zeigte, dass Differenzen (RD) bis 5 oder 10 % „normal" sind. Beim Zitieren empirischer Ergebnisse von Fowler et al. (1978), fordert das Qualitätskontrollhandbuch des Nordischen Ausschusses für Lebensmittelanalysen, dass ein Untersucher fähig sein sollte, seine oder ihre eigene Zählung mit einer Genauigkeit von 7,7 % zu wiederholen, erlaubt jedoch eine Differenz von 18,2 % zwischen verschiedenen Personen. Angesichts der Einfachheit der Aufgabe ist es fraglich, ob eine so große Differenz zwischen verschiedenen Untersuchern akzeptiert werden sollte.

e Analyse und Interpretation

Theoretisch sollte die Variation über den gesamten verwendbaren Zählbereich keine Tendenz aufweisen, ausser dass im Großen und Ganzen bei Kolonienzahlen unter etwa 25 keine Differenzen zu erwarten wären.

In Anbetracht der Einfachheit des Zählungsprozesses sollte das Resultat nicht wesentlich abweichen, wenn mehr als eine Person beteiligt ist. Die

Tatsache, dass normalerweise größere Differenzen beobachtet werden, deutet auf systematische persönliche Unterschiede in der Fähigkeit des Zählens hin. Darüber, wo die Grenze der annehmbaren persönlichen Differenz bei der Interpretation zu ziehen ist, wurde noch keine allgemeine Übereinkunft erzielt. Überaus große Differenzen sind ein eindeutiger Hinweis für eine mangelnde Robustheit des Verfahrens. Dies wiederum kann auf nicht ausreichend detaillierte Beschreibungen der Zielkolonien zurückzuführen sein. Zunehmende Variation im hohen Kolonienzahlbereich ist ein Anzeichen für störende Wechselwirkungen zwischen Medium, Untersucher und Mikroorganismenpopulation. Das Ergebnis zeigt an, dass das Verfahren bei der untersuchten Probenart nicht einwandfrei funktioniert, weil unterschiedliche Untersucher unterschiedliche Ergebnisse erzielen.

Ein markanter Anstieg der Variation im niedrigen Kolonienzahlbereich kann bei selektiven Medien auftreten. Dies ist ein Anzeichen für Differenzen zwischen Untersuchern in der Interpretation der Kolonienmorphologie.

f Beispiel

Ergebnisse aus Doppelzählungen können wichtige Fakten sichtbar machen, die nicht nur die Untersucher, sondern auch die Methoden und Probenmaterialien betreffen.

Zählen zwei Personen Kolonien unter problemfreien Umständen, bei denen die Zielkolonien offensichtlich sind, sollten Zählungen erhalten werden, die um nicht mehr als etwa 5 % ($\pm 0{,}05$ ln-Einheiten oder ± 0.02 $\log_{10}$-Einheiten) abweichen.

Abbildung 8.5 zeigt einen Fall, bei dem die Interpretation des Auszubildenden bei einer Probenart (Fisch) stark von der der Bezugsperson abweicht. Die Unterschiede sind so groß, dass dieser Sachverhalt nicht einfach ignoriert werden kann. Bei den anderen Beispielen liegen die Differenzen mehr oder weniger innerhalb akzeptabler Grenzen.

Der auffallend deutliche negative Trend liefert eine wahrscheinliche Erklärung. Es muss in der Fischprobe mindestens zwei nicht unverkennbar unterscheidbare Kolonienarten gegeben haben (vermutlich coliforme Bakterien und *Aeromonas*). Der Auszubildende zählte beide, wohingegen die Bezugsperson nur eine Art zählte. Beide Kolonienarten unterschieden sich am deutlichsten voneinander, wenn sich nur sehr wenige davon auf den Platten befanden. Mit zunehmenden Kolonienzahlen ließen sie sich immer weniger deutlich voneinander unterscheiden, und bei mehr als etwa 80 Kolonien je Platte konnte keiner der Untersucher sie mehr unterscheiden, sodass beide ähnliche Resultate erzielten.

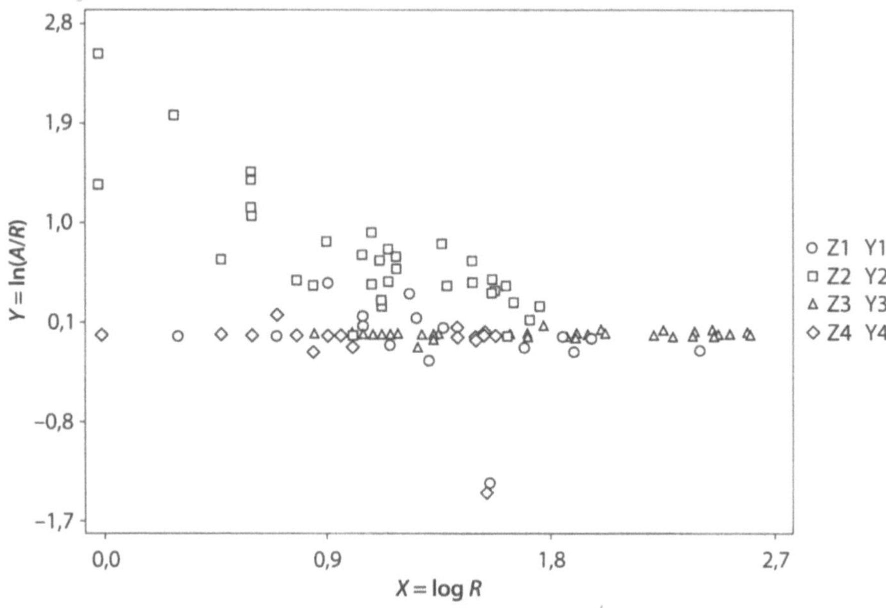

Abb. 8.5. Ergebnisse der Kolonienzählung von zwei Personen. VRB-Agar 37 °C. A = Praktikant, R = Bezugsperson (erfahrener Techniker). $Y = \ln(A/R)$, $X = \log R$
$\bigcirc$ = Milch, $\square$ = Hering, $\triangle$ und $\diamondsuit$ = Rinderhackfleisch

Sollte man daraus schließen, dass das Verfahren nicht für Fischproben geeignet ist, generell ungeeignet ist, oder dass mehr Ausbildung erforderlich ist? Die Antwort kann von zusätzlichen Beobachtungen abhängen.

8.3.3
Analytische Doppelansatzverfahren

a Hintergrund

Zur Prüfung der gesamten quantitativen Vorgangsweise einschließlich Verdünnung sind Doppelproben zu untersuchen. Dies entspricht in den meisten Laboratorien nicht der Standardpraxis, sollte aber regelmäßig in Erwägung gezogen werden, um das Verfahren unter Kontrolle zu halten.

Klassische Kontrollkarten, wie sie ausserhalb der Mikrobiologie verwendet werden, zum Beispiel Shewhart-Diagramme mit chronologisch aufgetragenen Werten, können dafür geeignet sein. Zum Erhalt der zu deren Konstruktion erforderlichen Standardabweichungen können die in Abschnitt 7.3 angeführten Alternativen in Betracht gezogen werden. Der Anhang enthält die Grundprinzipien.

- Der minimale (Poisson) Schätzwert der Standardabweichung der Wiederholung ist geeignet, wenn keine Verdünnung vorgenommen wurden.

- Wurden Verdünnungen durchgeführt, können Standardabweichungen durch mathematisches Modellieren, Computersimulationen oder empirisch ermittelt werden. Die beiden ersten Alternativen sind vorzuziehen (siehe Beispiel in Abschnitt 7.3).

Es ist unumgänglich, dass eine „homogene" (d. h. mikrobiologisch gut gemischte) Suspension in jenem Stadium erhalten wurde, in dem die Doppelansätze der Verdünnungsreihe beginnen, wenn die Daten für die Qualitätskontrolle verwendet werden.

b Vorgangsweise

Mathematisch unterschiedliche Situationen sind erkennbar. In allen Fällen sollten die Ergebnisse möglichst ohne Kenntnis des anderen Ergebnisses Resultats bewertet werden.

1. Binomischer Fall

In der hygienischen Wasserüberwachung wird die vor Ort entnommene meist als unverdünnte Probe größtenteils oder ganz für die Bestimmung der Kolonienzählung verwendet. 100 ml Probenmenge filtriert zur Zählung von coliformen Bakterien ist ein solches Beispiel. Um diesen Prozess zur laborinterner Qualitätskontrolle zu simulieren, wird eine 200-ml-Probe nach gründlichem Mischen in zwei Anteile von je 100 ml geteilt, die *in toto* mittels der Membranfiltrationstechnik untersucht werden.

Beide Proben durchlaufen das Untersuchungsverfahren als getrennte Proben.

In diesem Fall gibt es keinen Poisson-Prozess. Die Referenzwerte der Kontrollkarte basieren auf der Binomialverteilung, wie von Tillett und Lightfoot (1993) beschrieben.

2. Poisson-Fall

Einige Laboratorien führen routinemäßig Milchuntersuchungen durch, indem sie direkt eine kleine Teilprobe (1 µl) von unverdünnter Rohmilch ausplattieren. Blinde Doppelansätze werden mitgeführt. Die genaue Volumenmessung ist nicht kritisch. Sie durchlaufen das Untersuchungsverfahren als getrennte Proben. Das Inokulum sollte ein kleiner unverdünnter Anteil der Probe sein.

In diesem Fall folgen die Kolonienzahlen idealerweise der Poissonverteilung. Daten aus einer geteilten Probe können wie parallele Proben aus einer einzigen „homogenen" Suspension behandelt werden, wie in Abschnitt 8.2.3 beschrieben.

Das Wissen, dass die Varianz einer wurzeltransformierten Poisson'schen Variablen nahezu konstant ist (0,25), kann sich zur Erstellung einer konventionellen Kontrollkarte einsetzt werden.

3. Verdünnungsfall

Proben mit hohem Bakteriengehalt müssen vor dem Ausplattieren auf geeignete Partikeldichte verdünnt werden. Die Verdünnungsreihe besteht grundsätzlich aus einer Kette von Poisson-Prozessen (jedoch mit einem hohen Probenanteil), was die Variation erhöht. Ausserdem wird durch jede Volumenmessung in der Verdünnungsreihe der Endzählung ein Element des Zufallsfehlers hinzugefügt. Aus diesem Grund ist es unvermeidlich, dass Kolonienzahlen am Ende unabhängiger Verdünnungsreihen mehr variieren als es das einfache Poisson-Modell voraussagt.

Eine Prüfung dieser technischen Vorgangsweise besteht darin, aus der ersten homogenen Suspension zwei (oder mehr) autonome Verdünnungsreihen herzustellen und die Partikeldichte der Endsuspensionen durch Kolonienzahlbestimmung zu ermitteln.

Die statistische Kontrolle des Verfahrens erfordert eine Schätzung der Standardabweichung der Wiederholung, der die Kontrollkarte zu Grunde gelegt werden soll. Interessanterweise gibt es mehrere Wege, diesem Problem in der Mikrobiologie zu begegnen. Sie reichen von minimalen Einzelschritt-Poissonschätzungen über mathematische Modelle (Jennison und Wadsworth 1940; Hedges 1967; Jarvis 1989) und Computersimulation (Dahms 1992) bis hin zu gemeinschaftlichen empirischen Schätzwerten. Die Möglichkeiten wurden ausführlich in Abschnitt 7.3 beschrieben.

c Kontrollkarten

s-Diagramme zur Kontrolle der Variabilität. Unterschiedliche Symbole für unterschiedliche Medien sind vorteilhaft, wenn sie auf demselben Diagramm aufgetragen sind.

8.3.4
Intensivierte Qualitätskontrollprüfungen

Laboratorien unterscheiden sich voneinander. Einige Universitäts- und Forschungslaboratorien führen überhaupt keine Routineuntersuchungen durch. Es fehlt ihnen daher an einfachen Gelegenheiten, in ihrer täglichen Arbeit genügend Kontrolldaten zu sammeln. Sie sollten es sich zur Gewohnheit machen, bei ihren Untesuchungen stets Parallelplatten zu verwenden. Sie sollten ebenfalls jede Möglichkeit wahrnehmen, Kolonienzahlen von verschiedenen Volumina aufzuzeichnen. Ebenso sollten sie es sich im Rahmen ihrer praktischen Tätigkeit angewöhnen, Platten gelegentlich zweimal zu zählen. Auf diese Weise werden sie in der Lage sein, Daten zur Berechnung von AQC-Indices zusammenzutragen, um sie wie in Abschnitt 8.2.3 beschrieben in Kontrollkarten einzutragen.

Falls das nicht ausreicht, sind speziell zum intensivierten Prüfen der analytischen Leistungsfähigkeit entwickelte Experimente zu verwenden. Sie können sporadisch zum Einsatz kommen, um ausgewählte Verfahren und Personal zu kontrollieren. Laboratorien, die Routineuntersuchungen durchführen, können auch darauf zurückgreifen, wenn tägliche Kontrollmaßnahmen alarmierende Signale aufweisen. Ansonsten können sie zur Schulung hilfreich sein.

Der Ansatz zum intensivierten Prüfen besteht in der Durchführung einer Vorgangsweise, mit der eine homogene Teilsuspension in engen Schritten verdünnt (1:2) und parallel ausplattiert wird (Weiss et al. 1991). Die „International Dairy Federation" hat kürzlich eine Norm veröffentlicht, in der solch ein Test beschrieben ist (IDF 169:1994. Quality control in the microbiological laboratory, analyst performance assessment for colony count). Die Prüfung bewertet die Leistung des Untersuchers und des Verfahrens sowie die Technik der Verdünnung.

8.4
Prüfungen auf dritter Ebene

Prüfungen auf dritter Ebene sind Sache des Labormanagements und werden vom Leiter der Qualitätssicherung überwacht. Zur Sicherstellung der Vergleichbarkeit von Ergebnissen zwischen Laboratorien, können grundsätzlich zwei Ansätze verwendet werden: externe Qualitätsbewertungssysteme (EQA) und zertifizierte Referenzmaterialien (CRMs). In beiden Fällen besteht die Rolle des einzelnen Laboratoriums darin, die von der organisierenden Stelle gelieferte Arbeitsvorschrift genau zu befolgen und die Berechnungen der Daten wie angewiesen durchzuführen. Untersuchung und Interpretation der Ergebnisse bleiben im Falle eines Qualitätsbewertungsprogramms der zentralen Stelle und beim Einsatz von Referenzmaterialien den einzelnen Laboratorien überlassen.

In externen Qualitätsbewertungsprogrammen (Leistungstest) werden eine oder mehr Proben aus einer einwandfrei gemischten und stabilen Charge von verschiedenen Laboratorien untersucht und die Ergebnisse retrospektiv interpretiert. Die zentrale Organisation sammelt und analysiert die Daten und informiert die einzelnen Laboratorien über ihre Leistung im Vergleich zu den anderen Teilnehmern. Dies ist ein flexibler Ansatz, und es ist wichtig, dass die vorläufigen Ergebnisse, der Abschlussbericht und die Bewertung so schnell wie möglich nach dem Datum der Untersuchung an die einzelnen Laboratorien zurückgesandt werden, damit die Ursachen von abweichenden Ergebnissen umgehend untersucht werden können. Detaillierte Protokolle aller operativen Merkmale sind notwendig, um sie zu identifizieren und geeignete Maßnahmen zu ergreifen.

Die Daten von Laborleistungstests sind im Prinzip geeignet, eine Schätzung der Varianz des Verfahrens unter den Laboratorien zu berechnen, vorausgesetzt, dass die Gruppe von Laboratorien geeignet ist und dass die Materialvarianz berücksichtigt wird.

Zertifizierte Referenzmaterialien sind stabile und homogene Referenzproben, von denen eine oder mehrere Eigenschaften durch einen Ringversuch definiert wurden. Im Idealfall sollte eine derartige Untersuchung unterschiedliche Verfahren unter Verwendung unterschiedlicher Messprinzipien enthalten, die auf Primärstandards zurückverfolgbar sind. Solch ein Ansatz ist in der Mikrobiologie nicht möglich, weil alle Resultate durch Verfahren definiert sind (siehe Abschnitt 7.1.3). Es wird daher ein alternativer Ansatz gewählt, bei dem alle Laboratorien dasselbe Verfahren anwenden, ein exakte Arbeitsvorschrift befolgen und unter sorgfältig kontrollierten Bedingungen arbeiten. Der zertifizierte Wert gilt dann nur für das angewendete Verfahren. Mit anderen Verfahren ermittelte Ergebnisse können mit dem zertifizierten Wert verglichen werden, um die relative Wiederfindung der verschiedenen Verfahren für diesen besonderen Probentyp zu bewerten. Es sollte der Verantwortung des zentralen Laboratoriums überlassen werden, die genaue Arbeitsvorschrift zur Durchführung der Untersuchung zur Verfügung zu stellen. Es sollte auch entweder die statistische Untersuchung oder die notwendigen Schätzungen von Fehlern enthalten, damit die Laboratorien in der Lage sind, die erforderlichen Berechnungen zur Erstellung der Kontrollkarten zu erstellen.

Referenzmaterialien können nach Bedarf untersucht werden, falls nötig auch mehrmals, um die Ursachen für abweichende Ergebnisse zu finden, sodass Maßnahmen getroffen werden können. Gegenwärtig gibt es jedoch nur eine begrenzte Anzahl Referenzmaterialien. Eine Zwischenlösung könnte darin bestehen, dass ein Zentrallaboratorium eine Probe untersucht und das Ergebnis als Ersatz für den zertifizierten Wert gilt.

Literatur

Dahms S (1992) Simulation als Mittel der Modellkritik: über den Versuch ein Problem mikrobiologischen Arbeitens statistisch zu lösen. Diss., Univ. Bielefeld. ISBN 3-89473-479-5

Dufour A (1980) Standard practice for establishing performance characteristics for colony counting methods in bacteriology. ASTM Standard, Section 11, Water and environment, Vol. 11.02

Eisenhart C, Wilson PW (1943) Statistical methods and control in bacteriology. Bacteriol Revs 7:57–137

Fowler JL, Clark WS Jr, Foster FF, Hopkins A (1978) Analysis variation in doing the standard plate count as described in: Standard methods for the examination of dairy products. J Food Prot 41:4–7

Gameson ALH (1983) Investigations of sewage discharges to some British coastal waters, Chapter 3. Bacteriological enumeration procedures, Part 2. Technical Report TR 193, Water Research Centre

Hedges AJ (1967) On the dilution errors involved in estimating bacterial numbers by the plating method. Biometrics 23:158–159

Heisterkamp SH, Hoekstra JA, van Strijp-Lockefeer NGWM, Havelaar AH, Moiijman KA, in t'Veld PH, Notermans SHW (1992) Statistical analysis of certification trials for microbiological reference materials. Commission of European Communities. Community Bureau of reference, Brüssel

Hurley MA, Roscoe ME (1983) Automated statistical analysis of microbial enumeration by dilution series. J Appl Bact 55:159–164

Jarvis B (1989) Statistical aspects of the microbiological analysis of foods. Progr Ind Microbiol, vol 21. Elsevier, Amsterdam-Oxford-New York-Tokyo

Jennison MW, Wadsworth GP (1940) Evaluation of the errors involved in estimating bacterial numbers by the plating method. J Bacteriol 39:389–397

Klee AJ (1993) A computer program for the determination of most probable number and its confidence limits. J Microbiol Meth 18:91–98

de Man JC (1975) The probability of the most probable numbers. European J Appl Microbiol 1:67–78

de Man JC (1983) MPN tables corrected. Eur J Microbiol Biotechnol 17:301–305

Mooijman KA, in 't Veld PH, Hoekstra JA, Heisterkamp SH, Havelaar AH, Notermans SHW, Roberts D, Griepink B, Maier E (1992) Development of microbiological reference materials, Report EUR 14375 EN. Commission of the European Communities, Luxemburg

Nordic Committee on food analysis (NMKL) (1989) Handbook for microbiological laboratories. Introduction to internal quality control of analytical work, Report No 5, ISSN 0281-5303

Schijven JF, Havelaar AH, Bahar M (1994) A simple and widely applicable method for preparing homogeneous and stable quality control samples in water microbiology. Appl Environ Microbiol 60:4160–4162

Sen PK (1964) Tests for the validity of the fundamental assumption in dilution (-direct) assays. Biometrics 20:770–784

Stearman RL (1955) Statistical concepts in microbiology. Bacteriol Revs 19:160–215

Taylor J (1962) The estimation of numbers of bacteria by ten-fold dilution series. J Appl Bact 25:54–61

Tillett HE (1995) Comment on 'The most probable number estimates and the usefulness of confidence intervals.' Wat Res 29:1213–1214

Tillett HE, Coleman R (1985) Estimated numbers of bacteria in samples from non-homogeneous bodies of water. J Appl Bact 59:381–388

Tillett HE, Lightfoot NF (1995) Quality control in environmental microbiology. Compared with chemistry, what is homogeneous and what is random? Water Sci Tech 31:471–477

Tillett HE, Lightfoot NF, Eaton S (1993) External quality assessment in water microbiology: statistical analysis of performance. J Appl Bact 74:497–502

Van Dommeler JA (1995) Statistical aspects of the use of microbiological (certified) reference materials. Bilthoven: National Institute of Public Health and Environmental Protection, Report No 281009009, May 1995

Weiss H, Niemelä S, Arndt G (1991) Sicherung der Präzision standardisierter mikrobiologischer Untersuchungsverfahren. Biometrie und Informatik in Medizin und Biologie 22(3):116–135, ISSN 09 34-9235

Kapitel 9

Handhabung der Ergebnisse und Berichterstattung

9.1
Einführung

Dieses Kapitel handelt von der Aufzeichnung der Endergebnisse, der Berichterstattung von Informationen zu diesen Ergebnissen, Entscheidungen, die aufgrund dieser Resultate zu treffen sind und den sich daraus ergebenden, notwendigen Maßnahmen. Abbildung 9.1 zeigt eine Zusammenfassung.

Sind alle Untersuchungen einer Probe abgeschlossen, ist das Endergebnis aufzuzeichnen, zu interpretieren und geeignet anzuwenden. Tabelle 9.1 fasst verschiedene Probentypen zusammen und zeigt eine Checkliste der entsprechenden, in Betrachtung zu ziehenden Maßnahmen.

9.1.1
Aufzeichnung der Ergebnisse

Die erste Maßnahme gemäß der Liste in Teil B der Tabelle 9.1, die Aufzeichnung und Prüfung des Endergebnisses, gilt für alle Proben von Lebensmitteln und Wasser, die in einem mikrobiologischen Laboratorium untersucht werden. Die Aufzeichnung von Ergebnissen kann mittels Computer erfolgen oder nicht, die Methoden müssen jedoch in den Laborverfahrensanweisungen niedergeschrieben sein. Die Anweisungen müssen allen Mitarbeitern jederzeit zugänglich sein.

Alle Ergebnisse sind an einer vorbestimmten Stelle oder Stellen in den Laborberichten in einer vorher festgelegten Form abzulegen.

Es muss möglich sein, das Ergebnis zu der Information über alle Stadien vom Eingang bis zur Untersuchung der Probe zurückzuverfolgen. Das Endergebnis ist auf Schreib- oder sonstige Fehler zu prüfen und dann im Hinblick auf weitere Maßnahmen auszuwerten. Ein befugter Mitarbeiter hat diesen Schlussbericht zu unterschreiben, nachdem er sich vergewissert hat, dass er einwandfrei ist und dass das Laboratorium, wie in seinem Qualitätssicherungsprogramm festgelegt, zufriedenstellende Arbeit geleistet hat.

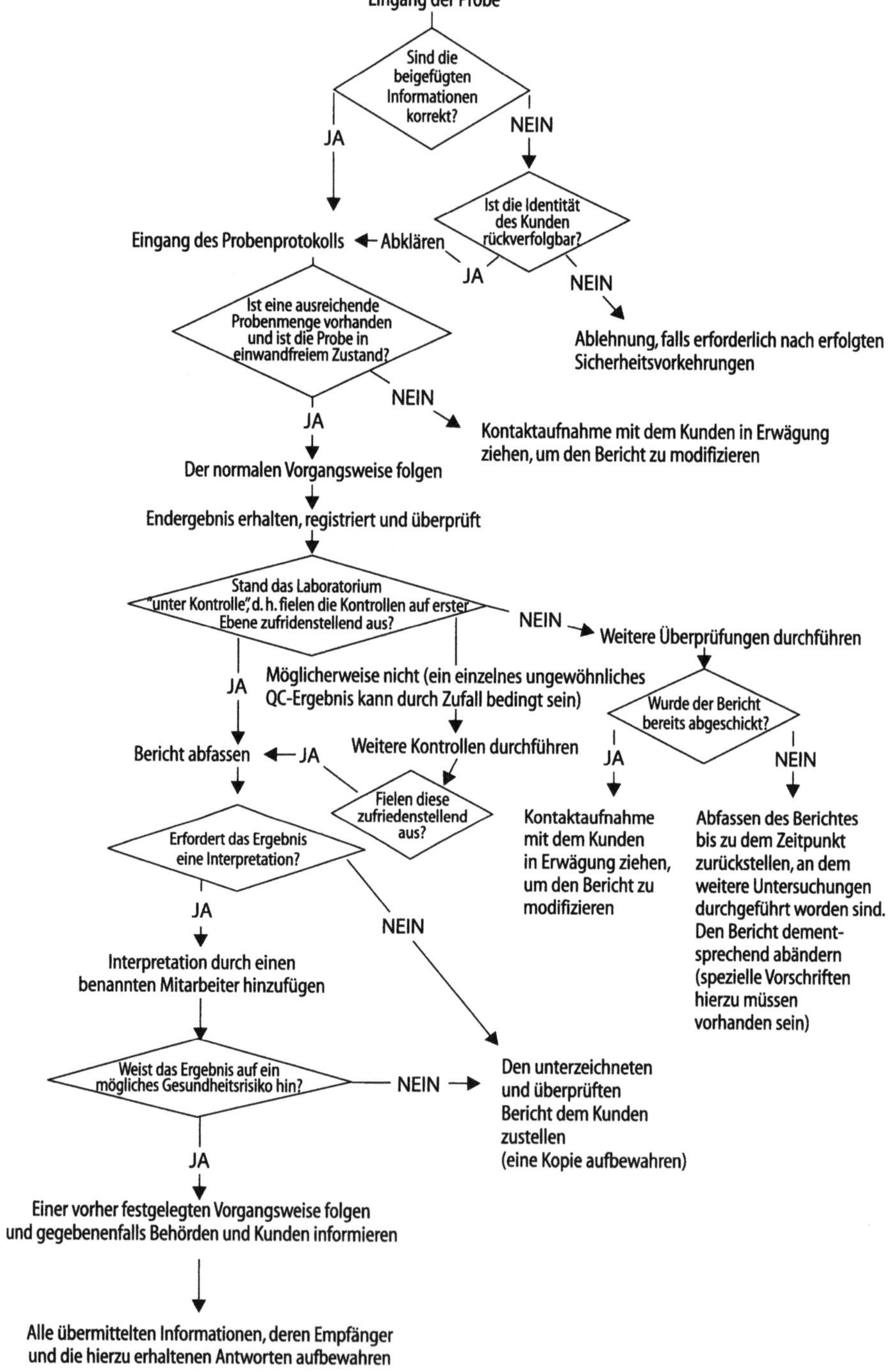

Abb. 9.1. Fließdiagramm für die Dokumentation von Kundenproben (Anwendung in Verbindung mit Abb. 1.1 und Abb. 4.1)

Tabelle 9.1. Probentypen und Bezugsliste für Maßnahmen

A. Klassifizierung von Proben

Probenart	Maßnahmencheckliste als Querverweis auf B
Interne Qualitätskontrolle (z. B. Prüfungen auf erster und zweiter Ebene)	1, 2, 3
Externe Qualitätssicherung (z. B. Prüfungen auf dritter Ebene)	1, 2,3 ,4 ,8
Forschung	1, 2, 8
Routine-Überprüfung	1, 2, 4, 5, 6, 7, 8
Wiederholte Probenentnahme	1, 2, 4, 6, 7, 8
Nachforschungen	1, 2, 4, 5, 6, 7, 8

B. Verfahren und erforderliche Maßnahmen

Maßnahme:

1. Aufzeichnung und Prüfung des Endresultats in Laborverzeichnissen;

2. Hinzufügung der Interpretation z. B.:

   (a) Bewertung von Laborergebnissen im Zusammenhang mit der Genauigkeit von Probenentnahmemethoden und Laborverfahren

   (b) Relevanz der nachgewiesenen Organismen

3. Reaktion innerhalb des Laboratoriums

4. Bericht an Kunden

5. Anforderung weiterer Proben

6. Bericht an andere Stellen

7. Einleitung einer Aktion im Bereich des öffentlichen Gesundheitswesens

8. Verknüpfung mit anderen Ergebnissen und Interpretation von Tendenzen, etc.

9.1.2
Weitere Bearbeitung von Ergebnissen

Alle weiteren Schritte der Bearbeitung von Ergebnissen richten sich nach der Art der Probe. Diese werden grob in zwei Gruppen unterteilt, die getrennt behandelt werden. Diese Gruppen beziehen sich, erstens, auf Proben, die innerhalb des Laboratoriums organisiert oder vom Laboratorium zur Kontrolle oder Forschung angefordert wurden, und zweitens, auf Proben, die dem Laboratorium von „Kunden" übermittelt wurden.

9.2
Intern organisierte oder angeforderte Proben

Hierbei handelt es sich um alle Proben, die zur Überwachung der Leistung innerhalb des Laboratoriums verwendet werden, und um Proben von internen oder kollaborativen Forschungsprogrammen. Sie umfassen folgende Kategorien.

9.2.1
Interne Proben zur Qualitätskontrolle (Prüfungen auf erster, zweiter oder dritter Ebene)

Das Ergebnis ist zu prüfen, um zu sehen, ob es den Erwartungen entspricht. Bei Blindproben sollte es beispielsweise negativ ausfallen und im Falle einer positiven Kontrolle sollte es den richtigen Organismus bestätigen. Geht es um ein Zählverfahren, dann sollte das Ergebnis mit dem erwarteten Bereich der zulässigen Ergebnisse verglichen werden, wobei jedoch zu bedenken ist, dass die Zufallsvariabilität der in einer Probe vorhandenen Anzahl an Organismen gelegentlich zu einer Anzahl außerhalb des Bereichs führt, obwohl sie eigentlich richtig war. Im Gegensatz zur Chemie, ist solch ein gelegentlicher „Fehler" in der Mikrobiologie statistisch unvermeidbar. Der Anteil von Werten außerhalb des Bereichs, der dem Zufall zugerechnet werden kann, wird vom Qualitätskontrollprogramm im Voraus festgelegt. Häufigere Fehler erfordern eine Erklärung.

Über die QC-Prüfungen und die Resultate aller anschließenden Untersuchungen ist eine Akte (z. B. ein Register) anzulegen.

Wie in Kapitel 8 (analytische Qualitätskontrolle) beschrieben, gibt es verschiedene Möglichkeiten, die Variabilität der Verteilung von Organismen zwischen Proben zu berücksichtigen und dies in die QC-Analysen einzubeziehen. Die Darstellung der Resultate in einem sequentiellen Diagramm ist hilfreich. Die statistische Bewertung ist unter Berücksichtigung der in früheren Kapiteln beschriebenen Vorsichtsmaßnahmen durchzuführen. Proben von zertifiziertem Referenzmaterial verfügen über Begleitanweisungen zur Bewertung der Resultate. Andere im Laboratorium für die quantitative Qualitätskontrolle verwendete Proben werden zur Prüfung spezifischer Verfahren herangezogen, wie z. B. für Doppelproben zur Überprüfung konsistenter Vorgangsweise, Proben verschiedener Verdünnungen zum Testen der Genauigkeit der Verdünnung oder Proben, die von mehreren Untersuchern untersucht werden, um die Vergleichbarkeit zu prüfen. Kapitel 8 führt einfache und komplexere Prüfprogramme als Beispiele an. Erbringt irgendein Qualitätskontrollprogramm mehr Fehler als zufallsbedingt erwartet, muss der Laborverantwortliche informiert werden und es ist eine Liste von Untersuchungen (für Geräte, Medien, Verfahren, Aufzeichnungen usw.) zu erstellen. Wird ein spezifisches Problem festgestellt, wie ein defekter Brutschrank, dann bedeutet das, dass alle vom Laboratorium während des Bestehens dieses Defekts erzielten Ergebnisse in Frage zu stellen sind. Es kann notwendig sein, Wiederholungsproben anzufordern, sobald das Problem behoben wurde.

Obwohl für quantitative Qualitätskontrollen ein Zielmittelwert festgelegt ist, ist das korrekte Resultat nicht bekannt. Diese Tatsache bildet einen wichtigen Unterschied zur Qualitätskontrolle in der Chemie und bedeutet, dass die bei Zählungen beobachtete Variation nicht Messfehlern innerhalb des Laboratoriums zugeschrieben werden kann (Tillett and Lightfoot 1995). Die Schwierigkeit, einen unannehmbar großen Messfehler von einem unvermeidlichen, natürlichen Probenentnahmefehler zu unterscheiden, ist der Hauptgrund dafür, dass die von Chemikern angewandten QA-Methoden (wie Kontrolldiagramme) nicht ohne Modifikationen hinsichtlich der Statistik oder der Interpretation übernommen werden können. Das Ziel ist es, schlechte Ergebnisse, die von Bedeutung sind aufzudecken, aber nicht den Schluss zu ziehen, dass etwas falsch verlief, während sich das Laboratorium in Wirklichkeit „unter Kontrolle" befand.

Dies ist in der mikrobiologischen Qualitätskontrolle ein wachsendes Gebiet und die Laboratorien werden ermutigt, die in den vorigen Kapiteln beschriebenen Methoden auszuprobieren und ihre Erfahrungen untereinander auszutauschen (z. B. durch Publikationen). Dies sollte sich die Entwicklung und Verbesserung der Qualitätskontrolle fördern.

9.2.2
Proben der externen Qualitätskontrolle

Die konstante Leistungsfähigkeit innerhalb eines Laboratoriums kann anhand eines internen QC/QA-Programms geprüft werden. Die Kontrolle der Genauigkeit einiger Verfahren sind zum Beispiel mit Referenzmaterialien möglich, jedoch stellt die Teilnahme an einem externen Qualitätssicherungsprogramm (EQA) die objektivste Methode der Leistungsprüfung dar.

Derartige Programme wurden in einigen Ländern entwickelt und sind in Kapitel 8 beschrieben.

EQA Proben werden im Rahmen des Routinebetriebs des Laboratoriums aufgearbeitet und die Ergebnisse gemäß den Anweisungen des Organisators übermittelt. Es ist eine ausführliche Dokumentation über die Teilnahme und die Ergebnisse, zusammen mit den Auswertungsberichten des Organisators, zu führen und die Laborleistung zu überwachen. Wird eine schlechte Leistung entweder von den Organisatoren oder vom Laborpersonal erkannt, muss die Ursache gesucht werden. (Die schlechte Leistung muss von mikrobiologischer und nicht nur von statistischer Bedeutung sein. So liefert z. B. eine große Anzahl von Ergebnissen die statistische Aussagekraft, um sehr kleine durchschnittliche Unterschiede zwischen Laboratorien als signifikant zu erkennen).

Die meisten Programme erlauben eine vertrauliche Diskussion mit den Organisatoren, sodass die Erfahrung im Hinblick auf das Auffinden von Ursachen und das Ergreifen von Maßnahmen untereinander ausgetauscht werden kann. Diese Schritte sind ebenfalls im Verzeichnis einzutragen. In manchen Ländern gibt es unabhängige Auditoren, wie Akkreditoren, denen diese Unterlagen vorgelegt werden müssen.

9.2.3
Im Rahmen eines Forschungsprogramms untersuchte Proben

Die Aufzeichnung dieser Proben hat in der im Studienprotokoll festgelegten Form zu erfolgen. Die erforderlichen Anzahlen an Ergebnissen werden gesammelt und dann zur Analyse übermittelt.

9.3
Dem Laboratorium übermittelte Proben

In vielen Laboratorien wird die Mehrzahl der Proben von „Kunden" von ausserhalb des Laboratoriums übermittelt. Der Informationswert solcher Ergebnisse hängt im Wesentlichen vom Probenentnahmeplan, dem Ziehen und dem Transport der Proben ab. Diese Faktoren sollten nach Möglichkeit mit dem Kunden abgesprochen werden.

Alle Proben müssen beim Einlangen im Laboratorium identifizierbar sein, vorzugsweise anhand eines speziell vom Laboratorium gestalteten Fragebogens. (Fragebögen und Berichtsformulare können als separate Unterlagen gestaltet sein oder in einem Dokument zusammengefasst werden – siehe Beispiele in Abschnitt 9.4). Das Laboratorium muss die Annahme von Proben, deren Ursprung vollkommen unbekannt ist, verweigern, sowohl aus Sicherheitsgründen (sie könnten zum Beispiel Krankheitserreger enthalten) als auch aus Praktibilitätsgründen. Zu Proben, die mit einer unvollständigen Vorgeschichte, unzulänglicher Kennzeichnung oder nicht ausreichenden Unterlagen eintreffen, sind Informationen einzuholen. Sie sollten nur nach zufriedenstellender Klärung aufgearbeitet werden, ausser wenn eine vertragliche Verpflichtung vorliegt, Proben ungeachtet der gelieferten Informationen zu analysieren.

Beispiele von Berichtsformularen sind im Anhang enthalten. Einige sehen einen Kommentar zur Interpretation vor und erfordern zwei Unterschriften.

9.3.1
Proben für routinemäßige Überwachungen

a Auf das Vorhandensein von Krankheitserregern untersuchte Proben

Ein negatives Resultat ist im Bericht als „nicht nachgewiesen in der untersuchten Probenmenge" auszudrücken. Diese Formulierung ist angemessen, weil es einerseits übliche Praxis ist, nur einen kleinen Teil des Lebensmittels oder des Wasservorkommens zu untersuchen, und andererseits die Probe – aufgrund der Variabilität der Verteilung der Organismen – negativ sein kann, obwohl Teile vom Ganzen in Wirklichkeit kontaminiert sind. Für amtliche Proben kann es jedoch eine für die Abfassung des Berichts vorgeschriebene Form geben, die dann zu berücksichtigen ist.

Das Ausdrücken eines Nullergebnisses in der Form von „weniger als", als Bestimmungsgrenze, hat in der Mikrobiologie nicht die gleiche Relevanz wie in der Chemie, wie es im nächsten Abschnitt über Routineproben, die auf die Anzahlen von Indikatororganismen untersucht werden, diskutiert wird.

Wird ein Organismus festgestellt, der im Hinblick auf die öffentliche Gesundheit bedeutsam ist, muss das Laboratorium nach einem vorgeplanten Maßnahmenplan handeln, der ein Gesundheitsrisiko und die Kosten für einen Fehlalarm gegeneinander abwägt. Diese Maßnahmen können sein:

- den Kunden vor möglichen Problemen warnen und ihn über die Ergebnisse von Bestätigungstests, die den Organismus betreffen, auf dem Laufenden halten

- einen medizinischen Mikrobiologen konsultieren

- sicherstellen, dass jeder, der informiert sein sollte, benachrichtigt ist. Bestätigt sich das Vorhandensein eines Organismus, der für die Volksgesundheit eine potentielle Gefährdung darstellt, in einem zum direktem Konsum bestimmten Produkt, muss in Zusammenarbeit mit dem Kunden entschieden werden, ob Warnungen herausgegeben werden sollen und ob Überwachungen von möglichen, damit zusammenhängenden Krankheiten einzuleiten sind.

Die Berichte an den Kunden, vorläufige und/oder endgültige, müssen den nachgewiesenen Organismus beschreiben und die Anzahlen, falls zutreffend, sowie eine mikrobiologische Interpretation enthalten (unter Zuhilfenahme von externer medizinischer mikrobiologischer Interpretation, falls sie laborintern nicht zur Verfügung steht). Diese Interpretation kann entfallen, sofern sie nicht vertraglich mit dem Kunden vereinbart wurde. Dessen ungeachtet wird ein verantwortungsbewusst handelndes mikrobiologisches Laboratorium sicherstellen, dass Maßnahmen ergriffen werden, wenn durch Krankheitserreger eine mögliche Gefahr (Nachweis in gekochten Lebensmitteln oder in aufbereitetem Wasser) oder eine konkrete Gefahr (Nachweis in einem zum Verzehr angebotenen Produkt) für die Volksgesundheit besteht. Der Verantwortungsbereich kann wiederholte Probenentnahmen, Benachrichtigung anderer Stellen, wie den Produkthersteller (z. B. Lebensmittelhersteller, Wasserversorgungsunternehmen), Meldung an Gesundheits- und Umweltbehörden, die Maßnahmen im Interesse der Verbraucher zu entscheiden haben, umfassen. In einigen Ländern kann die Unterlassung der Beteiligung an pflichtgemäßen Maßnahmen gesetzliche Folgen haben. Der Vertrag zwischen dem Kunden und dem Laboratorium umfasst üblicherweise eine Vertraulichkeitsgarantie. Der mögliche Interessenkonflikt, der bei der Feststellung eines Gesundheitsrisikos entstehen kann, sollte im Voraus mit dem Kunden besprochen werden.

b Proben, die auf Gesamtkeimzahlen oder Anzahlen an Indikatororganismen untersucht werden (einschließlich Presence/Absence-Ergebnisse, welche als Zahlen von 0 und 1+ betrachtet werden)

Das Ergebnis wird dem Kunden als nicht nachweisbar oder als Anzahl mitgeteilt. Es sollten Kommentare angeführt werden, die eine Bewertung der Anzahl und ihrer Genauigkeit sowie der Bedeutung des Ergebnisses ermöglichen.

Ein Nullergebnis wird im Bericht üblicherweise als Nullwert oder als „nicht nachweisbar in der untersuchten Probenmenge" ausgedrückt. Ist die untersuchte Menge kleiner als die Einheit im Standardformular des Berichts, zum Beispiel wenn 10 ml Wasser untersucht wurden und die Anzahl des Organismus muss pro 100 ml ausgedrückt werden, dann war es manchmal üblich, dass das im Bericht angegebene Ergebnis eine „Bestimmungsgrenze" widerspiegeln sollte, im vorliegenden Fall 10. Dies setzt eine einheitliche Verteilung der Organismen im Wasser voraus und dass 1 Organismus in 10 ml zu erwarten ist, wenn 10 Organismen in 100 ml vorhanden sind. Eine Zufallsvariation ist zumindest in der Verteilung der Organismen zu beobachten, was bedeutet, dass das 95-%-Konfidenzintervall für eine 100-ml-Probe einem Wert von 0–36 entspricht, wenn ein Ergebnis von 0 in 10 ml gefunden wurde. Die Zufallsvariation ist die kleinste zu erwartende Variabilität. Sie kann in sehr gut gemischten Proben erreicht werden. Daher wird die Umwandlung eines Nullwertes in eine „<"-Aussage nicht empfohlen, weil sie eine genauere Kenntnis, über das was im Produkt vorhanden war, vorgibt als tatsächlich bekannt ist. Wie in Abschnitt 9.3.1 a erörtert, kann es jedoch sein, dass in einigen Ländern Situationen vorliegen, bei denen diese Empfehlung nicht eingehalten werden kann, weil es dort ein vorgeschriebenes Formular für die Berichte von amtlichen Probenentnahmen gibt.

Ein positiver Nachweis sollte im Bericht entweder als „Organismen vorhanden" oder als eine Anzahl im untersuchten Volumen oder Gewicht angegeben werden oder als eine Anzahl, die auf eine konventionelle Gewichts- oder Volumeneinheit umgerechnet wurde.

Es kann aufschlussreich sein, die Genauigkeit einer Anzahl vom Gesichtspunkt der Probenentnahme oder Statistik zu betrachten. Veröffentlichungen zeigen, dass dies ein komplexer Bereich ist. Wirkt sich die Zufallsvariation überraschend stark auf die Ergebnisse aus, gibt es zwei Ursachen für die potentielle Unsicherheit: die Variation der Dichte an Organismen am Ort der Probenentnahme und die Ungenauigkeit, die sich durch Labortechniken wie Teilprobenentnahme und Verdünnen ergibt (Anon. 1994). Bei fachgerechter Umsetzung der Labortechniken, die sich im Rahmen von QC/QA-Prüfungen als zufriedenstellend erwiesen haben, entspricht die im Bericht angegebene Anzahl der besten Leistung des Laboratoriums und sollte einen bias-freien Schätzwert, von dem was in der Probe vorhanden war, darstellen. Daher kann durch Einführung eines in Kapitel 8 beschriebenen QC/QA-Programms großer Nutzen gezogen werden, im Hinblick auf die Theorie und die Beobachtung von Ungenauigkeiten, die Labortechniken zuzuschreiben sind. Es ist jedoch nicht empfehlenswert einem Ergebnisbericht an den Kunden, unabhängig ob das Laboratorium eine Zähl- oder eine Schätzmethode verwendet, auf Basis dieser Theorie eine Aussage über die durch die Labortechniken verursachte Ungenauigkeit hinzuzufügen, indem man zum Beispiel ein 95-%-Konfidenzintervall (KI) angibt, da dies missverstanden werden kann. Der Kunde könnte denken, dass sich die Aussage auf den Ursprung der Probe bezieht und nicht auf die Probe selbst. Lediglich Mehrfachproben können ausreichende Informationen liefern, um Konfidenzintervalle für die mikrobiologische Dichte am Ursprungsort abzuschätzen, wo die Variation der Konzentration an Mikroorganismen oft sehr groß ist (Tillett 1993). Die Planung von routinemäßigen Probenentnahmeprogrammen liegt außerhalb des Rahmens dieses Buches. Im Prinzip kann gesagt werden, dass je größer die Variation am Ort der Probenentnahme, umso größer muss die notwendige Anzahl Proben sein, um zuverlässige Informationen zu erhalten.

Wenn eine Unsicherheit über die mikrobiologische Dichte vorliegt und mehr als eine Verdünnung bei einer Zählmethode verwendet wurde, dann können unter Umständen zwei oder mehr Zählungen von verschiedenen Verdünnungen durchgeführt werden. In diesem Fall ist das Resultat wie folgt auszudrücken:

- entweder als Gesamtzählung, geteilt durch das entsprechende Gesamtvolumen; ergab sich zum Beispiel bei 100 ml der Probe eine Anzahl von 148 und bei einer 10fachen Verdünnung (d. h. 10 ml der Probe) eine Anzahl von 49, dann wäre das Resultat

$$\frac{148 + 49}{100 + 10} = 1{,}79 \text{ pro ml}$$

was im Bericht vermutlich als 179 pro 100 ml erscheinen würde. (Weitere Beispiele finden sich in der Norm 145 der International Dairy Federation.)

- oder als gewählte Anzahl, die innerhalb eines vorgeschriebenen Bereichs der akzeptablen Genauigkeit liegt oder diesem am nächsten kommt. Für die Membranfiltrationsmethode wird z. B. eine Anzahl zwischen 20 und 80 Organismen bei der Zählung von Indikatororganismen in Wasser empfohlen (Anon. 1994).

Gelegentlich kann eine Zählung nicht durchgeführt werden, beispielsweise bei ungenügender Verdünnung der Probe, die ein Überwachsen von Kolonien oder Wachstum in allen Verdünnungsstufen zur Folge hat. Ein unbefriedigendes Resultat kann ebenfalls auftreten, wenn ein selektives Medium versagt und ein Überwachsen mit irrelevanten Organismen bewirkt, die die relevanten Kolonien verdecken. Treten solche unzulänglichen Ergebnisse auf, muss der Bericht an den Kunden das widerspiegeln, was beobachtet wurde, wo die Mängel liegen, was daraus gegebenenfalls zu folgern ist. Wenn angebracht, sollte eine Wiederholungsprobe angefordert werden, wobei nicht vergessen werden darf, dass es unmöglich ist, eine identische Probe zu erhalten. Bei Wachstum in allen Verdünnungsstufen ist es zum Beispiel richtig, die Anzahl im Bericht als „wahrscheinlich größer als die bestimmte Anzahl" auszuweisen.

Folglich wird eine einfache Aussage „nicht nachgewiesen" oder eine Anzahl pro Einheit (z. B. g oder 100 ml) als Ergebnisbericht einer zufriedenstellend analysierten Probe empfohlen.

Wie im vorigen Abschnitt beschrieben, kann, wenn auf Krankheitserreger untersucht wird, das Laboratorium vertraglich verpflichtet sein oder nicht, das Ergebnis durch eine Interpretation zu ergänzen. Routinemäßige Überwachungen hingegen werden durchgeführt, um zu überprüfen, ob die Anzahlen zufriedenstellend sind oder nicht. Zumindest sollte das Laboratorium sicherstellen, dass jemand verantwortliche Maßnahmen ergreift, falls die Ergebnisse auf eine potentielle Gesundheitsgefährdung hindeuten.

9.3.2
Proben für gesetzlich vorgeschriebene Überwachungen

Diese Proben können eine Untersuchung auf Krankheitserreger und auf die Gesamtkeimzahl oder die Anzahl an Indikatororganismen erfordern. Hier gelten alle Erläuterungen der Abschnitte a und b im vorigen Kapitel. Darüber hinaus muss gewährleistet sein, dass die Abfassung des Prüfberichtes in Übereinstimmung mit allen maßgeblichen nationalen oder internationalen Vorschriften erfolgt.

Gehört die Probe zu einem gesetzlich vorgeschriebenen Überwachungsprogramm, ist der Bericht als solcher in den Aufzeichnungen des Laboratoriums hervorzuheben. Die Weiterleitung des Berichts erfolgt an die zuständigen Behörden, und muss zuvor möglicherweise als „bestanden" oder „nicht bestanden" eingestuft werden.

Manche gesetzlichen Vorschriften sind so formuliert, dass die meisten, aber nicht alle Proben der Norm genügen müssen. Eine solche Regulation kann als prozentuale Übereinstimmung über einen angegebenen Zeitraum definiert werden. Bei dieser Art Überwachung werden die Ergebnisse über einen Zeitraum gesammelt und das entsprechende Percentil der Ergebnisse muss errechnet oder abgeschätzt werden. Dieses Percentil wird im Bericht als unterhalb oder oberhalb der Norm liegend ausgedrückt. Die prozentuelle Übereinstimmung ist nicht so eindeutig wie es den Anschein hat, da verschiedene Methoden für die Bestimmung von Percentilen verwendet werden. Bei einer großen Gesamtzahl an Proben fällt dies weniger ins Gewicht, wenn jedoch wesentlich weniger als 100 Proben vorhanden sind, kann es passieren, dass kein Resultat nahe dem geforderten Percentilwert erzielt wird, sodass mit den Behörden eine Methode zur Abschätzung vereinbart werden muss. Dies kann eine einfache Aussage über die Anzahl der erlaubten „nicht entsprechenden Proben" für eine gegebene Anzahl von analysierten Proben oder eine statistische Bestimmung des entsprechenden Percentils sein.

Werden zum Beispiel 12 Proben untersucht und ist das 95 Percentil gefordert, besteht der erste Schritt darin, die Anzahlen in aufsteigender Reihenfolge zu ordnen. Die an 11. Stelle gereihte Zahl entspricht dem Percentil 91,67 und das 95. Percentil wird als zwischen der 11. und 12. Zahl liegend geschätzt. Die Zahlen können der Reihenfolge nach in einem Diagramm aufgetragen werden und wenn sie annähernd linear erscheinen, kann das 95. Percentil durch Interpolation zwischen den beiden obersten Beobachtungen ($x11$ und $x12$) wie folgt bestimmt werden:

$$x11 + \frac{(95 - 91{,}67)}{(100 - 91{,}67)}(x12 - x11)$$

Bei mikrobiologischen Anzahlen kann diese annähernde Linearität die Verwendung des logarithmischen Maßstabs erfordern. In diesem Fall erfolgt die lineare Interpolation in diesem Maßstabs und das Ergebnis wird auf den Ursprungsmaßstab zurück gerechnet. Dies ist in folgendem Beispiel anhand von 12 Anzahlen an Gesamtcoliformen Bakterien in Proben veranschaulicht, die im Laufe einer Saison an einem Badestrand entnommen wurden. Es ergaben sich folgende Ergebnisse: 6700, 994, 1062, 424, 2900, 140, 30, 190, 230, 150, 100, 1500. Werden diese Ergebnisse in aufsteigender Reihenfolge in logarithmischem Maßstab aufgetragen, dann liegen sie in etwa auf einer Geraden.

Die Logarithmen der zwei höchsten Werte sind 3,4624 und 3,8261, daher wird das 95. Percentil bestimmt als Antilogarithmus von

$$3{,}4624 + \frac{(95 - 91{,}67)}{(100 - 91{,}67)}(3{,}8261 - 3{,}4624) = 3{,}608$$

Hieraus ergibt sich ein 95. Percentil von 4050 coliformen Bakterien pro 100 ml, gerundet auf 10.

Wertvolle Information kann durch zusätzliche Kontrolle der Ergebnisse, die aus gesetzlichen Gründen erhoben werden, erhalten werden, da die Beurteilung „bestanden/nicht bestanden" in manchen Situationen eine sehr vereinfachte Interpretation darstellt. Laboratorien und Kunden können daher wünschen fortlaufende Berichte von all dieser Information zu verfassen, um Verläufe zu untersuchen. Dies können Diagramme sein, in denen Mittelwert und Variation über die Zeit aufgetragen sind.

9.3.3
Proben für fortlaufende routinemäßige Überwachungen

Routinemäßige Untersuchungen von Lebensmitteln oder Wasser dienen oft dazu, Gesamtkeimzahlen oder Anzahlen an Indikatororganismen über die Zeit zu überwachen. Daher müssen Wiederholungsproben von Lebensmitteln oder Wasser desselben Ursprungs, im selben Aufbereitungsstadium (z. B. Rohwasser an der Stelle der Gewinnung oder an der Stelle, wo das Wasser die Aufbereitungsanlage verlässt) im Hinblick auf Trends untersucht werden. Ist das Laboratorium dafür verantwortlich, die Ergebnisse dieser Vorkommen zusammenzustellen und zu interpretieren, dann soll die Speicherung der Daten im Laboratorium es ermöglichen, leicht eine Verbindung der Serienergebnisse herzustellen und es sollten einige statistische Methoden zum Erkennen von Mustern und Trends geplant werden.

Grafische Darstellungen der Anzahlen an Organismen gegen die Zeit sind wesentlich. Logarithmische Maßstäbe oder Quadratwurzeln können sich als notwendig erweisen, um Anzahlen mit hohen Mittelwerten zu bewältigen. Wenn jedoch die üblichen Anzahlen niedrig oder gleich Null sind, dann ergibt der arithmetische Maßstab ein anschaulicheres Bild. Aus diesen Abbildungen lassen sich die Variabilität des Hintergrundes, saisonbedingte Muster oder Aufwärts- oder Abwärtstrends erkennen. Weitere Bewertungen unter Verwendung von Statistik können nötig sein, den Augenschein zu bestätigen, oder um feinere Veränderungen festzustellen. Da mikrobiologische Anzahlen dazu tendieren, äußerst variabel zu sein, kann eine sehr große Anzahl an Routineergebnissen erforderlich sein, bevor die Hintergrundvariation überhaupt genau ermittelt werden kann.

Mittelwerte, üblicherweise Mediane, aus aneinanderhängenden Zeitabschnitten oder bewegliche Mittelwerte, die über die Zeit fortgesetzt werden, sind der einfachste Ansatz zur Trend-Analyse. Komplexere Modelle, wie statistische Prozesskontrolltechniken, die von einigen Wasserversorgungsbetrieben verwendet werden, können zum Einsatz kommen. Obwohl sie zwar oft sehr empfindlich sind gegen Veränderungen und die unvermeidlich hohe Variabilität von Zählungen unterschätzen, sind sie dennoch ein nützliches Instrument zur Feststellung eventueller Veränderungen. Gleich welche Analyse angewendet wird, müssen im Planungsstadium klare Ziele festgelegt werden, über das was nachgewiesen werden soll und wie die Reaktion aussehen sollte.

9.3.4
Außerhalb des Routinebetriebs analysierte Proben
(für Krankheitserreger, Gesamt- oder Indikatororganismen)

a   Proben für Nachuntersuchungen

Diese Proben werden in Folge unbefriedigender Routineproben entnommen. Die Ergebnisse sind im Bericht derart dazustellen, dass sie eindeutig mit den Ergebnissen der Voruntersuchung in Verbindung stehen. Falls erforderlich, muss eine Aussage hinzugefügt werden, die besagt, ob die Anahlen nun zufriedenstellend sind und ob weitere Probenentnahmen zu empfehlen sind oder nicht.

b   Proben für Nachforschungen

Proben können auch aufgrund einer verdächtigen Situation entnommen werden, wie dem Auftreten einer Erkrankung bei den Konsumenten, einer bekanntgewordenen Störung bei der Handhabung oder Behandlung eines Produkts oder eines Problems bei der Verteilung, wie beispielsweise Reparaturarbeiten an einer Wasserleitung. Diese Proben müssen kurzfristig analysiert werden und der Bericht hierzu hat prompt zu erfolgen. In diesem Zusammenhang sollte bei den Verfahrensanweisungen des Laboratoriums ein System für die Herausgabe von vorläufigen als auch Endberichten vorhanden sein. Ergibt sich aus den Ergebnissen die Gewissheit, dass eine

Gefahr vorhandenen ist, hat das Laboratorium dafür zu sorgen, dass verantwortliche Maßnahmen ergriffen werden.

c Sonstige und Ad-hoc-Proben

Hierunter fallen andere Proben als solche, die bereits diskutiert wurden. Es gelten für diese die gleichen Grundsätze. Das Laboratorium muss genaue und aufschlussreiche Berichte verfassen, und alle Resultate, die für die Volksgesundheit ein Risiko vermuten lassen, zur Kenntnis bringen und erörtern.

9.4
Beispiele von Fragebögen und Berichtsformularen

Beispiele von Fragebögen und Berichtsformularen sind auf den folgenden Seiten abgebildet.

Literatur

Anon. (1994) The Microbiology of Water (1994). Part 1 – Drinking Water. Report on Public Health and Medical Subjects, No.71. HMSO, London
Tillet HE (1993) Potential inaccuracy of microbiological counts from routine water samples. Water Sci Technol 27:15–18
Tillett HE, Lightfoot NF (1995) Quality control in environmental microbiology compared with chemistry: what is homogenous and what is random? Water Sci Technol 31:471–477

PUBLIC HEALTH LABORATORY SERVICE

PUBLIC HEALTH LABORATORY
INSTITUTE OF PATHOLOGY, GENERAL HOSPITAL,
WESTGATE ROAD, NEWCASTLE-UPON-TYNE   NE4 6BE
Telephone : (091) 273 8811 Ext. 22806
Fax No: (091) 226 0365

BACTERIOLOGICAL EXAMINATION OF FOOD SAMPLES

FOR LABORATORY USE
CATEGORY

Routine control
Tick as appropriate
Food poisoning
(see overleaf)

Sender _________________________ Address _________________________ Date received _________________________

Sampled by _________________________ _________________________ Time received _________________________

Date of collection _________________________ _________________________ Received by _________________________

Additional information/requests _________________________

Senders Reference Number	Laboratory Reference Number	Product Date: Purchased Produced Use by	Origin	Aerobic Plate Count cfu/g	Staph. aureus/g	Bacillus cereus/g	E.coli/g	Salmonella species/25g	Campylobacter species/25g

Additional results / comments :

Telephoned   Date reported   Microbiologist

Methods ref: "Newcastle Public Health Laboratory Food Methods" Current Issue.   Prof.R.Freeman, Dr.N.F.Lightfoot, Dr.A.A.Codd, Dr.A.Galloway.
Food Form Issue 4 - 24.5.96.   Page 1 of 1

PUBLIC HEALTH LABORATORY SERVICE

PUBLIC HEALTH LABORATORY
INSTITUTE OF PATHOLOGY, GENERAL HOSPITAL,
WESTGATE ROAD, NEWCASTLE-UPON-TYNE NE4 6BE
Telephone : (091) 273 8811 Ext. 22806
Fax No: (091) 226 0365

FOR LABORATORY USE

CATEGORY

BACTERIOLOGICAL EXAMINATION OF WATER SAMPLES

Sender ___________________ Address ___________________ Date received ___________________

Sampled by ___________________ Time received ___________________

Date of collection ___________________ Received by ___________________

Senders Reference Number	Laboratory Reference Number	SAMPLE DESCRIPTION	Membrane Filtration						Colony Count	
			Total Coliforms	Thermo-tolerant Coliforms	E. coli	Faecal Streps	Pseudo. aeruginosa	Sulphite reducing Clostridia	22.C/72hrs	37.C/24hrs
		Sample taken from _______ Time of collection** _______ Class (Private water) _______ Reason for testing Routine ☐ Follow up ☐ Complaint ☐* Chlorinated ☐ Filtered ☐ Untreated ☐* Additional tests _______	per 100ml	per 100ml	per 100ml	per 100ml	per 100ml		per ml	per ml
		Sample taken from _______ Time of collection** _______ Class (Private water) _______ Reason for testing Routine ☐ Follow up ☐ Complaint ☐* Chlorinated ☐ Filtered ☐ Untreated ☐* Additional tests _______	per 100ml	per 100ml	per 100ml	per 100ml	per 100ml		per ml	per ml
		Sample taken from _______ Time of collection** _______ Class (Private water) _______ Reason for testing Routine ☐ Follow up ☐ Complaint ☐* Chlorinated ☐ Filtered ☐ Untreated ☐* Additional tests _______	per 100ml	per 100ml	per 100ml	per 100ml	per 100ml		per ml	per ml

* Tick as appropriate

Telephoned ___________________ Date reported ___________________ Microbiologist ___________________

Methods ref: *The microbiology of water 1994 part 1 Drinking water, Report on Public Health and Medical Subjects No 71.

**N.B. Analysis of water samples must commence within 6 hours of collection.

Water Form Issue 4 - 24.5.96.

Prof.R.Freeman, Dr.N.F.Lightfoot, Dr.A.A.Codd, Dr.A.Galloway.

Page 1 of 2

PUBLIC HEALTH LABORATORY SERVICE

PUBLIC HEALTH LABORATORY
INSTITUTE OF PATHOLOGY, GENERAL HOSPITAL,
WESTGATE ROAD, NEWCASTLE-UPON-TYNE NE4 6BE
Telephone : (091) 273 8811 Ext. 22806
Fax No: (091) 226 0365

BACTERIOLOGICAL EXAMINATION OF MILK SAMPLES

FOR LABORATORY USE

CATEGORY

Dairy ______________________

Sender ______________________   Address ______________________   Date received ______________________

Sampled by ______________________   ______________________   Time received ______________________

Date of collection ______________________   ______________________   Received by ______________________

Senders reference number	Laboratory reference number	Pasteurised Milk Type (circle as applicable)	Package Size	Temperature on arrival	Coliforms / ml 30.C 24hrs			Plate count / ml 21.C 25hrs (following pre-incubation 6.C 120hrs)			Phosphatase test 37.C 2hrs Pass/Fail
					Count	Standard Exceeded Y/N	Pass/Fail	Count	Standard Exceeded Y/N	Pass/Fail	
		WHOLE SEMI-SKIMMED SKIMMED									

Key

P = Passed prescribed test

F = Failed prescribed test

V = Void test (>4.C or <0.C on arrival)

N/A = Not applicable

Y = Yes

N = No

Previous counts - record when applicable
1 =
2 =
3 =
4 =

Standard for Coliforms:-
n=5, C=1, m=0, M=5

Previous counts - record when applicable
1 =
2 =
3 =
4 =

Standard for Plate Count:-
n=5, C=1, m=5x10^4, M=5x10^5

Where n = The number of sample units comprising the sample i.e. 5 submissions to the laboratory.
c = The number of sample units where the bacterial count may be between m and M, if the other bacterial counts are m or less. The test fails if any sample count exceeds M.
m = The threshold value for the number of bacteria, result satisfactory if not exceeded.
M = The maximum count value, result unsatisfactory if exceeded in any sample unit.

Telephoned   Date reported   Microbiologist

Methods ref: "Newcastle Public Health Laboratory Milk Methods" Current Issue.
Milk Form Issue 4 - 24.5.96.   Prof.R.Freeman, Dr.N.F.Lightfoot, Dr.A.A.Codd, Dr.A.Galloway.

Page 1 of 1

PUBLIC HEALTH LABORATORY SERVICE

PUBLIC HEALTH LABORATORY
INSTITUTE OF PATHOLOGY, GENERAL HOSPITAL,
WESTGATE ROAD, NEWCASTLE-UPON-TYNE NE4 6BE
Telephone : (091) 273 8811 Ext. 22806
Fax No: (091) 226 0365

FOR LABORATORY USE
CATEGORY

BACTERIOLOGICAL EXAMINATION OF MOLLUSCS

Sender ___________ Address ___________ Date received ___________

Sampled by ___________ ___________ Time received ___________

Date of collection ___________ ___________ Received by ___________

Senders Reference Number	Laboratory Reference Number	Product	Origin	Results	
				Faecal Coliforms / 100g	E. coli / 100g

Telephoned ___________ Date reported ___________ Microbiologist ___________

Methods ref: "Newcastle Public Health Laboratory Food Methods" Current Issue.   Prof.R.Freeman, Dr.N.F.Lightfoot, Dr.A.A.Codd, Dr.A.Galloway.
Mollusc Form Issue 4 - 24.5.96.   Page 1 of 1

PUBLIC HEALTH LABORATORY SERVICE

PUBLIC HEALTH LABORATORY
INSTITUTE OF PATHOLOGY, GENERAL HOSPITAL,
WESTGATE ROAD, NEWCASTLE-UPON-TYNE   NE4 6BE
Telephone : (091) 273 8811 Ext. 22806
Fax No: (091) 226 0365

EXAMINATION OF WATER SAMPLES FOR LEGIONELLA

FOR LABORATORY USE
CATEGORY

Sender ______________________   Address ______________________   Date received ______________________

Sampled by ______________________   ______________________   Time received ______________________

Date of collection ______________________   ______________________   Received by ______________________

Senders Reference Number	Laboratory Reference Number	NATURE OF SAMPLE	RESULTS AND COMMENTS
		Sample taken from ______________________ Total Capacity of System ______________ Temperature Untreated ☐ Filtered ☐ Tick as appropriate Biocide ______________ Biocide Conc. ______________	
		Sample taken from ______________________ Total Capacity of System ______________ Temperature Untreated ☐ Filtered ☐ Tick as appropriate Biocide ______________ Biocide Conc. ______________	
		Sample taken from ______________________ Total Capacity of System ______________ Temperature Untreated ☐ Filtered ☐ Tick as appropriate Biocide ______________ Biocide Conc. ______________	

When Legionella organisms have NOT been isolated from the samples submitted, it should be remembered that this only reflects the situation on the day of the test
Careful maintenance programmes are required to prevent Legionella colonisation.

We reserve the right to inform the appropriate authorities of any positive isolates that have Public Health importance.

Telephoned   Date reported   Microbiologist

Methods ref: "Newcastle Public Health Laboratory Legionella Methods" Current Issue   Prof.R.Freeman, Dr.N.F.Lightfoot, Dr.A.A.Codd, Dr.A.Galloway.
Legionella Form Issue 4 - 24.5.96.   Page 1 of 1

PUBLIC HEALTH LABORATORY SERVICE

MICROBIOLOGICAL EXAMINATION OF FOOD

PUBLIC HEALTH LABORATORY
INSTITUTE OF PATHOLOGY,
NEWCASTLE GENERAL HOSPITAL,
WESTGATE ROAD,
NEWCASTLE UPON TYNE NE4 6BE
Telephone: (091) 273 8811
Fax No: (091) 226 0365

Sampling Authority _______________

Address _______________

Report (send to) _______________

Contact telephone _______________ Fax _______________

Print ALL details

Sample Ref No _______________

Sample collected by _______________

Purpose of investigation: Formal ☐   Outbreak ☐   Other ☐ _______________

Sample: Suspect item ☐   Item from same batch ☐   Type _______________

(In suspected food poisoning cases also complete details overleaf)

Date of sampling _______ Time _______ Approximate Weight _______ g Batch/Lot no _______

Process code _______________

Place of sampling _______________ (Post code _______)

Manufacturer ☐   Importer ☐   Wholesaler ☐   Retailer ☐   Other _______ (Code _______)

Name of Producer/Wholesaler (for retailed sliced meats, etc.) _______________

Sample collected from: Shelf ☐   Cabinet _______ °C Fridge ☐   Freezer ☐   Other ☐ _______

Storage condition at place of sampling: Temp _______ °C   Humidity _______ %   Sanitation _______

Condition of packaging: Clean whole & intact ☐   Dirty ☐   Damaged ☐   Leaking ☐   Opened ☐

Cooking process _______________ Date of cooking _______

Country of origin _______________ Mode of transport _______

Transport condition: Time (hrs) _______ Temperature _______ °C

Method of sampling: Random throughout lot ☐   Random throughout accessible units ☐   Isolated sample ☐

Storage & transport conditions since sample taken _______________ (_______ °C)

Formal Food Form Issue 4 - 24.5.96.

LAB.NO _______________   Sample received by _______

Sample received on _______   Temperature on receipt _______ °C

Storage conditions since receipt by laboratory _______ (_______ °C)

Laboratory investigations commenced at _______ am/pm

Appearance _______________

Microscopy _______ pH _______

Plate count, Aerobic/g _______ at _______ °C for _______ hours
_______ at _______ °C for _______ hours

Anaerobic/g _______ at _______ °C for _______ hours

Coliforms/g _______   E.coli/g _______

Salmonella spp/25g _______   Ident _______

Listeria spp/25g _______   Ident _______

Staph.aureus/g _______   C.perfringens/g _______

Campylobacter spp /25g _______   Ident _______

Enterococci /g _______   Bacillus cereus/g _______

Vibrio parahaemolyticus/25g _______   Yersinia spp/25g _______

Yeasts/g _______   Moulds/g _______

Interpretation _______________

Food Examiner _______   Microbiologist * _______

Reported _______   Certificate of Examination issued Yes ☐   No ☐

* Prof R.Freeman, Dr N.F.Lightfoot, Dr A.A.Codd, Dr A.Galloway   Page 1 of 1

INSTRUCTIONS CONCERNANT LES ANALYSES D'EAU

1 · LE PRELEVEMENT

a) L'analyse bactériologique : L'échantillon sera recueilli dans un flacon spécial disponible au laboratoire (flacon stérile avec neutralisant). Si le point d'eau se trouve en plein air, se mettre à l'abri du vent et des poussières. S'il s'agit d'une pompe, d'un robinet..., flamber l'orifice et faire couler l'eau durant 5 minutes avant de recueillir l'échantillon. Ouvrir le flacon (en évitant que le contact des doigts ne souille le goulot), remplir d'eau et reboucher soigneusement. Les échantillons conservés en glacière (+ 4°C) doivent être apportés sans délai au laboratoire, au plus tard dans les 8 heures.

b) L'analyse chimique : Recueillir l'eau dans des bouteilles en matière plastique à usage unique, disponibles au laboratoire. Certaines déterminations (oxygène dissous, hydrocarbures, pesticides, etc...) exigent un mode de prélèvement particulier ou des flacons en verre spéciaux. A la moindre hésitation, se mettre en relation avec le laboratoire AVANT de prélever. Les échantillons conservés en glacière (+ 4°C) seront apportés dans les plus brefs délais au laboratoire.

2 · LES ANALYSES

- ANALYSES DE POTABILITE :   - Sommaire (A2) : 1 flacon Microbiologie + 1 flacon Chimie
                                               - Réduite (A1)   : 1 flacon Microbiologie + 1 flacon Chimie
                                               - Complète   : Consulter le laboratoire

- CONTROLE DE BAIGNADE   : Consulter le laboratoire
- FONTAINES REFRIGEREES
- DISTRIBUTEURS DE BOISSON
- ANALYSE AVANT TRAVAUX DE PLOMBERIE SANITAIRE
- CONTROLES D'ATMOSPHERES ET CLIMATISEURS
- CONTROLES D'EAU POUR HEMODIALYSE
- CONTROLES D'EMBALLAGES, OU PRODUITS INDUSTRIELS
- EFFLUENTS INDUSTRIELS OU URBAINS
- EAUX MINERALES, EAUX CONDITIONNEES
- TESTS DE TOXICITE

et toutes études concernant les eaux, leur qualité, leur traitement, l'environnement

BULLETIN D'ANALYSE

Dép : 59
Commune : FLERS EN ESCREBIEUX

Institut
Pasteur
de Lille

Département
Eaux et Environnement

Laboratoire accrédité pour la section
essai du COFRAC sous le no XXXXX

Ref Conv :
Bon cde :

Page 1 / 1

Ste CASTROL

LE PECQ FRANCE
78230 LE PECQ

Prélevé par le demandeur

Reçu le   22/08/1997   à 15H00

Traitements : 1=A1, 2=A2, J=JAVEL = CHLORE, B=BROME, Z=OZONE, U=UV

* = mesure sous accréditation

DIVERS

No échantillon / Point	Méthode : / Norme :	Mat. suspension NF T90-105	Carbone COT NF T90-102 De 0 à 1800	DCO (en O2) NF T90-101	DBO5 (en O2) NF T90-103 De 100 à 6500	Indice CH2 NF T90-109 De 0.5 à 15.5	
729316 LIQ 1 Vos ref : Libellé : IMPREX BAIN No 1 Prélevé le 20/08/1997 à 11H20 Traitements : J, B, Z	Résultat : Unité :	* 14 mg/l	* 225 mg/l	* 770 mg/l	* 175 mg/l	* 1,1 mg/l	
729317 LIQ 1 Vos ref : Libellé : IMPREX BAIN No 2 Prélevé le 21/08/1997 à 11H21 Traitements : B, 1	Résultat : Unité :	* 23 mg/l	* 13.0 mg/l	* 5110 mg/l	* 1680 mg/l	* 0.8 mg/l	
729318 LIQ 1 Vos ref : Libellé : IMPREX BAIN No 3 Prélevé le 22/08/1997 à 11H22 Traitements : Z, U	Résultat : Unité :	* 88 mg/l	* 11500 mg/l	* 44100 mg/l	* 4250 mg/l	* 11 mg/l	
729319 LIQ 1 Vos ref : Libellé : IMPREX PRODUIT PUR Prélevé le 23/08/1997 à 11H23 Traitements : 2	Résultat : Unité :		* 550000 mg/l	* 1760000 mg/l			

SPECIMEN

A Lille, le 15/12/1997   Le Chef de Service,

Fondation reconnue
  d'utilité publique

1, rue du Professeur Calmette
B.P. 245 - 59019 Lille cedex
Tél. 03 20 87 77 30 à 33 - Fax 03 20 87 73 83

Laboratoire de référence agree
pour l'analyse des eaux

BULLETIN D'ANALYSE

Dép : 62
Commune : CALAIS
NOUVELLE STATION

Ref Conv : AEAPSTA
Bon cde : 96W87

Département
Eaux et Environnement
Laboratoire accrédité pour la section
essai du COFRAC sous le no XXXXX

Page 1 / 1

AGENCE DE BASSIN ARTOIS PICARDIE

FRANCE
59508 DOUAI

Prélevé par Inst. Pasteur (E.R)

Reçu le 28/08/1997 à 17H00

Traitements : 1=A1, 2=A2, J=JAVEL = CHLORE, B=BROME, Z=OZONE, C=CHAINE, S=STABILISANT, P=PHMB

T = mesure de terrain
* = mesure sous accréditation

STATION D EPURATION

Echantillon no	729694	729695	729696	729697	729698	729699
Vos ref	1	INTERNE	EXTERNE	1	INTERNE	EXTERNE
Remarques	11H00-11H00	11H00-11H00	11H00-11H00	11H00-11H00	11H00-11H00	11H00-11H00
Prélevé le	28/08/1997 à 11H28	29/08/1997 à 11H29	30/08/1997 à 11H30	28/08/1997 à 11H00	28/08/1997 à 11H00	28/08/1997 à 11H00
Traitements	J, 1, 2, Z	J	S	C	Z	B, P
Point de prélèvement No	BOUE ACTIV 1	BOUE RECIRC. 1	BOUE RECIRC. 1	BOUE ACTIV 2	BOUE RECIRC. 2	BOUE RECIRC. 2

PHYSICO-CHIMIE

		729694	729695	729696	729697	729698	729699
Mat. suspension	Résultat :	*T 3550	* 4400	* 8930	* 4210	* 4110	* 9310
Norme : >3000	Unité :	mg/l	mg/l	mg/l	mg/l	mg/l	mg/l
	Méthode :	NF T90-105	NF T90-105	NF T90-105	NF T90-105	NF T90-105	NF T90-105
Mat. volatiles	Résultat :	*T 55	* 70	* 77	* 69	* 69	* 52
Norme : De 50 à 100	Unité :	% MS	% MS	% MS	% MS	% MS	% MS
	Méthode :						

Fondation reconnue
d'utilité publique

1, rue du Professeur Calmette
B.P 245 - 59019 Lille cedex
Tél. 03 20 87 77 30 à 33 · Fax 03 20 87 73 83

Laboratoire de référence agrée
pour l'analyse des eaux

ANALYSERAPPORT

Blad 1 van 3

Onderzoek en Advies

Kiwa N.V.
Groningenhaven 7
Postbus 1072
3430 BB Nieuwegein
Telefoon (030) 606 95 11
Telefax   (030) 606 11 65
E-mail   alg@kiwaoa.nl
Internet www.kiwa.nl

opdrachtgever

Kiwa N.V.
opdrachtnummer

30.1263.017; 97-206

datum en kenmerk opdracht

Memo; 10-11-1997
analysedatum/-periode

12-11-1997

Resultaten

Parameters	Monster 1
Bacteriën van de coligroep, totaal KVE/300 ml	< 1
Bacteriën van de coligroep, thermotolerant KVE/300 ml	< 1
Sporen sulfiet reducerende Clostridia KVE/100 ml	< 1
Faecale streptococcen KVE/100 ml	< 1
Koloniegetal 22°C KVE/ml	12
Koloniegetal 37°C KVE/ml	2

Toelichting bij de resultaten

Kodering opdrachtgever: Monster 1
Monstercodenummer(s)   : M-971494
Datum monsters   : 11-11-1997

parameter   : Monsterneming van water
voorschrift(en)   : Huisvoorschrift LMB-018
sterlab-erkend   : ja

parameter   : Bacteriën van de coligroep
                            in water
voorschrift(en)   : Huisvoorschrift LMB-028
techniek   : Membraanfiltratie
aantoonbaarheidsgrens   : 1 KVE/ 300 ml
standaardafwijking van de
binnenlabreproduceerbaarheid: 20%
sterlab-erkend   : Ja

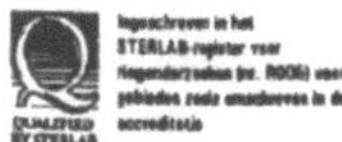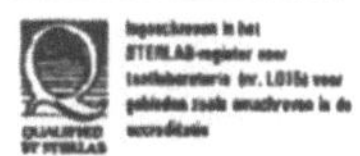

Handelsregister
's-Gravenhage, nr. 27039108

ANALYSERAPPORT

Blad 2 van 3

Onderzoek en Advies

Kiwa N.V.
Groningenhaven 7
Postbus 1072
3430 BB Nieuwegein
Telefoon (030) 606 95 11
Telefax   (030) 606 11 65
E-mail   alg@kiwaoa.nl
Internet www.kiwa.nl

opdrachtgever

Kiwa N.V.
opdrachtnummer

30.1263.017; 97-206

datum en kenmerk opdracht

Memo; 10-11-1997
analysedatum/ -periode

12-11-1997

Toelichting bij de resultaten

parameter	: Thermotolerante bacteriën van de coligroep in water
voorschrift(en)	: Huisvoorschrift LMB-028
techniek	: Membraanfiltratie
aantoonbaarheidsgrens	: 1 KVE/ 300 ml
standaardafwijking van de binnenlabreproduceerbaarheid: 25%	
sterlab-erkend	: Ja

parameter	: Faecale streptococcen in water
voorschrift(en)	: Huisvoorschrift LMB-029
techniek	: Membraanfiltratie
aantoonbaarheidsgrens	: 1 KVE/ 100 ml
standaardafwijking van de binnenlabreproduceerbaarheid: 20%	
sterlab-erkend	: Ja

parameter	: Sporen van sulfiet reducerende Clostridia in water
voorschrift(en)	: Huisvoorschrift LMB-033
techniek	: Membraanfiltratie
aantoonbaarheidsgrens	: 1 KVE/ 100 ml
standaardafwijking van de binnenlabreproduceerbaarheid: 25%	
sterlab-erkend	: Ja

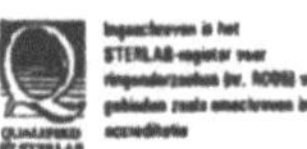

Handelsregister
's-Gravenhage, nr. 27039108

Kapitel 10

Akkreditierung

10.1
Einführung

Die Einführung eines Qualitätssicherungsprogramms schafft Vertrauen in
die Gültigkeit der erzielten Ergebnisse. Die Fähigkeit, wichtige Entscheidungen hinsichtlich der Übereinstimmung mit Anforderungen und die
Durchsetzung gesetzlicher Vorschriften zu treffen, erfordert die Bewertung
durch Dritte, um nachhaltige Zuverlässigkeit zu gewährleisten. Diese Bewertung der Prozesse, die ein Laboratorium zur Erzielung gleichbleibender Qualität implementiert, durch Dritte ist als Akkreditierung bekannt. Sie
beinhaltet die Bewertung anhand von Normen, die für alle Laboratorien,
die im weitesten Sinne Messungen und Prüfungen durchführen, gelten. Die
Anwendung dieser Normen auf Laboratorien für mikrobiologische Untersuchungen von Lebensmitteln und Wasser befindet sich in einem frühen
Entwicklungsstadium, dennoch wurden in vielen Ländern bereits ziel-
setzende Normen festgelegt.

10.2
Internationale Aspekte der Akkreditierung

Die meisten nationalen Akkreditierungsverfahren basieren weltweit auf der
ISO-Richtlinie 25 „General requirements for the competence of calibration
and testing laboratories" (Allgemeine Anforderungen an die Kompetenz
von Laboratorien der Prüf- und Messtechnik). Die jeweiligen Länder verfügen oft über unterschiedliche Mess- und Prüfinfrastrukturen und lan-
deseigene Kriterien. In Europa wurde, um die Anforderung des Gemeinsamen Binnenmarktes zu erfüllen, die Normenreihe EN 45000 veröffentlicht.
Diese Normen legen die Anforderungen für den Betriebsablauf von
Akkreditierungs- und Zertifizierungsstellen fest. In Europa haben alle EU-
Staaten eigene Akkreditierungsverfahren herausgebracht. Diese und andere
Programme wurden 1989 zur Bildung der „Western European laboratory
accreditation cooperation" (WELAC) zusammengeschlossen. National an-

erkannte Akkreditierungsstellen, die das WELAC Abkommen unterzeichnet haben, gehören folgenden Mitgliedsstaaten an (Anmerkung: WELAC
und WEEC haben sich zusammengeschlossen und operieren nun unter dem
Namen EAL, European co-operation for Accreditation of Laboratories):

Belgien, Dänemark, Deutschland, Finnland, Frankreich, Griechenland,
Island, Irland, Italien, Niederlande, Norwegen, Österreich, Portugal,
Schweden, Schweiz, Spanien, Großbritannien

WELAC arbeitet mit mehreren europäischen Organisationen zusammen,
die mit Akkreditierungen zu tun haben, darunter

- EURACHEM,

- OECD,

- WECC (Western European Calibration Cooperation) und Eurolab.

Anmerkung zur deutschen Ausgabe 2002: Die beiden europäischen na-
tionalen Akkreditierungsorganisationen EAL (European co-operation for
Accreditation of Laboratories) und EAC (European Accreditation of
Certification) haben sich wiederum zusammengeschlossen zur EA
(European Accreditation), die nun sämtliche europäischen Aktivitäten zur
Konformitätskontrolle umfasst.

Sowohl die ISO-Richtlinie 25 als auch die EN 45001 wurden inzwischen
durch die Veröffentlichung der ISO/IEC 17025 (Allgemeine Anforderungen
an die Kompetenz von Prüf- und Kalibrierlaboratorien) ersetzt.

10.3
Der Europäische Binnenmarkt

Eines der Hauptziele des Europäischen Binnenmarktes besteht darin, dass
Waren und Dienstleistungen nationale Grenzen ohne Nachprüfungen, die
sowohl kosten- als auch zeitaufwendig wären, überschreiten können. Um
dies zu erreichen, sollte jede in einem beliebigen EU-Mitgliedsstaat durchgeführte Prüfung automatisch in jedem anderen EU-Mitgliedsstaat anerkannt
werden. Damit dieses Konzept allgemein Zustimmung findet, müssen alle, die
Laboratorien in Anspruch nehmen, und auch die Regierungen sicher sein
können, dass die Laboratorien, die diese Tests durchführen, zuverlässig sind
und nach denselben Normen arbeiten. Multilaterale Abkommen wurden getroffen und die Durchsetzung gemeinsamer Normen macht Fortschritte.

10.4
Nationale Akkreditierungsorganisationen

Folgende europäische Akkreditierungsstellen sind in der European
Cooperation for Accreditation (EA) zusammengefasst (siehe auch unter
http://www.european-accreditation.org):

ÖSTERREICH
Bundesministerium für Wirtschaft und
Arbeit
Akkreditierungsstelle
Landstraßer Hauptstraße, 55-57
1031 Wien
Österreich

Tel: +43 1 711008248
Fax: +43 1 711008399

DÄNEMARK
Danish Accreditation Service (DANAK)
National Agency of Industry and Trade
137, Tagensvej
DK-2200 Kopenhagen
Dänemark

Tel: +45 45 931144
Fax: +45 31 817068

FRANKREICH
COFRAC
Secrétariat permanent
77 rue du Père Corentin
75014 Paris
Frankreich

Tel: +33 1 40 52 05 70
Fax: +33 1 40 52 05 71

GRIECHENLAND
Hellenic Organization for
Standardization (ELOT)
313 Acharnon Street
GR-111 45, Athens
Griechenland

Tel: +30 1 2022345
Fax: +30 1 2020776

BELGIEN
Organisation Belge des Laboratoires
d'Essais (BELTEST)
Ministerie van Ekonomische Zaken
Central Laboratorium
Rue de la Senne 17A
Brüssel 1000
Belgien

Tel: +32 2 5117769
Fax: +32 2 5144756

FINNLAND
Centre for Metrology and Accreditation
(FINAS)
PO Box 239 (Lonnrotinkatu 37)
SF-00181 Helsinki
Finnland

Tel: +358 0 61671
Fax: +358 0 6167467

DEUTSCHLAND
Deutscher Akkreditierungsrat (DAR)
Bundesanstalt für Materialforschung und --
prüfung (BAM)
Unter den Eichen 87
D-12205 Berlin
Deutschland

Tel: +49 30 8104 1940
Fax: +49 30 81041947

ISLAND
Iceland Bureau of Legal Metrology
PO Box 8114
IS-128 Reykjavik
Island

Tel: +354 1 681122
Fax: +354 1 685998

IRLAND
Irish Certification and Laboratory
Accreditation Board (ICLAB)
Glasnevin
Dublin 9
Irland

Tel: +353 1 8370101
Fax: +353 1 8368738

NIEDERLANDE
NKO/STERIN/STERLAB
PO Box 29152
3001 GD
Rotterdam
Niederlande

Tel: +31 10 4136011
Fax: +31 10 4133557

PORTUGAL
Instituto Portugues de Qualidade
(IPQ)
Rue Jose Estavao 83A
1199 Lisboa codes
Portugal

Tel: +351 1 523978
Fax: +351 1 3530033

SCHWEDEN
SWEDAC
PO Box 878
S·501 15 Boras
Schweden

Tel: +46 33 177700
Fax: +46 33 101392

VEREINIGTES KÖNIGREICH
NAMAS Executive
National Physical Laboratory
Queens Road
Teddington
Middlesex TW11 0LW
Vereinigtes Königreich

Tel: +44 181 943 6554
Fax: +44 181 943 7134

ITALIEN
SINAL
Via Campania 31
00187 Rom
Italien

Tel: +39 6 4871176
Fax: +39 6 4814563

NORWEGEN
National Accreditation Norway
Direktoratet for Maleteknikk
PO Box 6832
St Olavs Plass
0130 Oslo 1
Norwegen

Tel: +47 2 2200226
Fax: +47 2 2207772

SPANIEN
Red Espanola de Laboratorios de Ensayo
(RELE)
Avda. De Concha Espina, 65,2
28016 Madrid
Spanien

Tel: +34 1 5649687
Fax: +34 1 5630454

SCHWEIZ
Swiss Federal Office of Metrology
Lindenweg 50
CH-3084 Wabern
Schweiz

Tel: +41 31 9633412
Fax: +41 31 9633210

SEKRETARIAT WELAC
NAMAS Executive
National Physical Laboratory
Queens Road
Teddington
Middlesex TW11 0LW
Vereinigtes Königreich

Tel: +44 181 943 6554
Fax: +44 181 943 7134

10.5
Akkreditierungsanforderungen

Bei akkreditierten Laboratorien muss das Qualitätssystem folgendes umfassen:

a Organisation und Management

b Qualitätssicherungsprogramm

c Audits und Nachprüfungen

d Personal

e Ausstattung

f Kalibrierung

g Methoden und Verfahren

h Umfeld

i Handhabung der Proben

j Aufzeichnungen

k Berichte

l Reklamationen und Abweichungen

m Unterauftragnehmer

n Inanspruchnahme externer Dienstleistungen und Lieferungen

Zusätzlich zu diesen Aspekten der Kriterien, die für alle Laboratorien unabhängig von deren Arbeitsbereich gelten, gibt es weitere Anforderungen, die bei Untersuchung von Lebensmitteln und Wasser einer spezifischen Interpretation bedürfen. Dazu gehören

- *Schulung des Personals*
  Bei der Untersuchung von Lebensmitteln und Wasser ist es besonders wichtig, dass das Personal eine geeignete und angemessene Schulung zu erhält und die Gelegenheit hat, an einer Reihe von verschiedenen Situationen und Arten der Probenentnahme teilzunehmen, um Erfahrungen zu sammeln.

- *Qualitätskontrolle*
  Die analytische Leistung ist durch Qualitätskontrollprogramme zu überwachen, die der Art und Häufigkeit der vom Laboratorium vorgenommenen Analysen entsprechen. Der Bereich der Möglichkeiten, die den
  Laboratorien hinsichtlich der Qualitätskontrolle zur Verfügung stehen,
  umfasst:

  a   zertifizierte Referenzmaterialien (CRMs)

  b   sekundäre Referenzmaterialien (RMs)

  c   Aufstockversuche, standardisierte Zusätze und interne Standards

  d   Wiederholungsanalysen

  e   alternative, validierte Methoden

  f   Kontrollkarten

  Ein effizientes Mittel, mit dem ein Laboratorium seine Leistung überwachen kann, besteht in der Teilnahme an Programmen der Leistungsüberprüfung und Vergleiche im Rahmen von Ringversuchen zwischen
  Laboratorien. Unter gewissen Umständen können Akkreditierungsstellen die Teilnahme an speziellen Programmen der Leistungsüberprüfung
  als Anforderung der Akkreditierung vorschreiben.
  Es ist nicht so leicht diese Kriterien für den Vorgang der Probenentnahme anzuwenden, in diesem Fall haben Schulungen des Personals und
  Qualitätsaudits besonders größere Bedeutung.

- *Ausstattung und Kalibrierung*
  In Laboratorien, die Umweltuntersuchungen durchführen, erfordern die
  Probengefäße und Glasgeräte strenge Reinigungsprogramme, um poten-
  tielle Probleme in Bezug auf Kreuzkontamination und Störungen durch
  Adsorption zu verhindern. Man ist sich allgemein über die Notwendig-
  keit der Kalibrierung der Geräte im Klaren, jedoch ist der Nachweis der
  Rückverfolgbarkeit auf nationale Standards, wo dies möglich ist, weni-
  ger bekannt.

- *Referenzmaterialien*
  Bei allen Analysen, insbesondere jedoch bei Umweltanalysen, ist es wichtig, Referenzmaterialien zu wählen, deren Matrix jener der zu analysie-
  renden Proben möglichst ähnlich ist, falls solche verfügbar sind.

- *Methoden und Verfahren*
Wenn immer möglich und angemessen sollten vor-validierte Standard-
oder Referenzmethoden verwendet werden. Diese müssen entsprechende
Kontrollen und Blindproben vorsehen. Die Validierung der Methoden
sollte den Nachweis der Empfindlichkeit, Selektivität und Präzision einschließen, aber nicht darauf beschränkt sein. Methoden zur Probenentnahme und Analyse von Wasser sind in vielen Fällen gut eingeführt und
genormt.

- *Umgebung*
Wichtig ist, dass die Laborbedingungen es ermöglichen, eine Kreuzkontamination zwischen Proben verschiedener Analytkonzentrationen
und eine Kontamination durch das Laborumfeld zu vermeiden.

10.6
Erlangung der Akkreditierung

Es wird sich zeigen, dass die Einführung eines Qualitätssicherungsprogramms, das auf den in den vorigen Kapiteln dieses Buches beschriebenen Verfahren basiert und das an den Aufgabenbereich des Laboratoriums angepasst ist, eine gute Basis für die Akkreditierung bilden wird. Nicht
alles, was in den vorigen Kapiteln beschrieben wurde, wird für alle Laboratorien notwendig sein, und Qualitätsmanager/Koordinatoren werden in
der Lage sein, diejenigen Elemente des Qualitätssicherungsprogramms zu
wählen, die ihrer Meinung nach für ihr eigenes Laboratorium geeignet sind.
Alle diese Elemente müssen natürlich dokumentiert werden und bilden das
Qualitätshandbuch. Nachdem Fortschritte gemacht wurden, wie in Kapitel 2 (Umsetzen von Programmen der Qualitätssicherung) beschrieben,
sollte sich das Laboratorium dann zwecks weiterer Orientierung und Hilfestellung an seine eigene nationale Akkreditierungsstelle wenden, im Hinblick auf die Verständigung Dritter und die Bewertung der Einhaltung von
Normen. Veröffentlichungen der entsprechenden Akkreditierungsstelle
bieten Unterstützung und Leitlinien, sodass ein Antrag auf Akkreditierung
gestellt werden kann. Nach erfolgter Antragstellung und Zahlung der erforderlichen Gebühr erfolgt ein erster Besuch durch die Prüfer der
Akkreditierungsstelle. In der Regel sind geringfügige Änderungen an den
Laborverfahren erforderlich und als Rechtfertigung für ungewöhnliche
Methoden werden oft Validierungsdaten vorausgesetzt. Sobald diese geklärt
sind, wird das Laboratorium für die bewerteten Analysen akkreditiert wer-

den und es wird weiterer Inspektionen in regelmäßigen Abständen unterzogen werden, damit die Aufrechterhaltung der Standards sichergestellt ist. Eurachem hat soeben einen Leitfaden „Accreditation Guide for Laboratories Performing Microbiological Testing" veröffentlicht, der eine Richtlinie für die Auslegung der Norm EN 45001 und der Richtlinie „ISO Guide 25" darstellt (siehe dazu auch das Vorwort zur deutschen Ausgabe 2002).

Statistik für die Qualitätssicherung in der Lebensmittel- und Wassermikrobiologie

Die Validierung mikrobiologischer Methoden und die Interpretation ihrer Ergebnisse sind insofern kompliziert, als sie einen gewissen Grad an Variabilität aufweisen. Diese Variabilität kann gleichermaßen systematischen Effekten aber auch der Zufallsvariation bei der Probenentnahme und der Durchführung von analytischen Verfahren zugeschrieben werden. Um dies zu berücksichtigen, ist es notwendig, vielseitige Informationen zu sammeln. Das erreicht man durch wiederholtes Zählen, paralleles Ausplattieren und mehrfache Verfahren. In solchen Fällen können die einzelnen Ergebnisse zu einer Auswertung zusammengefasst werden, die die Hauptmerkmale der Analyse beschreibt und den Einfluss der Zufallsvariabilität verringert.

Dazu wurden wichtige statistische Methoden mit folgender Zielsetzung entwickelt:

- Zusammenfassung der Hauptmerkmale von Mehrfachproben und Schätzung des Einflusses der Zufallsvariation

- Verallgemeinerung der Probenergebnisse für die Gesamtheit oder die Umwelt, aus der sie entnommen wurden

- Vergleich der Resultate von verschiedenen Proben unter Berücksichtigung der Zufallsvariation, sodass sich systematische und zufallsbedingte Abweichungen unterscheiden lassen

1
Einige Grundberechnungen

Zwei Hauptmerkmale bei einer Serie von Beobachtungen – zum Beispiel bei einer Reihe von Parallelplattenzählungen – sind ihre Lage und ihre Streuung. Im Fall von quantitativen Messungen, wie Anzahlen, Volumina oder Konzentrationen, wird in der Statistik oft das arithmetische Mittel zur

Beschreibung der Lage verwendet und die Varianz, die Standardabweichung oder der Variationkoeffizient als Maße der Dispersion.

Arithmetisches Mittel

Das *arithmetische Mittel* oder *der Durchschnitt* $\bar{x}$ wird definiert als die Summe aller Einzelmessungen x_i, geteilt durch die Anzahl der Werte n.

$$\bar{x} = \frac{1}{n} \sum_{i=1}^{n} x_i$$

Diese statistische Kenngröße bezüglich der Lage vermittelt jedoch nur dann den richtigen Eindruck der Datenreihe, wenn die Einzelwerte symmetrisch um den Mittelwert verteilt sind, weil jede Messung denselben Beitrag zum Durchschnitt leistet. Bei schiefen asymmetrischen Verteilungen würde der Einfluss der höchsten (oder niedrigsten) Werte Durchschnitte ergeben, die ausserhalb der Mehrheit der Beobachtungen liegen.

Varianz, Standardabweichung und Variationskoeffizient

Das entsprechende Maß der Dispersion ist die *Varianz* s^2, die aus den Differenzen der Einzelmessungen x_i und deren Durchschnitt $\bar{x}$ errechnet wird. Diese Differenzen werden quadriert, um die Richtung der Abweichung auszuschalten, zusammengezählt und dann deren Summe durch die Anzahl der Messungen minus eins dividiert.

$$s^2 = \frac{1}{n-1} \sum_{i=1}^{n} (x_i - \bar{x})^2$$

Eine alternative Formel, die zum gleichen Resultat führt, ist

$$s^2 = \frac{1}{n-1} \left(\sum_{i=1}^{n} x_i^2 - \frac{1}{n} \left(\sum_{i=1}^{n} x_i \right)^2 \right)$$

Die erste Formel ist jedoch leichter zu verstehen, da sie der durchschnittlichen quadrierten Differenz der gemessenen Werte zu deren arithmetischen Mittelwert nahe kommt.

Hinweis: Manchmal kann diese durchschnittliche quadrierte Differenz gemessener Werte als Varianz einer Datenreihe ermittelt werden. In diesen Fällen wird die Varianz s^2 bestimmt, indem man die Summe quadrierter Differenzen einfach durch n statt durch $(n-1)$ dividiert. Um zu vermeiden, dass aufgrund der Anwendung unterschiedlicher Definitionen sich verschiedene Resultate ergeben, sollte die zur Berechnung verwendete Formel immer geprüft werden. Diese Probleme können besonders dann auftreten, wenn man für die statistischen Analysen Computerprogramme benutzt.

Ein Nachteil beim Beschreiben der Variation innerhalb einer Datenreihe als Varianz besteht jedoch darin, dass dieser Wert wegen der quadrierten Abweichungen, die in der Berechnung verwendet werden, nicht so einfach zu interpretieren ist. Daher wird oft die *Standabweichung s* angeführt, die man erhält, indem man die Quadratwurzel aus der Varianz zieht.

$$s = \sqrt{s^2} = \sqrt{\frac{1}{n-1}\sum_{i=1}^{n}(x_i - \bar{x})^2}$$

Ein Vergleich der Variation in zwei oder mehr Messreihen mit unterschiedlichen Mittelwerten muss auf einer dritten statistischen Größe für die Abweichung basieren, die man durch Division der Standardabweichung durch den Mittelwert erhält. Diese nennt man den *Variationskoeffizienten* oder *relative Standardabweichung* $v = s / \bar{x}$. Sie stellt die Variation der Messungen im Verhältnis zu deren Mittelwert dar.

Beispiel:
Angenommen, eine Reihe von sechs parallelen Platten wurde bebrütet und die Kolonien gezählt.
Die $n = 6$ Zählergebnisse sind wie folgt:

$x_1 = 86,\ x_2 = 113,\ x_3 = 92,\ x_4 = 98,\ x_5 = 87,\ x_6 = 94$

Aus diesen Daten können folgende statistische Kenndaten für Lage und Streuung errechnet werden:

$$\bar{x} = 95{,}00$$

$$s^2 = 97{,}60$$

$$s = 9{,}88$$

$$v = 0{,}10$$

Anmerkung 1: Es wurde bereits erwähnt, dass die Verwendung des arithmetischen Mittels und der Varianz oder der Standardabweichung nur dann sinnvoll ist, wenn die Messungen eine symmetrische Verteilung aufweisen. Bakterienanzahlen tendieren jedoch dazu, schiefe Verteilungen nach rechts aufzuweisen und zwar aufgrund einiger höherer Zählergebnisse innerhalb der niedrigeren Werte, die nicht kleiner als Null sein können. In solchen Situationen ist das *geometrische Mittel* besser geeignet als das arithmetische Mittel, da es immer kleiner oder gleich $\bar{x}$ ist.

Das geometrische Mittel $\bar{x}_g$ wird definiert als die n-te Wurzel, gezogen aus dem Produkt aller Messungen.

$$\bar{x}_g = \sqrt[n]{x_1 \cdot x_2 \cdot \ldots \cdot x_n}$$

Dieser Wert steht in enger Beziehung zum arithmetischen Mittel in logarithmischem Maßstab, da man $\bar{x}_g$ ebenso gut erhält, indem man das arithmetische Mittel der logarithmierten Werte auf die gewählte Basis heranzieht, zum Beispiel

$$\bar{x}_g = 10^{\lg \bar{x}}$$

Für die Kolonienzahlen aus dem Beispiel kann man ein geometrisches Mittel von $\bar{x}_g = 94{,}50$ (bei $\lg \bar{x} = 1{,}976$) errechnen.

Median

Ein anderer Weg zur Verarbeitung von Daten, die nicht symmetrisch verteilt sind, wäre der, den *Zentralwert* als eine Positionsstatistik anzugeben.

Der erste Schritt diesen Wert zu erhalten, eine geordnete Liste der Werte zu bilden und für jeden Wert die Positionsnummer oder den Rang zu notieren, den er in dieser Liste einnimmt (dies sind die Ziffern 1, ..., n). Der Median $\tilde{x}$ wird definiert als der Wert, der sich auf der Position $(n+1)/2$ befindet, falls n eine ungerade Zahl ist:

$$\tilde{x} = x_{[(n+1)/2]}$$

oder es ist der Durchschnitt der zwei Werte auf den Positionen $(n/2)$ und $(n+2)/2$, falls n eine gerade Zahl ist:

$$\tilde{x} = (x_{[n/2]} + x_{[(n+2)/2]})/2$$

Da der Zentralwert die untere Hälfte und die obere Hälfte der Messungen trennt, nennt man ihn auch den 50-%-Punkt $x_{0,50}$.

Für die Datenreihe des Beispiels ist die geordnete Werteliste:

$$x_{[1]} = 86,\ x_{[2]} = 87,\ x_{[3]} = 92,\ x_{[4]} = 94,\ x_{[5]} = 98,\ x_{[6]} = 113$$

und der Median ist:

$$\tilde{x} = (x_{[3]} + x_{[4]})/2 = \frac{92 + 94}{2} = 93$$

Anmerkung 2: Ein anderes Problem tritt auf, wenn Einzelresultate – zum Beispiel Kolonienzahlen – nicht in denselben Konzentrationen des Probenmaterials gemessen werden, sondern in mehr als einer zählbaren Verdünnung. In diesem Fall darf der Mittelwert nicht als einfaches arithmetisches Mittel errechnet werden, weil dies allen Zählungen gleiches Gewicht verleihen würde, ungeachtet dessen, welche Menge an Probenmaterial sie darstellen. Stattdessen sollte der Mittelwert als *gewichteter Durchschnitt* berechnet werden:

$$\tilde{x}_w = \frac{\sum\sum x_{ij}}{\sum\sum a^{-1} v_{ij}}$$

worin x_{ij} die Kolonienzahl der j-ten Platte der i-ten Verdünnung, v_{ij} das ausplattierte Volumen der j-ten Platte der i-ten Verdünnung, und a der Verdünnungsfaktor zwischen den Verdünnungsstufen sind.

Bei dieser Berechnung steht die Gesamtanzahl an Kolonien nicht im Bezug zur Anzahl der Platten, sondern zur Gesamtmenge des untersuchten Probenmaterials.

Beispiel 1:

Angenommen es werden Messungen aus zwei Verdünnungen 1:10 und 1:100 durchgeführt, von denen drei Platten mit einem Ausplattiervolumen von 1 ml inkubiert und die Kolonien gezählt werden.

| 1:10 | $x_{11} = 103$ | $x_{12} = 92$ | $x_{13} = 99$ |
| 1:100 | $x_{21} = 8$ | $x_{22} = 12$ | $x_{23} = 9$ |

Die Summe der Kolonienzahlen beträgt 323.

Das Ausplattiervolumen auf jeder Platte entspricht $v_{ij} = 1$. Der Verdünnungsfaktor a ist 0,1, sodass die Menge des Probenmaterials pro Platte bei der ersten Verdünnung 0,1 ml und bei der zweiten 0,01 ml beträgt. Die von den Platten dargestellte Gesamtmenge an Probenmaterial entspricht somit $3 \cdot 0,5 + 3 \cdot 0,01 = 0,33$ ml Daraus ergibt sich für die Kolonienzahlen ein gewichteter Durchschnitt von $323 / 0,33 = 978,79$ pro 1 ml Probenmaterial.

Beispiel 2:

Angenommen, dass Messungen von fünf Verdünnungen 1:2, 1:4, 1:8, 1:16 und 1:32 mit je drei Platten durchgeführt wurden, die folgende Kolonienzahlen ergaben:

1:2	$x_{11} = 204$	$x_{12} = 198$	$x_{13} = 198$
1:4	$x_{21} = 103$	$x_{22} = 111$	$x_{23} = 104$
1:8	$x_{31} = 53$	$x_{32} = 45$	$x_{33} = 46$
1:16	$x_{41} = 25$	$x_{42} = 31$	$x_{43} = 22$
1:32	$x_{51} = 10$	$x_{52} = 14$	$x_{53} = 12$

Die Summe der Kolonienzahlen ist 1176.

Das Ausplattiervolumen auf jeder Platte beträgt $v_{ij} = 1$. Der Verdünnungsfaktor a ist gegeben als 0,5, sodass die Menge des Probenmaterials bei der ersten Verdünnung 0,5, bei der zweiten 0,25, bei der dritten 0,125 und bei der vierten und fünften 0,0625 bzw. 0,03125 beträgt. Die Gesamtmenge an Probenmaterial auf den Platten ist dann $3 \cdot 0,5 + 3 \cdot 0,25 + 3 \cdot 0,125 + 3 \cdot 0,0625 + 3 \cdot 0,03125 = 2,90625$ ml. Daraus errechnet man für die Kolonienzahl einen gewichteten Durchschnitt von 404,65 pro 1 ml Probenmaterial.

2
Einige grundlegende Verteilungen

Viele statistische Verfahren befassen sich mit dem Problem, wie man Probenergebnisse verallgemeinern und aus Probenvergleichen Schlüsse ziehen kann. Diese Methoden basieren auf Annahmen oder Modellen, die die Gesamtheit oder die Umgebung beschreiben, aus der die Proben entnommen wurden und die die Wahrscheinlichkeit definieren, dass sich bestimmte Probenresultate ergeben. Durch die Verwendung eines solchen statistischen Modells ist es zum Beispiel möglich, bei einer Probenentnahme aus einer gut gemischten Suspension, wo „Homogenisierung" angenommen wird, die Zufallsvariabilität von Resultaten zu beschreiben und die Wahrscheinlichkeit zu berechnen, dass sie in einem gegebenen Bereich liegen. (Wenn von Probenentnahme die Rede ist, muss klargestellt werden, dass sich der Ausdruck „Probengröße" in der Fachsprache der Statistik auf die Anzahl einzelner Proben, Probeneinheiten oder „Teilproben" bezieht, jedoch nicht auf die Größe einer einzelnen Probe. Hier werden Probengrößen üblicherweise mit n bezeichnet.)

Einige grundlegende Modelle von Verteilungen sind die Bernoulli- und die Binomialverteilung, die Normal- und log-Normalverteilung sowie die Poisson-Verteilung.

Bernoulli-Verteilung

Ein Bernoulli-Versuch ist ein einzelner Zufallsversuch mit nur zwei möglichen Ergebnissen wie „Erfolg" oder „Misserfolg", „positiv" oder „negativ", „vorhanden" oder „abwesend". Die Wahrscheinlichkeit, dass eine einzelne Messung dieser Art zu einem positiven Ergebnis führt, wird üblicherweise mit p bezeichnet. Demgemäß ist die Wahrscheinlichkeit eines negativen Ergebnisses $1 - p$.

Beispiel:
Entnimmt man einer gut gemischten Charge mit 90 % Salmonella-positiven und 10 % Salmonella-negativen Einheiten eine einzelne Stichprobe, dann ist die Wahrscheinlichkeit, eine positive Probe zu entdecken $p = 0{,}90$.

Binomialverteilung

Werden Bernoulli-Versuche mehrmals (n-mal) unabhängig voneinander wiederholt, sodass bei jeder Wiederholung die Wahrscheinlichkeit eines positiven Ergebnisses p entspricht, und ist man unter diesen n Versuchen an der Anzahl positiver Ergebnisse interessiert, dann ist dies eine Situation, in der eine Binomialverteilung angewendet werden kann. Dieses Verteilungsmodell gibt eine Formel zur Errechnung der Wahrscheinlichkeit $P(x)$, um bei n-maliger Wiederholung des Versuchs genau eine Anzahl von x positiven Ergebnissen zu erhalten.

$$P(x) = \binom{n}{x} p^x (1-p)^{(n-x)}$$

worin

$$\binom{n}{x} = \text{Binomialkoeffizient}$$

$$\binom{n}{x} = \frac{n!}{(n-x)!\,x!}$$

bei $n! = n \cdot (n-1) \cdot (n-2) \cdot \ldots \cdot 2 \cdot 1$. Dieser Koeffizient zeigt die Anzahl an verschiedenen Kombinationen, bei denen unter n Versuchen x positive und $(n-x)$ negative Ergebnisse auftreten können. Wahrscheinlichkeitswerte für die Binomialverteilung sind für verschiedene Kombinationen der Parameter n und p in Tabellen angegeben und werden heute hauptsächlich mit Computerprogrammen berechnet.

Beispiel:

Angenommen, eine Anzahl von $n = 10$ Teströhrchen wird mit Zufallsteilproben aus einem Probenmaterial inkubiert, sodass für jedes einzelne Teströhrchen die Wahrscheinlichkeit, dass es ein positives Ergebnis ergibt, $p = 0{,}9$ beträgt. Verwendet man dann die Binomialverteilung, kann man die Wahrscheinlichkeiten errechnen, dass kein Teströhrchen, genau ein Teströhrchen, genau zwei Teströhrchen und so weiter ein positives Resultat ergeben werden. Daher liefert diese Verteilung ein Basismodell zur Auswertung von MPN-Ergebnissen.

Normalverteilung

Dieses Verteilungsmodell basiert auf komplexeren mathematischen Überlegungen, aber seine Verwendung ist oft durch dessen empirischen Nachweis begründet. Volumenmessungen und Variabilitäten von Kalibrierungen werden zum Beispiel oft als normal verteilt beschrieben.

Abbildung 1 zeigt dessen typische Glockenform, die durch ihre Symmetrie charakterisiert ist. Der Lageparameter μ zeigt den erwarteten Wert oder den Mittelwert, der Streuungsparameter σ gibt die Standardabweichung an und stellt die Ausweitung der Glocke dar.

Die möglichen Messungen sind auf der horizontalen Achse gekennzeichnet. Die Wahrscheinlichkeit $P(X \leq a)$, einen Messwert unter einer bestimmten Grenze a zu finden, ist als der Bereich unter der glockenförmigen Kur-

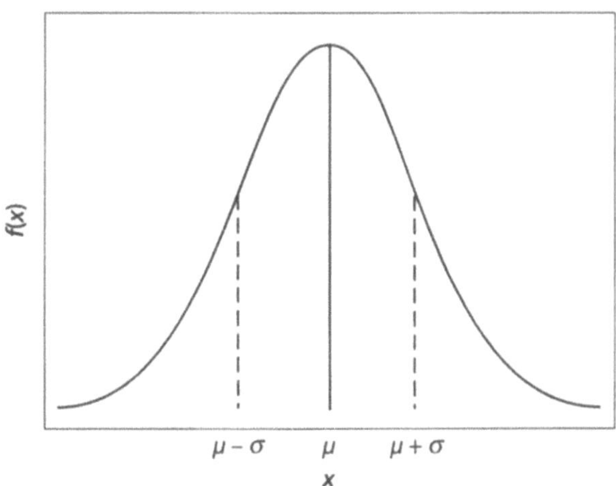

Abb. 1. Kurve der Normalverteilung

ve links neben dieser Grenze abzuleiten. Dementsprechend wird die Wahrscheinlichkeit, einen Wert zu erhalten, der in einem bestimmten Bereich [a;b] auf dieser Achse liegt, als die Fläche zwischen den Bereichsgrenzen a und b bzw. als $P(X \leq b) - P(X \leq a)$ berechnet.

Da diese Wahrscheinlichkeitswerte ziemlich schwierig zu ermitteln sind, sind auch sie in Tabellen angegeben, jedoch nur für die sogenannte Standard-Normalverteilung, die als Parameter einen Mittelwert von 0 und eine Standardabweichung von 1 hat. Alle anderen Normalverteilungen für jede mögliche Kombination von μ und σ stehen durch eine relativ einfache Formel mit der Standard-Normalverteilung in Zusammenhang. Angenommen, man hat normal verteilte Messungen mit Mittelwert μ und Standardabweichung σ, dann ist die Wahrscheinlichkeit, dass ein einzelner zufällig entnommener Wert einen spezifischen Wert $x (P(X \leq x)$ nicht übersteigt, gleich der Wahrscheinlichkeit, dass eine standardnormalverteilte Größe einen transformierten Wert z $(P(X \leq x) = P(Z \leq z))$ nicht übersteigt. Dieser Wert z wird mit der Transformationsformel berechnet:

$$z = \frac{x - \mu}{\sigma}$$

Durch die Berechnung dieses transformierten Wertes z und die Ermittlung der Wahrscheinlichkeiten der Standardnormalverteilung aus Tabellen oder durch Computerprogramme stellen praktische Mittel dar, mit diesem Verteilungsmodell zu arbeiten.

Einige spezielle Wahrscheinlichkeiten sind diejenigen für Zentralbereiche, die symmetrisch um den Mittelwert μ liegen. Bei normal verteilten Messungen beträgt die Wahrscheinlichkeit 68,27 %, dass sie zwischen $\mu - \sigma$ und $\mu + \sigma$ liegen, 95,45 %, dass sie zwischen $\mu - 2\sigma$ und $\mu + 2\sigma$ liegen und 99,73 %, dass sie zwischen $\mu - 3\sigma$ und $\mu + 3\sigma$ liegen. Dieses Merkmal bildet die Grundlage zur Erstellung von Kontrollkarten mit theoretischen Warngrenzen bei $\mu \pm 2\sigma$ und Aktionsgrenzen bei $\mu \pm 3\sigma$.

Sind der wirkliche Mittelwert μ und die tatsächliche Standardabweichung σ in der Charge oder Grundgesamtheit unbekannt, müssen sie geschätzt werden. Dies kann erreicht werden, indem man einige zufallsverteilte Stichproben entnimmt, analysiert und ihren arithmetischen Mittelwert $\bar{x}$ als Schätzwert für μ und ihre Standardabweichung s als Schätzwert für σ berechnet.

Beispiel:
Angenommen, die von einem bestimmten Hersteller bezogenen 5-ml-Pipetten haben bekannterweise Kalibriermarken, die normal verteilt mit einem Mittelwert $\mu = 5$ ml und einer Standardabweichung $\sigma = 0.1$ ml (2 % des Mittels) sind, wie in Abb. 2 gezeigt. Die Wahrscheinlichkeit, dass eine dieser Charge zufällig entnommene Pipette eine Kalibriermarke bei oder unter 4,8 ml aufweist, ist in diesem Fall

$$P(X \leq 4{,}8) = P(Z \leq (4{,}8 - 5{,}1 / 0{,}1) = P(Z \leq -2) = 0{,}0228$$

Die Wahrscheinlichkeit, eine Pipette zu entnehmen, die eine Kalibriermarke zwischen 4,9 und 5,1 ml bzw. den in Abb. 3 gekennzeichneten Bereich aufweist, ist

$$P(4{,}9 \leq X \leq 5{,}1) = P(X \leq 5{,}1) - P(X \leq 4{,}9) = P(Z \leq 1) - P(Z \leq -1)$$

Zu beachten ist, dass der letzte Bereich der gleiche ist wie $[\mu - \sigma; \mu + \sigma]$ und die Wahrscheinlichkeit daher 0,6827 beträgt.

Log-Normalverteilung

Bakterienanzahlen sind oft durch eine schiefe Verteilung von relativ mehr niedrigen als hohen Werten gekennzeichnet. Eines der verschiedenen Verteilungsmodelle, die schiefe Formen beschreiben, ist die Log-Normal-

Abb. 2. Normalverteilung mit $\mu = 5$, $\sigma = 0{,}1$

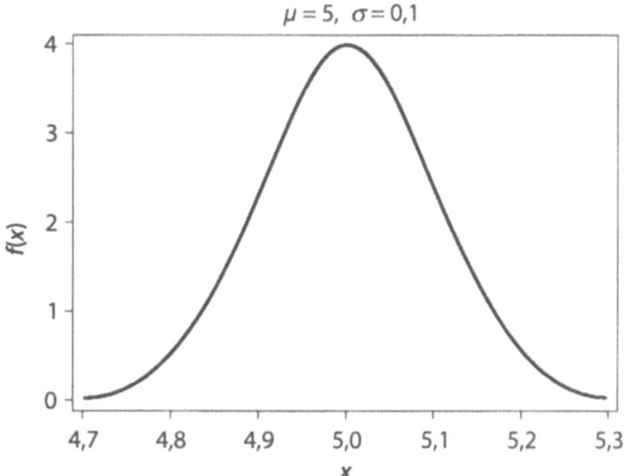

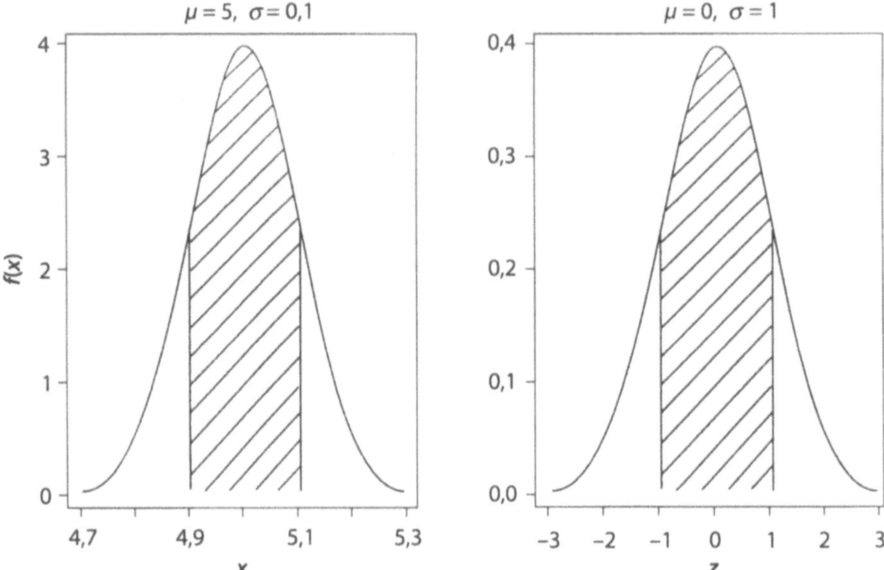

Abb. 3. Normalverteilung für die Daten aus dem Beispiel und Standard-Normalverteilung

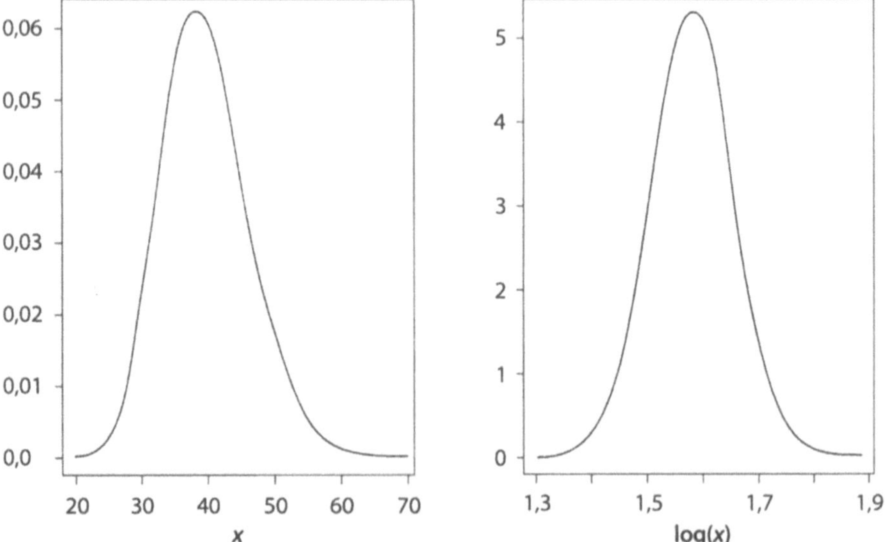

Abb. 4. Log-Normalverteilung und Normalverteilung bei log-transformierten Werten mit einem Mittelwert von 1,583 und einer Standardabweichung von 0,072

verteilung. Nimmt man die Logarithmen von Messdaten, erhält man Werte, die wieder normal verteilt sind.

Beispiel:
Siehe Abschnitt 8.2.6; diese Kontrollkarten basieren auf log-transformierten Werten; die ursprüngliche Log-Normalverteilung und die Normalverteilung für die umgewandelten Werte sind in Abb. 4 dargestellt.

Poisson-Verteilung

Die Poisson-Verteilung ist ein weiteres wichtiges Modell für statistische Analysen mikrobiologischer Daten. Sind Mikroorganismen in der betreffenden Probe zufällig verteilt und beeinflussen sie einander nicht in der Probe, dann weisen Bakterienanzahlen eine Poisson-Verteilung auf. Die Wahrscheinlichkeit x Einheiten in einer zufällig entnommenen Probe zu finden, ergibt sich aus der Formel:

$$P(x) = e^{-\lambda} \frac{\lambda^x}{x!}$$

Da diese Verteilung nur die unvermeidliche Zufallsvariation im Zusammenhang mit Bakterienanzahlen beschreibt, werden Proben, die diesem Modell folgen, manchmal „gut homogenisiert" genannt.

Abb. 5 zeigt Poisson-Verteilungen mit verschiedenen Werten für λ. Die Poisson-Verteilung ist durch ihren Parameter λ gekennzeichnet, der den Mittelwert oder den erwarteten Wert und gleichzeitig seine Varianz darstellt. Weisen also Bakterienanzahlen einen Mittelwert von 100 Einheiten auf, dann entspricht deren Varianz ebenfalls 100 Einheiten und deren Standardabweichung 10 Einheiten. Die Form der Poisson-Verteilung ist bei niedrigen Mittelwerten leicht schief nach rechts gerichtet, wird aber mehr und mehr symmetrisch je größer die Mittelwerte sind. Ist der wahre Mittelwert von Poisson-verteilten Messungen unbekannt, kann er aus Proben geschätzt werden, deren arithmetisches Mittel $\bar{x}$ man errechnet.

Dispersionsindex

Da die Poisson-Verteilung als Modell für „Homogenität" (im statistischen Sinn des Wortes) oder für Ausplattieren aus einer gut gemischten Probe angesehen wird, ist eine Variabilität von Plattenzählungen gemäß dieses

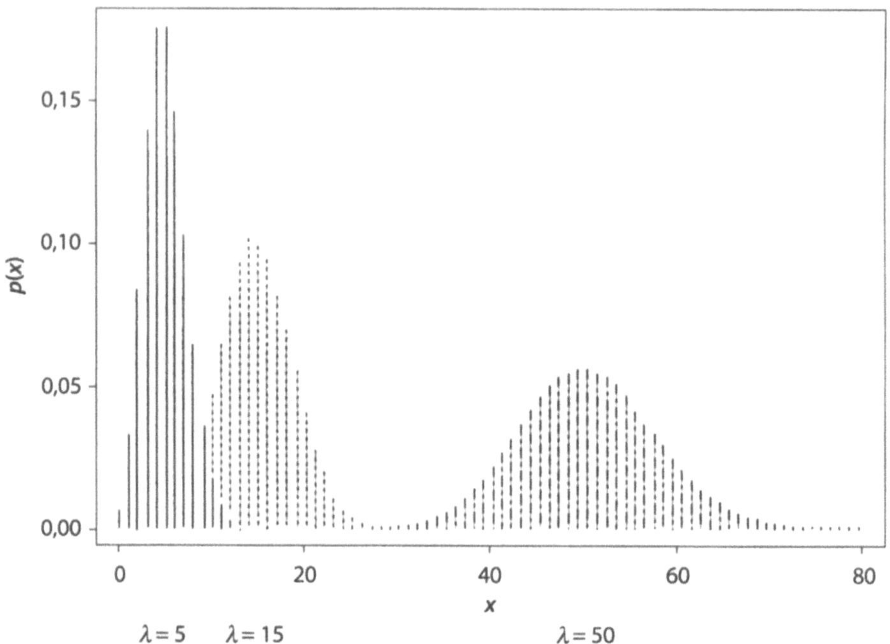

Abb. 5. Poisson-Verteilung

Modells als einfach zufällig zu interpretieren. Eine Dispersion, die größer ist als die Poisson-Variabilität, könnte hingegen eine Überdispersion sein, was auf unvollständige Homogenisierung, Fehler in der Durchführung etc. hinweisen kann. Es muss jedoch erwähnt werden, dass natürliche Proben aus verschiedenen Gründen oft überdispergiert sind. Daher erweist sich eine Prüfung der Überdispersion als nützlich, um zu entscheiden, ob die Poisson-Verteilung für weitere Untersuchungen angenommen werden kann oder ob zunächst irgendeine Art der Transformation der Werte vorzunehmen ist.

Eine erste Prüfung der Überdispersion bei einer Reihe von Bakterien-anzahlen von parallelen Platten könnte darin bestehen, deren Mittelwert $\bar{x}$ und die Varianz s^2 zu berechnen und sie zu vergleichen. Kann ein Poisson-Modell angenommen werden, müssten sie ähnliche Werte ($\bar{x} \approx s^2$)ergeben. Dennoch sind einige Unterschiede zu erwarten, da die Werte nur aus Probenresultaten errechnet wurden und daher selbst variieren.

Hinweis: Werden Proben aus einer Poisson-Verteilung herangezogen, wei-sen die natürlichen Logarithmen der Ergebnisse eine Standardabweichung von etwa 0,10 auf; dies wird in den Kapiteln 7 und 8 angewendet.

Um eine Prüfung auf Überdispersion durchzuführen, muss eine Statistik berechnet werden, damit eine Verteilung abgeleitet werden kann, falls die Proben einer Poisson-Verteilung entsprechen. Diese Information zur Verteilung ist notwendig, um kritische Grenzwerte zu bestimmen und um zwischen einer zufälligen oder einer wesentlichen Überdispersion der Proben unterscheiden zu können.

Solch eine Dispersionsstatistik für n Einzelmessungen x_i ist der Dispersionsindex D^2:

$$D^2 = \sum_{i=1}^{n} \frac{(x_i - \bar{x})^2}{\bar{x}} = \frac{n \sum x_i^2 - (\sum x_i)^2}{\sum x_i}$$

Eine ähnliche alternative Dispersionsstatistik ist der Log-Likelihood-Index G^2:

$$G^2 = 2 \sum_{i=1}^{n} x_i \ln \frac{x_i}{\bar{x}} = 2 \sum_i x_i \ln x_i - 2 \sum_i x_i \ln \frac{\sum x_i}{n}$$

Bei Messungen, die einer Poisson-Verteilung folgen, nehmen beide Parameter, D^2 und G^2, eine χ^2-Verteilung mit $(n-1)$ Freiheitsgraden an. Bei dieser Verteilung ergibt die Anzahl der Freiheitsgrade $(n-1)$ jeweils den erwarteten Wert für D^2 oder G^2.

Hinweis: Beide dieser Formeln sind geeignet, vorausgesetzt, dass alle Einzelwerte das gleiche Gewicht für die Berechnung haben, zum Beispiel für die Auswertung von Parallelplattenzählungen mit gleichen Volumina auf allen Platten. Für andere Zusammenhänge sind spezielle Formeln zu verwenden, auf die in Kapitel 8 hingewiesen wird.

Beispiel:
Bei der Reihe von sechs Parallelplatten mit $n = 6$ Zählresultaten:

86, 113, 92, 98, 87, 94

sind der Mittelwert $\bar{x} = 95$ und die Varianz $s^2 = 97.6$ sehr ähnlich und ergeben ein Verhältnis $s^2/\bar{x}$ von 1,03. Der Dispersionsindex ist $D^2 = 5,137$. Die

Berechnung des Log-Likelihood-Index ergibt einen Wert von $G^2 = 4,988$. Bei beiden Statistiken ist die Anzahl der Freiheitsgrade $n - 1 = 5$.

3
Konfidenzintervalle

Im letzten Abschnitt wurden einige Kenngrößen für Lage und Streuung als geeignete Schätzwerte für die Parameter von Verteilungsmodellen erwähnt, zum Beispiel der Durchschnitt $\bar{x}$ zur Schätzung des Mittelwertes μ einer Normalverteilung und zur Schätzung des Mittelwertes λ einer Poisson-Verteilung, oder die empirische Varianz s^2 zur Schätzung der Varianz σ^2 einer Normalverteilung. Diese Methode nennt man Punktschätzung, da der Schätzwert einen einzelnen Punktwert, berechnet aus einer Probe, darstellt.

Jedoch selbst unterschiedliche, der Probengesamtheit oder Charge entnommene Proben, ergeben unterschiedliche Werte für die Kenngrößen der Lage und Streuung. Dies ist eine natürliche Charakteristik von Probenuntersuchungen, die Unterschiede werden lediglich je nach Anzahl der jeder Reihe entnommenen Probeneinheiten und je nach der Variabilität der Einzelergebnisse kleiner oder größer sein. Folglich sind selbst Punktschätzungen durch eine gewisse Variation gekennzeichnet.

Um diese Variabilität zu berücksichtigen, werden statt dessen oft Bereichsschätzungen verwendet. Diesem Verfahren liegt die Idee zu Grunde, Grenzen a und b abzuleiten, sodass der Bereich $[a;b]$ den unbekannten Wert oder Parameter der Grundgesamtheit θ mit einer bestimmten Wahrscheinlichkeit $(1 - \alpha)$ abdeckt:

$$P(a \leq \theta \leq b) = 1 - \alpha$$

Die Wahrscheinlichkeit $(1 - \alpha)$ wird normalerweise Konfidenzniveau der Bereichsschätzung bezeichnet, daher sind diese Bereiche als *Konfidenzintervalle* bekannt.

Beispiel 1:
Der Mittelwert μ von Kalibriermarken auf Pipetten soll abgeschätzt werden, für die eine Normalverteilung mit einer Standardabweichung von $\sigma = 0,1$ ml angenommen werden kann. Eine Probenanzahl von $n = 10$ Pipetten wird zufällig entnommen und deren Volumina werden geprüft. Es ergibt sich eine durchschnittliches Volumen von 4,98 ml.

Im Allgemeinen weisen arithmetische Mittelwerte von Werten, die aus einer Normalverteilung stammen, selbst eine Normalverteilung auf mit demselben erwarteten Wert μ wie für die Einzelwerte, jedoch mit einer kleineren Standardabweichung. Dies kann abgeleitet werden als $\sigma_{\bar{x}} = \sigma / \sqrt{n}$, das abhängig ist von der Standardabweichung σ der Einzelwerte und von der Anzahl der Probeneinheiten n. In diesem Fall gilt die folgende Beziehung:

$$P\left(\overline{X} - z_{1-\frac{\alpha}{2}}\frac{\sigma}{\sqrt{n}} \leq \mu \leq \overline{X} + z_{1-\frac{\alpha}{2}}\frac{\sigma}{\sqrt{n}}\right) = 1 - \alpha$$

aus der sich für ein gegebenes Konfidenzniveau $(1 - \alpha)$ die Formel für den Intervall wie folgt ergibt:

$$\left[\overline{X} - z_{1-\frac{\alpha}{2}}\frac{\sigma}{\sqrt{n}} \, ; \, \overline{X} + z_{1-\frac{\alpha}{2}}\frac{\sigma}{\sqrt{n}}\right]$$

Die entsprechenden $z_{1-\alpha/2}$-Werte für einige geläufige Konfidenzniveaus sind:

$1 - \alpha$	α	$z_{1-\alpha/2}$
0,90	0,10	1,645
0,95	0,05	1,960
0,99	0,01	2,576

Für das Beispiel werden die 90-%-, 95-%- and 99-%-Konfidenzintervalle für μ berechnet als

$$\left[4{,}98 \pm 1{,}645\frac{0{,}1}{\sqrt{10}}\right] = \left[4{,}928; \, 5{,}032\right]$$

$$\left[4,98 \pm 1,960\frac{0,1}{\sqrt{10}}\right] = \left[4,918; 5,042\right]$$

$$\left[4,98 \pm 2,571\frac{0,1}{\sqrt{10}}\right] = \left[4,899; 5,061\right]$$

Beispiel 2:
Der Mittelwert μ von Messungen ist zu schätzen; für diese kann eine Normalverteilung angenommen werden, wobei die Standardabweichung σ ebenfalls unbekannt ist.

In diesem Fall ist σ mit der empirischen Standardabweichung s der gleichen Probe zu schätzen, die der Schätzung von μ dient. Daher folgen die arithmetischen Durchschnitte nicht einer Normalverteilung, sondern statt dessen einer t-Verteilung mit $(n-1)$ Freiheitsgraden. Daraus ergibt sich für die Konfidenzintervalle die Formel:

$$\left[\overline{X} - t_{n-1;\left(1-\frac{\alpha}{2}\right)}\frac{s}{\sqrt{n}}; \overline{X} + t_{n-1;\left(1-\frac{\alpha}{2}\right)}\frac{s}{\sqrt{n}}\right]$$

(*t*-Werte für verschiedene Kombinationen von α und Freiheitsgraden können statistischen Tabellen entnommen werden.)

Angenommen, die $n=10$ Pipetten im Beispiel weisen eine Variation von $s = 0,09$ ml auf. Der 95-%-Konfidenzintervall für μ wird berechnet mit

$$t_{n-1=9;\left(1-\frac{\alpha}{2}\right)=0,975} = 2.262$$

wie folgt:

$$\left[4,98 - 2,262\frac{0,09}{\sqrt{10}}; 4,98 + 2,292\frac{0,09}{\sqrt{10}}\right] = \left[4,9156; 5,0444\right]$$

Beispiel 3:

Der Parameter p einer Binomialverteilung ist aus einer Probe zu schätzen, um zum Beispiel den Anteil falsch negativer Ergebnisse für einige presence/absence-Tests zu bestimmen. Eine Versuchsreihe mit $n = 100$ Wiederholungen wird mit Proben durchgeführt, die als positiv bekannt sind. Diese n Doppelproben ergeben 25-mal ein negatives Ergebnis und 75-mal das richtige positive Ergebnis. Die Punktschätzung für p ist somit $25 / 100 = 0{,}25 = \hat{p}$.

Da die Anzahl der Versuche ziemlich groß ist ($n \geq 100$), ist die Punktschätzung $\hat{p}$ annähernd normal verteilt, mit einer Varianz $\hat{p}(1 - \hat{p})$. Daraus kann für das Konfidenzintervall folgende Formel abgeleitet werden:

$$\left[\hat{p} - z_{1-\frac{\alpha}{2}} \sqrt{\frac{\hat{p}(1 - \hat{p})}{n}} \, ; \, \hat{p} + z_{1-\frac{\alpha}{2}} \sqrt{\frac{\hat{p}(1 - \hat{p})}{n}} \right]$$

Für das Beispiel wird die Varianz geschätzt als $\hat{p}(1 - \hat{p}) = 0{,}25 \cdot 0{,}75 = 0{,}1875$, somit ist das 95-%-Konfidenzintervall

$$\left[0{,}25 - 1{,}96 \sqrt{\frac{0{,}1875}{100}} \, ; \, 0{,}25 + 1{,}96 \sqrt{\frac{0{,}1875}{100}} \right] = \left[0{,}165; 0{,}335 \right]$$

4
Statistische Tests

Die Zielsetzung eines statistischen Tests ist es, zu entscheiden, ob Probenresultate – oft gewonnen aus geplanten experimentellen Studien – mit den theoretischen Überlegungen oder Hypothesen übereinstimmen oder ob sie gegen diese sprechen. Ein statistisches Testverfahren besteht aus folgenden Hauptschritten:

1. Formulierung der zu prüfenden statistischen Hypothese, diese nennt man üblicherweise die Null-Hypothese H_0, und der alternativen Hypothese H_1, gegen die sie getestet wird

2. Festlegung der Anzahl zu untersuchender Probeneinheiten, um zu einer Entscheidung zu kommen. Festlegung des sogenannten Signifikanzniveaus α für den Test; dies ist die Wahrscheinlichkeit, zu einer Ablehnung der Null-Hypothese zu kommen, für den Fall, dass sie wirklich zutrifft

3. Festlegung der Kenngrößen, die aus den Probenresultaten berechnet werden, und Ableitung der kritischen Werte gemäß des gewählten Signifikanzniveaus; mit diesem Schritt wird eine Entscheidungsregel definiert

4. Letztendlich Durchführung des Versuchs oder der Datenerfassung, Berechnung der Testparameter und Treffen der Entscheidung gemäß der festgelegten Regeln

Beispiel 1:
Angenommen, eine neue Charge von 5-ml-Pipetten wird gekauft, von der bekannt ist, dass die Kalibriermarken mit einer Standardabweichung von $\sigma = 0{,}1$ ml normal verteilt sind. Jetzt ist zu prüfen, ob das erwartete Mittel 5 ml entspricht oder ob ein systematischer Fehler vorliegt, der zu kleine oder zu große Volumina ergibt.

1. Die zu prüfende statistische Hypothese sollte sein H_0: $\mu = \mu_0 = 5$ ml gegen H_1: $\mu \neq 5$ ml

2. Man wählt eine Probenzahl von $n = 10$ Proben

3. Das Signifikanzniveau $\alpha \leq 0.05 = 5\,\%$ wird festgelegt

4. Das arithmetische Mittel der mit den Proben erzielten Resultate ist die für dieses Problem geeignete Teststatistik, da es sich hierbei um eine gute Schätzung des Mittelwertes der Charge, handelt, der die Proben entnommen wurden

Falls H_0 wirklich zutrifft, kann daraus abgeleitet werden, dass der Probendurchschnitt $\bar{x}$ mit einer Wahrscheinlichkeit von $(1 - \alpha) = 0{,}95$ innerhalb des Bereichs

$$\left[\mu_0 - z_{1-\frac{\alpha}{2}} \frac{\sigma}{\sqrt{n}}; \mu_0 + z_{1-\frac{\alpha}{2}} \frac{\sigma}{\sqrt{n}} \right]$$

liegen wird.

Bei dem Beispiel wird dieser Bereich wie folgt berechnet:

$$5 \pm 1{,}96 \frac{0{,}1}{\sqrt{10}} = [4{,}938; 5{,}062]$$

Die Entscheidungsregel lautet daher, H_0 zu verwerfen, wenn $\bar{x} < 4{,}938$ oder wenn $\bar{x} > 5{,}062$, andernfalls kann H_0 nicht verworfen werden.

Anmerkung: Eine gleichwertige Formulierung für die Entscheidungsregel wäre folgende:

Man berechne eine standardisierte Teststatistik z

$$z = \frac{\bar{x} - \mu_0}{\sigma / \sqrt{n}}$$

und vergleiche sie mit ihren kritischen Grenzen $\pm z_{1-\alpha/2}$. Liegt z außerhalb dieses Bereichs, wird H_0 verworfen.

In diesem Beispiel sind die kritischen Grenzen für $z \pm 1{,}96$. Bei einem Probendurchschnitt von 4,98 entspricht das Ergebnis $(4{,}98 - 5) \cdot (0{,}1 / \sqrt{10}) = -0{,}633$.

Beispiel 2:
Jetzt wird die Standardabweichung σ als unbekannt angenommen. Analog zur vorab erwähnten Bereichsschätzung ist σ mit der empirischen Standardabweichung s aus der Probe zu schätzen. Demzufolge müssen die kritischen Werte auf der t- statt auf der Normalverteilung basieren.

1. Die zu prüfende statistische Hypothese wird erneut formuliert als $H_0: \mu = \mu_0 = 5$ ml gegen $H_1 : \mu \neq 5$ ml.

2. Man wählt eine Probenanzahl von $n = 10$ Proben.

3. Das Signifikanzniveau $\alpha \leq 0{,}05 = 5\,\%$ wird festgelegt.

4. Aus denselben Gründen wie zuvor ist das arithmetische Mittel der mit den Proben erzielten Resultate die für dieses Problem geeignete Teststatistik.

Trifft H_0 wirklich zu und wird σ anhand der empirischen Standardabweichung als $s = 0{,}09$ geschätzt, kann daraus abgeleitet werden, dass der Probendurchschnitt $\bar{x}$ mit einer Wahrscheinlichkeit von $(1 - \alpha) = 0{,}95$ innerhalb des Bereichs

$$\left[\mu_0 - t_{n-1;\left(1-\frac{\alpha}{2}\right)}\frac{\sigma}{\sqrt{n}};\mu_0 + t_{n-1;\left(1-\frac{\alpha}{2}\right)}\frac{\sigma}{\sqrt{n}}\right]$$

liegen wird.

Bei dem Beispiel wird der Bereich wie folgt berechnet:

$$5 \pm 2{,}262\frac{0{,}09}{\sqrt{10}} = \left[4{,}9356; 5{,}0644\right]$$

Die Entscheidungsregel lautet daher auf Verwerfung von H_0, falls $\bar{x} < 4{,}9356$ oder $\bar{x} > 5{,}0644$, andernfalls kann H_0 nicht verworfen werden.

Dieser Test wird t-Test genannt, da er auf den arithmetischen Mittelwerten beruht, die eine t-Verteilung aufweisen. In der hier beschriebenen Sachlage wird er mit nur einer Probe (von 10 Einheiten) und einem festgelegten hypothetischen Wert μ_0 für den Mittelwert durchgeführt.

Eine weitere übliche Form des t-Tests ist jene für zwei-Proben-Probleme, mit dem die Mittelwerte von zwei Probenreihen verglichen und die Hypothese H_0: $\mu_1 = \mu_2$ (oder H_0: $\mu_1 - \mu_2 = 0$ gegen H_1: $\mu_1 \neq \mu_2$ getestet wird.

Beispiel 3:
Ein drittes Beispiel für ein statistisches Testverfahren ist ein Dispersionstest für Kolonienzahlen auf parallelen Platten. Für den Fall, dass diese Platten aus einer gut gemischten Suspension ohne störende Einflüsse bebrütet wurden, müssten die Anzahlen Poisson verteilt sein. Die hierfür erforderlichen Schritte sind wie folgt:

1. Formulierung der Hypothese H_0: die Anzahlen folgen einer Poisson-Verteilung mit demselben Wert für Mittelwert und Varianz.

2. Entscheidung über Probengröße, zum Beispiel eine Anzahl Platten von $n = 6$.

3. Entscheidung über das Signifikanzniveau α, zum Beispiel $\alpha \leq 0.05$.

4. Wahl der Testgrößen, die aus den $n = 6$ Resultaten zu berechnen sind; für dieses Testproblem ist die Dispersionskenngröße D^2 geeignet. Für den Fall, dass die Anzahlen tatsächlich Poisson-verteilt sind, folgt D^2 einer χ^2-Verteilung mit $(n-1) = 5$ Freiheitsgraden. Trifft H_0 zu, überschreitet D^2 den kritischen Wert $\chi^2_{n-1;\alpha} = 11{,}07$ nur mit einer Wahrscheinlichkeit von 0,05. Ist $D^2 > 11{,}07$ lautet daher die Entscheidungsregel, H_0 zu verwerfen. Ist dies nicht der Fall, wird H_0 nicht verworfen.

Die gleiche Art Test könnte mit Hilfe des Log-Likelihood-Index G^2 als Testparameter anstelle von D^2 durchgeführt werden.

Für die Datenreihe im Beispiel in Abschnitt 2 liegen die Werte sowohl für D^2 wie auch für G^2 unterhalb der kritischen Grenze, daher gibt es keinen Anlass, H_0 zu verwerfen.

Anmerkung: Die Entscheidungsregel wird immer so formuliert, dass die Einhaltung des Signifikanzniveaus α erreicht wird. Das bedeutet, falls die Hypothese H_0 *wirklich zutrifft,* dass man einen Testparameter außerhalb der kritischen Grenzen nur mit einer Wahrscheinlichkeit von α erhält, oder mit anderen Worten, *man wird H_0 in nur 5 % der Fälle *zu Unrecht verwerfen.*

Wird ein Anteil an falschen Verwerfungen von 5 % als zu häufig angesehen, sollte ein kleinerer Wert α gewählt werden, der andere kritische Grenzen ergibt.

Andererseits ist zu bedenken, dass die irrtümliche Verwerfung von H_0 nicht der einzige Fehler ist, der auftreten kann. Ein Fehler zweiter Art wäre, H_0 nicht zu verwerfen, obwohl sie *nicht richtig* ist.

	H_0 ist richtig	H_1 ist richtig
H_0 verwerfen	Wahrscheinlichkeit α des Fehlertyps 1	Wahrscheinlichkeit $(1-\beta)$, für die richtige Entscheidung
H_0 nicht verwerfen	Wahrscheinlichkeit $(1-\alpha)$, für die richtige Entscheidung	Wahrscheinlichkeit β des Fehlertyps 2

Es ist jedoch sehr viel schwieriger, die Wahrscheinlichkeit β dieses Fehlertyps 2 zu kontrollieren, da die alternative Hypothese gewöhnlich nicht so spezifisch ist wie die Testhypothese, sodass es schwierig ist, erwartete Werte von der Teststatistik abzuleiten, wenn H_0 nicht zutrifft.

In der Tat, während der Wert für α innerhalb des Testverfahrens festgelegt ist, kann es eine unbestimmte Anzahl von β-Werten geben, je nachdem, wie umfassend oder ungenau die alternative Hypothese formuliert ist. Daher bezieht man sich oft auf die *Stärkefunktion* eines Testverfahrens, die definiert wird als die Funktion, aus der sich die Werte $(1 - \beta)$ für alle Konstellationen ergeben, die in der alternativen Hypothese H_1 zusammengefasst sind. Die Stärke eines Tests kann als die Wahrscheinlichkeit interpretiert werden, die Abweichung von der Testhypothese H_0 festzustellen; die Werte $(1 - \beta)$ müssen umso größer sein, je mehr sich die Realität und H_0 unterscheiden.

Somit ist es möglich, verschiedene Testverfahren zu bewerten – Testen derselben Hypothese auf demselben Signifikanzniveau, jedoch unter Anwendung verschiedener Testparameter und kritischer Werte – durch Vergleich ihrer Stärke für eine bestimmte relevante Abweichung von H_0.

5
Varianzanalyse

Bei der statistischen Technik, genannt *Varianzanalyse* (abgekürzt ANOVA), vergleicht man verschiedene Datengruppen, um zu prüfen, ob sie denselben Ursprung haben oder nicht, obgleich ihr Name dies nicht vermuten lässt. Hauptmerkmal der Gruppen ist, dass sie durch Kategorien eines Einflussfaktors definiert werden, den es zu untersuchen gilt. Ist zum Beispiel der Einfluss verschiedener Nährmedien auf Kolonienzahlen zu untersuchen, kann man Suspensionen von Probenmaterial entnehmen, für jedes Medium eine Anzahl von Platten inokulieren und die Zählresultate für diese Gruppen vergleichen (siehe auch Kapitel 7; hier werden nur Varianzanalysen für das in Kapitel 7 erwähnte spezielle Problem erörtert).

Jedoch besteht eine Hauptannahme der hier vorgestellten ANOVA-Techniken darin, dass sie für alle Gruppen mit der gleichen Varianz normal verteilte Messwerte voraussetzen. Bei Poisson-verteilten Werten – wie es Kolonienzahlen sein sollten – ist das problematisch, weil wenn sie Unterschiede im Ursprung aufweisen, werden Unterschiede in der Variabilität, wie auch in der Gleichheit von Mittel und Varianz auftreten, die ein Hauptmerkmal dieses Modells ist.

Zieht man in diesem Fall die Quadratwurzeln der Daten, erhält man annähernd normal verteilte Werte mit einer standardisierten Varianz von 0,25.

Beispiel 1: Einfaktorielle ANOVA-Analyse
Angenommen wird als einziger zu untersuchender Faktor die Auswirkung von $m = 3$ verschiedenen Nährmedien M1, M2, und M3 auf die Anzahl der

zu zählenden Kolonien. Aus einer Suspension wurden für jedes Medium $l = 5$ Platten inokuliert, wodurch sich 3 Gruppen von Zählresultaten ergeben:

M1	M2	M3
18	32	45
16	35	47
14	26	52
31	38	68
25	45	56

Diese Zählergebnisse werden in Quadratwurzeln umgewandelt, um ihre Varianzen zu standardisieren.

Dies ergibt folgende Datenreihe X:

M1	M2	M3
4,24	5,66	6,71
4,0	5,92	6,86
3,74	5,1	7,21
5,57	6,16	8,25
5,0	6,71	7,48

Der Gesamtmittelwert der umgewandelten Werte ist $\bar{x}_{..} = 5,907$, die Gesamtvarianz entspricht $s_{..}^2 = 1,763$.

Üben die Medien keinen Einfluss auf diese Werte aus, müssten das Gesamtmittel $\bar{x}_{..}$ und das Gruppenmittel $\bar{x}_{.1}$ für M1, $\bar{x}_{.2}$ für M2 und $\bar{x}_{.3}$ für M3 sehr ähnlich sein und auch die Gesamtvarianz $s_{..}^2$ sollte die Varianzen innerhalb der Gruppen nicht mehr überschreiten, als durch Zufallsvariation der Gruppenmittel allein erklärbar wäre.

Eine Prüfung auf Unterschiede des Ursprungs kann durchgeführt werden, indem man die Varianz der Gruppenmittelwerte $\bar{x}_{.1}$, $\bar{x}_{.2}$, $\bar{x}_{.3}$ mit der Wiederholungsvarianz innerhalb der Gruppen vergleicht. Überschreitet die

Varianz der Gruppenmittelwerte jene der Wiederholungen erheblich, kann die Hypothese der gleichen Gruppenmittelwerte (oder desselben Ursprungs) verworfen werden, was auf systematische Unterschiede zwischen den Nährmedien hindeutet.

Die Werte im Beispiel ergeben Gruppenmittelwerte von $\bar{x}_{.1} = 4{,}51$, $\bar{x}_{.2} = 5{,}91$, $\bar{x}_{.3} = 7{,}302$ und Gruppenvarianzen von $s_{.1}^2 = 0{,}572$, $s_{.2}^2 = 0{,}355$, $s_{.3}^2 = 0{,}371$.

Die Gesamtvarianz s^2 kann als aus einer sogenannten *Summe von Quadraten* (ss) bestehend betrachtet werden, die durch die Anzahl der *Freiheitsgrade* (df) dividiert wird:

$$s_{..}^2 = \frac{1}{\mathrm{df}} \cdot \mathrm{ss} = \frac{1}{n \cdot m - 1} \sum_{i=1}^{l} \sum_{j=1}^{m} (x_{ij} - \bar{x}_{..})^2$$

Diese Gesamtsumme der Quadrate kann in zwei Teile geteilt werden, ein Teil steht für die Abweichungen der Gruppenmittelwerte vom Gesamtmittelwert, der andere für die Abweichungen der Wiederholungen.

$$\sum_i \sum_j (x_{ij} - \bar{x}_{..})^2 = \sum_i \sum_j (\bar{x}_{.j} - \bar{x}_{..})^2 + \sum_i \sum_j (x_{ij} - \bar{x}_{.j})^2$$

oder

ss(gesamt) = ss(Medien) + ss(Wiederholungen)

mit einer entsprechenden Aufteilung der Freiheitsgrade

$$(m{\cdot}l - 1) = (m - 1) + (m{\cdot}l - m)$$

oder

df(gesamt) = df(Medien) + df(Wiederholungen).

Für die Datenreihe in diesem Beispiel sind diese Summen von Quadraten in Tabelle 1 aufgelistet, zusammen mit ihren Freiheitsgraden und den

Tabelle 1. Tabelle der Varianzanalyse für eine einfaktorielle ANOVA

	df	ss	ms	*F*	*p*
Medien	2	19,48821	9,74411	22,50596	0,0001
Wiederholungen	12	5,19548	0,43296		
Summe	14	24,68369	1,76312		

sich daraus ergebenden *Mittelwertsummen der Quadrate* (ms), die erhalten werden, indem man die Summen der Quadrate durch die entsprechenden Freiheitsgrade teilt.

Das Verhältnis ms(Medien)/ms(Wiederholungen) ist ein sogenanntes *F*-Verhältnis, das einer *F*-Verteilung mit $(m - 1)$ und $(n \cdot m - m)$ Freiheitsgraden folgt, falls zwischen den Gruppen keine Unterschiede bestehen. (*F*-Werte sind in statistischen Tabellen angeführt.)

In der letzten Spalte steht der entsprechende *p*-Wert für das errechnete *F*-Verhältnis. Dieser *p*-Wert gibt die Wahrscheinlichkeit an, mit der der errechnete *F*-Wert (oder sogar ein höherer) erzielt werden kann, falls die Hypothese zutrifft. Ist dieser *p*-Wert kleiner als das gewählte Signifikanzniveau, kann die Hypothese verworfen werden.

Eine Tabelle wie Tabelle 1 ist ein übliches Mittel, die Ergebnisse einer Varianzanalyse zusammenzufassen.

Beispiel 2: Zweifaktorielle ANOVA-Analyse
Das in Kapitel 7 genannte Beispiel ist etwas komplizierter, da es nicht nur einen Einflussfaktor gibt sondern zwei: verschiedene Arten von Nährmedien M1, M2, M3, und verschiedene Suspensionen S1, S2, S3, S4, S5, mit denen die Platten inokuliert wurden. Dies ergibt eine Reihe von $n \cdot m = 5 \cdot 3$ verschiedene Kombinationen von Faktorkategorien, die es erlauben, den Einfluss beider Effekte zu untersuchen.

Da es zwischen beiden Faktoren eine gewisse Wechselwirkung geben könnte, wurden für jede Kombination $l = 2$ Wiederholungen durchgeführt. Dies ermöglicht eine gewisse Aussage über die Varianz innerhalb der Kombination, sodass sich daraus ein Effekt der Wechselwirkung erkennen lässt.

Nachstehend die Tabelle der in Quadratwurzeln umgewandelten Werte für die Daten in Tabelle 7.1

	M1	M2	M3
S1	3,32	5,66	6,71
	4,0	4,47	5,74
S2	3,61	5,92	5,2
	2,45	6,24	6,16
S3	3,74	5,1	7,21
	4,24	5,48	7,35
S4	7,14	7,42	10,0
	7,28	7,35	9,8
S5	5,0	8,06	9,22
	4,8	9,17	7,55

Diese Datenreihe ergibt einen Gesamtmittelwert von $\bar{x}_{...} = 6{,}180$ und eine Gesamtvarianz von $s^2_{...} = 3{,}848$.

Die Mittelwerte für die drei Nährmedien sind $\bar{x}_{.1.} = 4{,}558$, $\bar{x}_{.2.} = 6{,}847$, $\bar{x}_{.3.} = 7{,}494$.

Die Mittelwerte für die fünf Suspensionen sind $\bar{x}_{1..} = 4{,}983$, $\bar{x}_{2..} = 4{,}93$, $\bar{x}_{3..} = 5{,}52$, $\bar{x}_{4..} = 8{,}165$, $\bar{x}_{5..} = 7{,}3$.

Die Mittelwerte für die Faktorenkombinationen $\bar{x}_{ij}$ sind in folgender Tabelle aufgelistet

	M1	M2	M3
S1	3,66	5,065	6,225
S2	3,03	6,08	5,68
S3	3,99	5,29	7,28
S4	7,21	7,385	9,9
S5	4,9	8,615	8,385

Die in der Gesamtvarianz enthaltene Summe der Quadrate kann jetzt in zwei Teile geteilt werden:

$$\text{ss(Summe)} = \text{ss(Medien)} + \text{ss(Suspensionen)} + \text{ss(Wechselwirkung)} + \text{ss(Wiederholung)}$$

oder als Formel:

$$\sum_{i=1}^{n}\sum_{j=1}^{m}\sum_{k=1}^{l}(x_{ijk} - \bar{x}_{...})^2 = \sum_i\sum_j\sum_k(\bar{x}_{i..} - \bar{x}_{...})^2 + \sum_i\sum_j\sum_k(\bar{x}_{.j.} - \bar{x}_{...})^2$$

$$+ \sum_i\sum_j\sum_k(\bar{x}_{jk.} - \bar{x}_{i..} - \bar{x}_{.j.} - \bar{x}_{...})^2$$

$$+ \sum_i\sum_j\sum_k(x_{ijk} - \bar{x}_{ij.})^2$$

mit Freiheitsgraden von

$$\mathrm{df(Summe)} = \mathrm{df(Medien)} + \mathrm{df(Suspensionen)} + \mathrm{df(Wechselwirkung)}$$
$$+ \mathrm{df(Wiederholungen)}$$

oder

$$n \cdot m \cdot l - 1 = (m-1) + (n-1) + (m-1) \cdot (n-1) + m \cdot n(l-1)$$

Die Werte für Freiheitsgrade, die Summe der Quadrate und die Mittelwertsummen der Quadrate für die Beispieldaten sind in Tabelle 2 angeführt, zusammen mit den erhaltenen F-Verhältnissen ausgedrückt als

- ms(Wechselwirkung)/ms(Wiederholungen)

- ms(Suspensionen)/ms(Wechselwirkung)

- ms(Medien)/ms(Wechselwirkung)

Die letzte Spalte zeigt wiederum die entsprechenden p-Werte für die errechneten F-Verhältnisse, für den Fall, dass in Wirklichkeit die Hypothese zutrifft, dass kein Faktor- oder Wechselwirkungseffekt vorhanden ist.

Welche zu errechnenden F-Verhältnisse geeignet sind, um einen statistischen Test durchzuführen, ist wesentlich vom Versuchsaufbau abhängig, der den Hintergrund der Daten bildet. Dieser hängt seinerseits stark von dem zu behandelnden mikrobiologischen Problem ab. Was hier gezeigt wird, ist nur eine mögliche Technik, um die reinen Rechenergebnisse für ein- oder zweifaktorielle Varianzanalysen mit festgelegten Effekten zu erhalten.

Tabelle 2. Tabelle der Varianzanalyse für zweifaktorielle ANOVA

	df	ss	ms	F	p
Medien	2	44,51729	22,25864	17,04183	0,0013
Suspensionen	4	51,74841	12,93710	9,90500	0,0034
Wechselwirkungen	8	10,44895	1,30612	4,02771	0,0098
Wiederholungen	15	4,86425	0,32428		
Summe	29	111,57890			

Die Wahl von geeigneten zu prüfenden F-Verhältnissen und deren Interpretation können nur in Zusammenarbeit zwischen Mikrobiologen und Statistikern erörtert werden. Eine solche Diskussion sollte sich mit der Art der Effekte befassen, ob zufallsbedingt oder festgelegt, mit der mikrobiologischen Bedeutung für Wiederholungsvarianz und Wechselwirkung, ob es sich hierbei nur um Haupteffekte mit Wechselwirkungen oder um eine hierarchische Struktur handelt, ob es ein Problem der qualitativen oder quantitativen Bestimmung der Komponenten der Varianz ist, usw.

Für eine Vielzahl verschiedener Problemformulierungen sind Berechnungstechniken in der Literatur beschrieben und in statistischen Programmen enthalten. Die Herausforderung besteht in der Entscheidung, welches Modell und welcher Versuchsaufbau für das jeweils vorliegende mikrobiologische Problem geeignet sind.

Literatur

Campbell MJ, Machin D (1990) Medical statistics. A commonsense approach. Wiley
Jarvis B (1989) Statistical aspects of the microbiological analysis of foods. Elsevier, Amsterdam
Miller RG Jr (1986) Beyond ANOVA, basics of applied statistics. Wiley
Documenta Geigy (1962) Scientific tables. Geigy (UK) Ltd. Manchester
Fisher RA, Yates F (1974) Statistical tables for biological, agricultural and medical research. Longman Group, London
Heisterkamp SH, Hoekstra JA, van Strijp-Lockefeer NGWM, Havelaar AH, Mooijman KA, in 't Veld PH, Notermans SHW, Maier, EA, Griepink B (1993) Statistical analysis of certification trials for microbiological reference materials. Report EUR 15008 EN, Office for Official Publications of EC, Luxemburg.

Ein Beispiel eines Tests für Membranfilter mit statistischer Auswertung (Quelle: RIVM-WL, Bilthoven)

I	Allgemeines					
	Laboratorium				RIVM-WL	
	Test durchgeführt von				MB	
	Datum				2/4/93	

II	Datum der Filterchargen				Filtercharge 1 (alt)	Filtercharge 2 (neu)
	Hersteller				Sartorius	Sartorius
	Katalognummer				13906 47 ACR	13906 50 ACR
	Chargennummer				1190 13906 9005591	1292 13906 9202173
	Chargengröße				10 000	10 000
	Datum des Ankaufs				02-92	03-93

III	Visuelle Prüfung der Membranfilter	Filtercharge 1 (alt)	Filtercharge 2 (neu)
	Anzahl von Filtern mit hydrophobischen Bereichen	0	0
	Anzahl von Filtern mit Falten	0	0
	Anzahl von spröden Filtern	0	0
	Testergebnis	akzeptiert	akzeptiert

IV	Anzahl der Kolonien pro Filter		Filtercharge 1 (alt)	Filtercharge 2 (neu)
		1	72	49
		2	83	63
		3	80	64
		4	63	56
		5	74	83
		6	63	75
		7	81	77
		8	60	68
		9	64	60
		10	74	62
		11	74	56
		12	93	75
		13	84	64
		14	93	71
		15	89	62
		16	91	72
		17	69	78
		18	71	71
		19	93	70
		20	71	65
	Summe der Charge		1 542	1 341
	Quadratsumme		121 144	91289
	Anzahl der Beobachtungen		20	20
	Mittelwert		77	67
	T1 pro Charge		29,3	20,5

Kritische Werte für T1 (95 %)

df	2,5 %(<)	97,5 % (≥)
16	6,91	28,8
17	7,56	30,2
18	8,23	31,5
19	8,91	32,9

V	War die Testdurchführung in Ordnung?	
	Wiederhole den Test, wenn mehr als drei Zählungen fehlen	nein
	Wiederhole den Test, wenn einer oder beide Mittelwerte <50 oder >80 betragen	nein
	Wiederhole den Test, wenn T1 größer als der kritische Wert ist	nein
	Lehne die Charge ab, wenn T1 ein zweites Mal größer als der kritische Wert ist	nein

VI	Gibt es eine signifikante Abweichung in der Wiederfindung?	
		T2 14,01
	Lehne die Filtercharge 2 (neu) ab, wenn der Mittelwert niedriger ist als jener von Filtercharge 1 (alt) und wenn T2 > 6,63 ist	abgelehnt

Herstellung einer Probe zur Qualitätskontrolle auf erster Ebene für Zählungen auf Platten und mittels Membranfiltrationsmethode

1. in einer nichtselektiven Nährbouillon einen geeigneten Teststamm unter den für ihn optimalen Bedingungen kultivieren, der vorher auf Reinheit und charakteristische Reaktionen auf (selektiven) Medien geprüft wurde

2. in steriler Magermilch (kein rehydriertes Pulver aus Magermilch verwenden) auf 10^{-8} verdünnen

3. Verdünnungen von 10^{-5} bis 10^{-8} auf einem geeigneten nichtselektiven Medium (Oberflächen-Spatelverfahren) und auf dem zu prüfenden selektiven Medium (unter Verwendung der routinemäßigen Inokulationsmethode) ausplattieren und unter geeigneten Bedingungen bebrüten

4. alle Verdünnungen bei 5 ±3 °C lagern

5. alle Platten zählen, nichtselektive Platten auf Reinheit und selektive Platten auf charakteristische Reaktionen prüfen. Die Plattenzählungen und das Verhältnis der Anzahlen auf selektiven und nichtselektiven Medien mit früherer Erfahrung vergleichen. Die Kultur annehmen oder verwerfen

6. wird die Kultur akzeptiert, aus den im Kühlschrank aufbewahrten Verdünnungsreihen ein ausreichendes Volumen der Testsuspension vorbereiten: das gewünschte Volumen Magermilch in eine Dispenserflasche einbringen, auf schmelzendem Eis kühlen und ein ausreichendes Volumen einer geeigneten Verdünnung hinzugeben, um die gewünschte Anzahl zu erzielen (bei QC des Oberflächen-Spatelverfahrens mit Positivkontrollen ist es ratsam, eine Endkonzentration von ca. 100 kolonienbildenden Einheiten pro 0,1 ml anzustreben, bei der Plattengussmethode ca. 100 pro 1 ml und im Falle der Membranfiltration ca. 50 pro 1 ml; bei

Negativkontrollen und Kontrollen der Selektivität ist eine Zielkonzentration von 1 000–5 000 pro 1 ml ratsam)

7. je ca. 1,1 ml der Suspension in Cryotubes oder in kleine, Zentrifugenröhrchenaus Propylen mit Verschluss verteilen

8. zehn Röhrchen zum Ausplattieren auf das selektive Medium zurückbehalten

9. alle anderen Röhrchen durch mindestens zwei Minuten langes Eintauchen in eine 96-prozentige Mischung aus Ethanol und Trockeneis rasch einfrieren. Diese Mischung vorher in einem festen Behälter (z. B. aus Edelstahl) herstellen, indem man Ethanol Trockeneis hinzufügt, bis die starke Gasentwicklung beendet ist. Trockeneis sollte jederzeit vorhanden sein. Alternativ kann flüssiger Stickstoff verwendet werden

10. die Röhrchen aus der Flüssigkeit nehmen, in Boxen geben und bei −70 °C in einem Biotiefkühler lagern

11. am nächsten Tag, 10 Röhrchen durch Eintauchen in ein Wasserbad mit einer Temperatur von 37 °C auftauen und untersuchen wie oben beschrieben

12. die Platten zählen, auf Zufallsbedingtheit (unter Verwendung der T_1-Statistik wie in Kapitel 8, Abschnitt 2.3 c beschrieben) und auf Überleben während des Tieffrierens prüfen. Mit den auf der Grundlage von Erfahrungen mit Testchargen festgesetzten Grenzen vergleichen und die Charge der Qualitätskontrollproben annehmen oder verwerfen

13. durch Auftauen und Ausplattieren von Proben in regelmäßigen Zeitabständen die Stabilität prüfen. Bei allen Daten den T_1-Parameter prüfen und die Daten aller Zeitpunkte nach $\log_{10}$-Umwandlung mittels linearer Regression analysieren. Wurde eine stabile Anzahl erreicht (d. h. wenn der Anstieg der Regressionsgeraden nicht erheblich von Null abweicht), die Charge zur Qualitätskontrolle akzeptieren

Sachverzeichnis